20 個基礎入門針法 × 24 款插畫風動物刺繡教學 × 12 種質感手作小配件示範

＼暖心療癒小

可愛動物刺繡

Cute animal embroidery trinkets

飾品&布小物應用全集

Contents...

Chapter 1 刺繡開始的準備

Chapter 2 基本的刺繡針法

Chapter 3　Q萌動物刺繡

Chapter 4　手作飾品&布小物

附錄圖案集

圖案標示讀法

使用繡線

大象→cosmo2151、OLYMPUS485、cosmo716、cosmo364、DMC3371
蘋果→cosmo855、cosmo116、DMC839

除特別指定外，均使用 2 股線 / ○裡的數字是繡線股數 / 除指定針法，均用織補繡

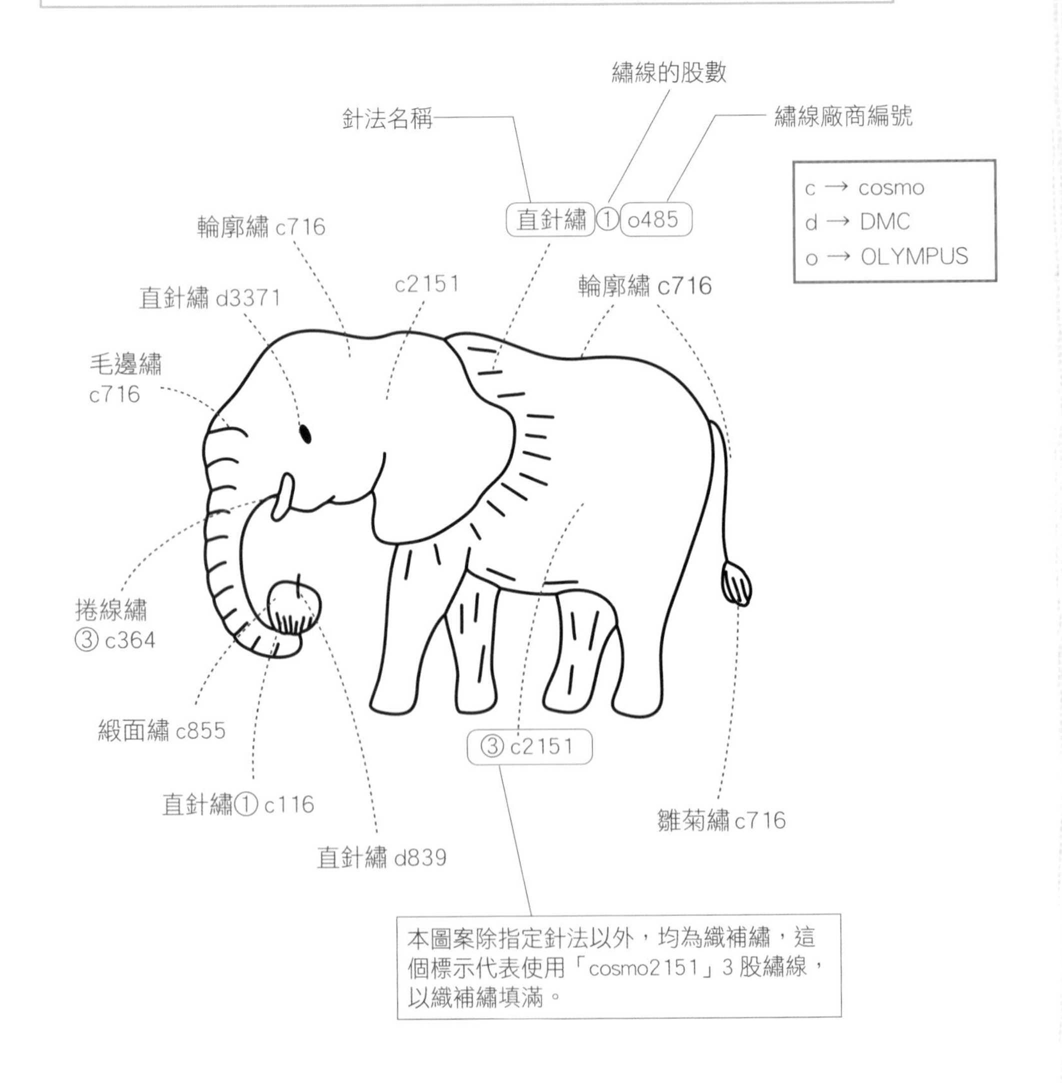

原寸圖樣請見P115之後的頁面

Chapter 1

刺繡前的準備

開始刺繡之前，先來學習刺繡工具與基本針法吧。
打好基礎的話，之後刺繡就能進行得很順利喔！

1. 刺繡的必備工具

❶ 布

由左至右分別是亞麻（麻）、床單布、彩色床單布、棉麻混合帆布、粗棉布。

本書所介紹的刺繡（法式刺繡）基本上適用於各種布面，使用平織（縱線與橫線交織而成）的布面更容易繡。此外，也能繡在條紋、格子，以及其他花紋的布上。

※ 試著從縱向與橫向拉布，延展性較好的就是橫向

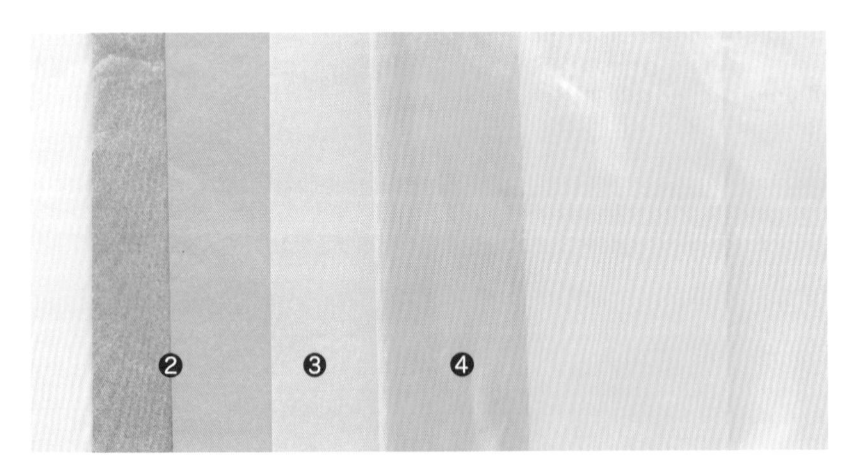

❷ 水溶性轉印紙

選擇用水就可以擦拭掉的類型。亮色系的布可使用灰色轉印紙，深色系的布使用水藍色（或白色）比較容易轉印。依照布的顏色來選用轉印紙的顏色。

❸ 描圖紙

使用鉛筆將圖案描到描圖紙上。

❹ 玻璃紙

將圖案轉印到布上時，墊上玻璃紙可以避免描圖紙破掉。只要是透明的塑膠即可，也可用包裝袋代替。

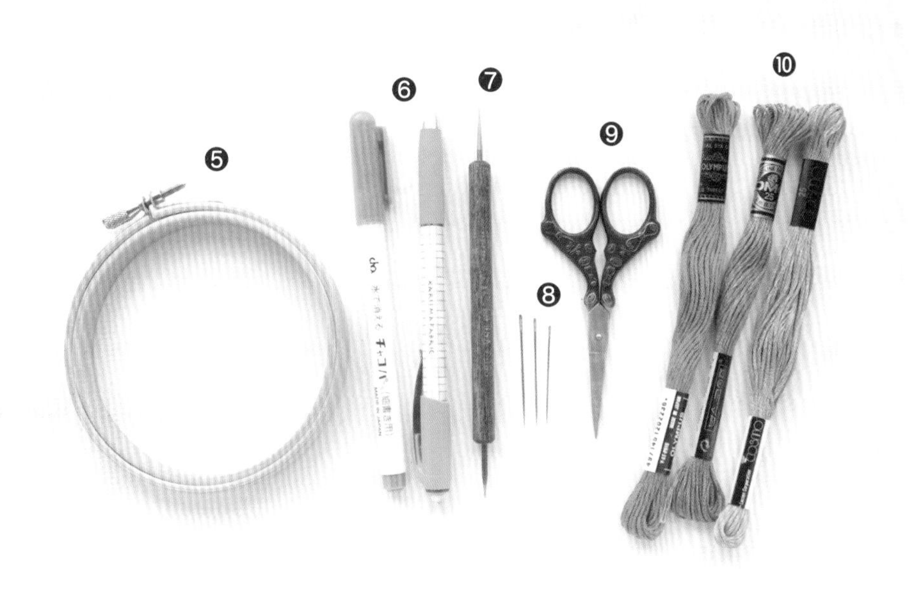

❺ 繡框

繡框是將布拉平的工具。不使用也無妨，但有的話比較方便。

❻ 水消筆

用水即可擦拭掉的細字筆或金龜牌（KARISMA）布用自動鉛筆。用來重畫刺繡中途快消失的轉印圖案，或做記號等。

❼ 轉印用鐵筆

用來將圖案轉印到布上，可用沒有墨水的原子筆代替。

❽ 法式刺繡針

針孔細長的繡針，可依使用的繡線股數來選擇適合的針號。

❾ 線剪

刺繡經常遇到需要將多餘繡線盡量剪短的狀況，前端又細又尖的線剪最好用。

❿ 常用的25號繡線

不同廠商會推出顏色各有不同的繡線。繡線除了25號繡線外，還有5號繡線（比25號粗）或金蔥線、羊毛線等（請參照P62）。

其他還有布剪、待針（珠針）、熨斗、噴霧器與鉛筆……不同狀況下需要的工具也不同（請參照P92）。

2. 繡線的準備

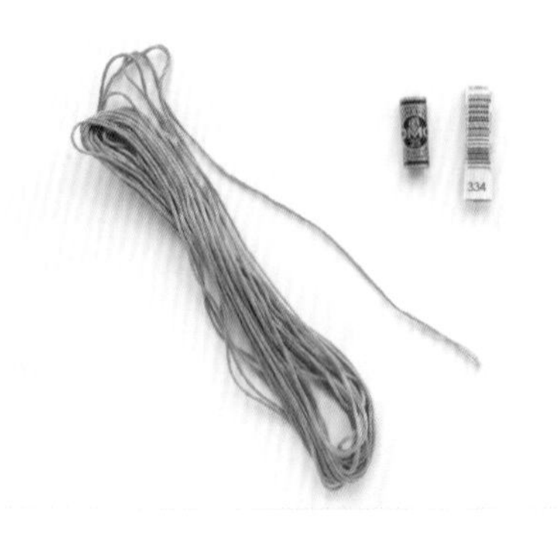

25 號繡線是將6 股細線捻在一起成為1 束，長度約8m 。雖然也能直接從線頭拉出線來用，但事先將繡線調整成容易拉出的狀態，使用起來較方便。

先拆開標籤，自線頭鬆開繡線，小心避免繡線纏繞。因為之後仍需要對照圖案的顏色或加購繡線，所以標籤不要丟掉。

1

將鬆開的線對半摺。

2

對摺好的線再對半摺。

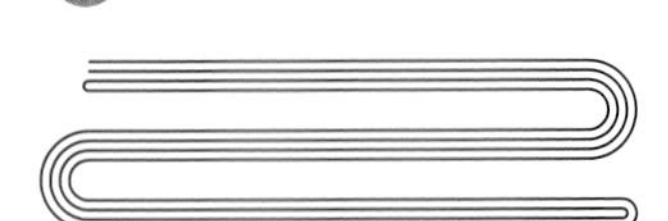

接著分成3 等分。

4

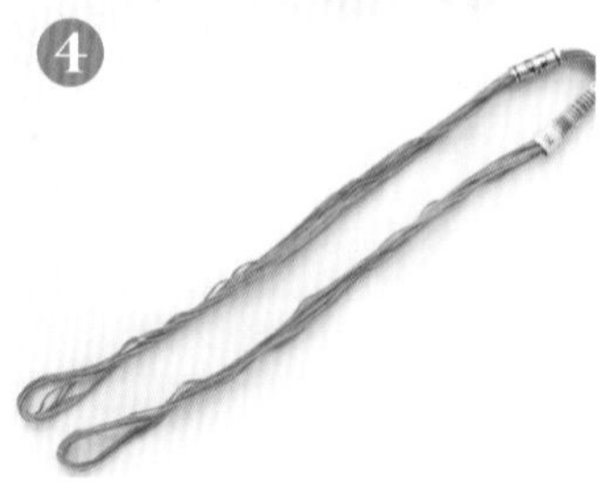

摺成三等分之後，將一開始拆掉的標籤從線的兩端穿過去，再對摺。

5

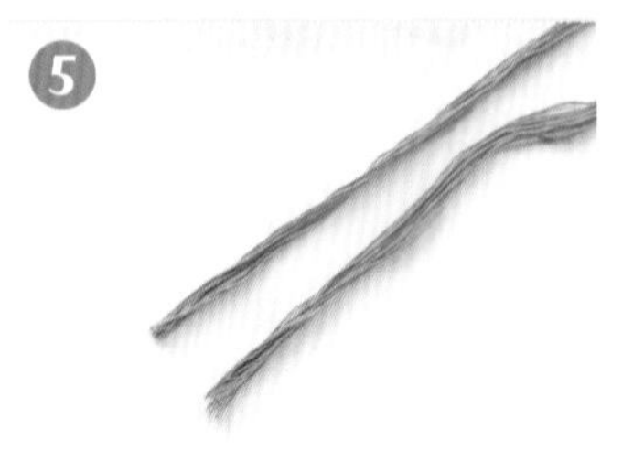

將繡線呈環狀的那一端剪開。

6

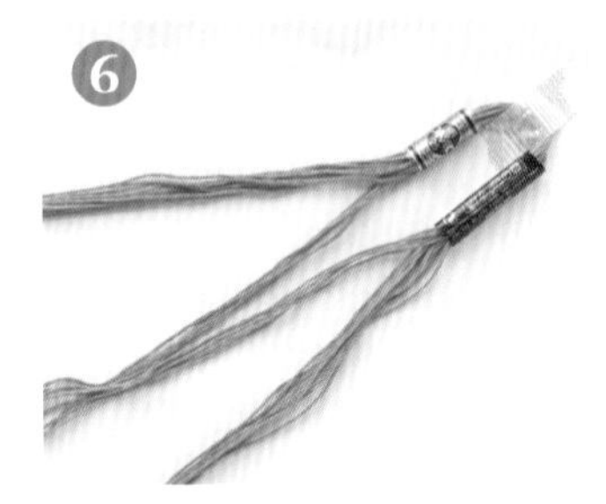

上方用紙膠帶之類固定，從左右兩大束各分出4 小束到中間，分成各8 小束的3 個中束。

7

將這3 中束編成較鬆的三股辮，注意不要拉太緊，以免之後取線時打結。另外，線頭不用特地固定起來。

8

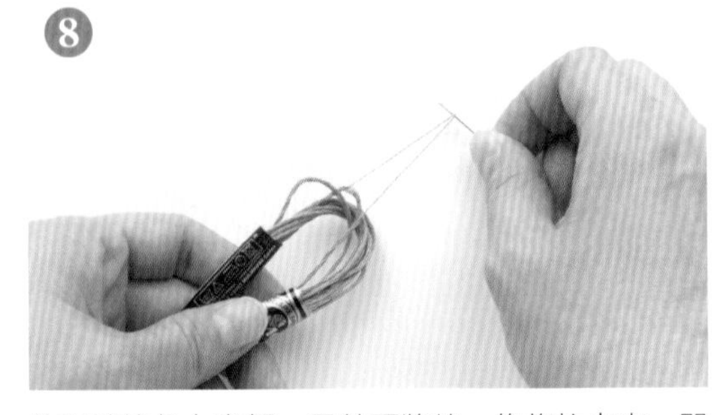

使用時按住上半部，用針頭將線一條條拉出來。即使一次需要使用3 股線來繡，也要先單獨一條條拉出來，再合併在一起使用。如此一來即可呈現出漂亮的蓬鬆感。

3. 圖案的轉印方法

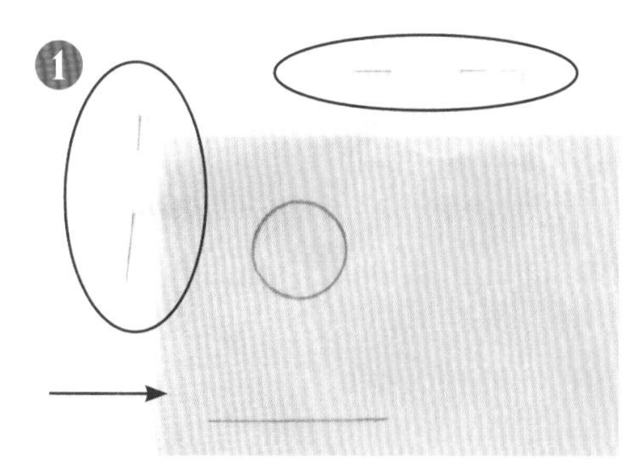

由下往上依序重疊

·布（先用熨斗將布面燙平）

·水溶性轉印紙（單面）

·已描好圖案的描圖紙

·玻璃紙

How to

❶ 將已描好圖案的描圖紙放在布上想刺繡的位置，用待針（也可用紙膠帶代替）固定上方與旁邊兩處。將轉印紙可轉印的那一面朝向布面，從布與描圖紙間的縫隙夾進去，即可防止圖案偏移。

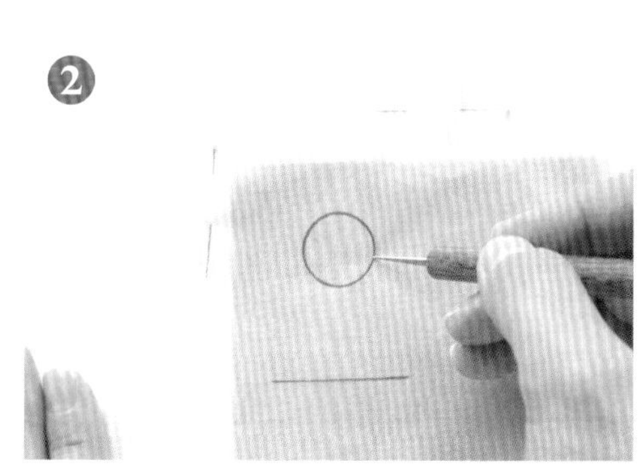

❷ 使用轉印用鐵筆，從玻璃紙上方用力描圖。

事先用待針將圖案固定在布上，畫到一半時也能掀開描圖紙或轉印紙，確認圖案是否完整地轉印在布上。

4. 繡框的使用方法

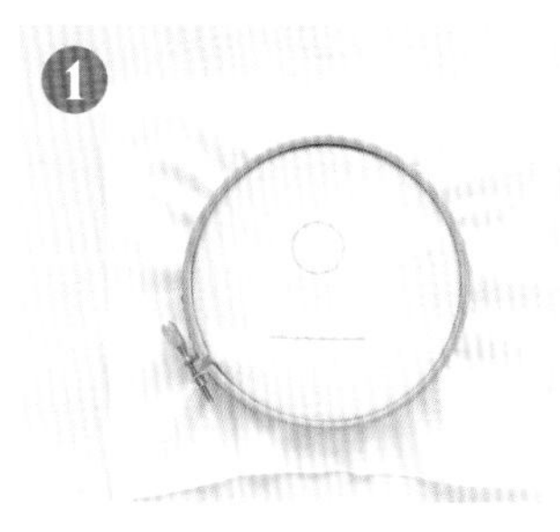

把圖案放在內框正中央的位置後，轉鬆外框上的螺絲，輕輕嵌上內外兩個繡框。讓外框螺絲落在慣用手的另一邊，繡線就不容易鉤到。

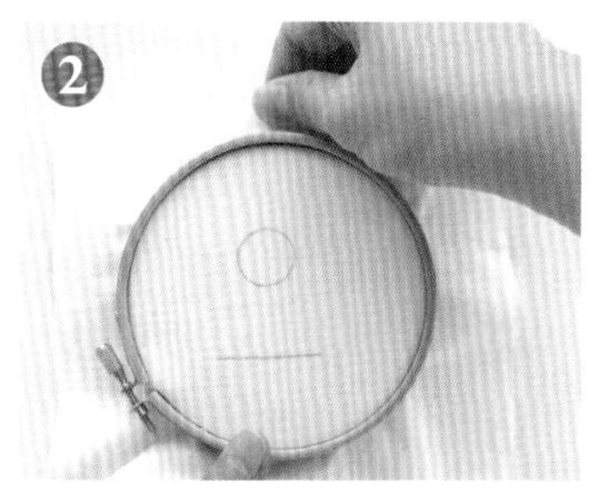

均勻地將繡布拉平，調整布紋（布的縱橫織紋），使布面平整。

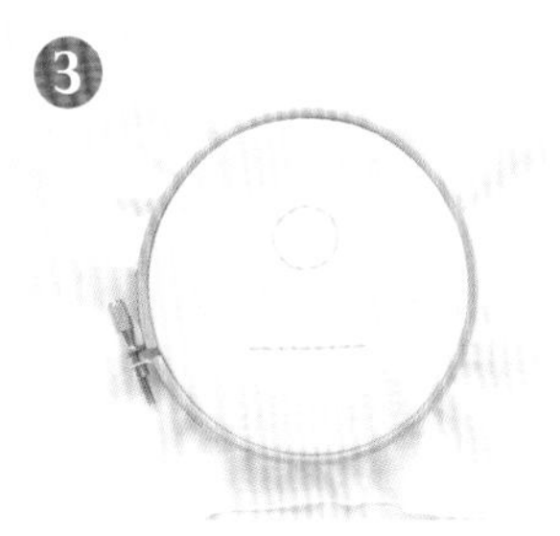

最後將內外繡框完全嵌合，鎖緊螺絲。

5. 刺繡的起針與收針、換線的方法

刺繡的世界有各式各樣的技法，但起針與收針都是將繡線穿過背面的線藏住。基本上不會打結，倘若沒有可穿過去的地方，也可用法式結粒繡打球結固定，依照不同的狀況來應變處理。
無論採用哪一種方法，都要仔細處理，小心背面的線不要纏住。

填滿平面的刺繡（緞面繡或長短針繡等）

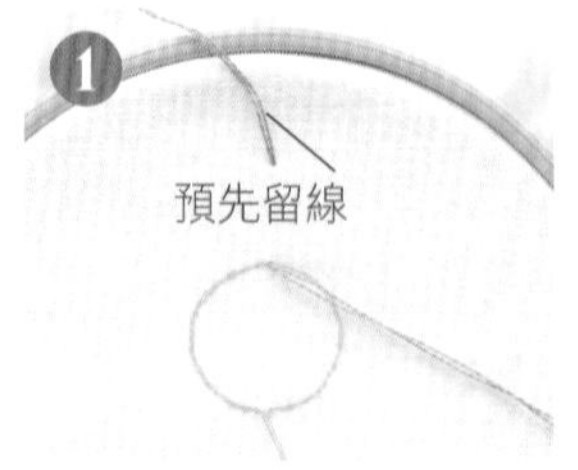

在距離圖案稍遠處入針，留下約5cm的線，從圖案出針開始繡，線拉得太用力容易導致預留的線脫線，請控制拉線力道。

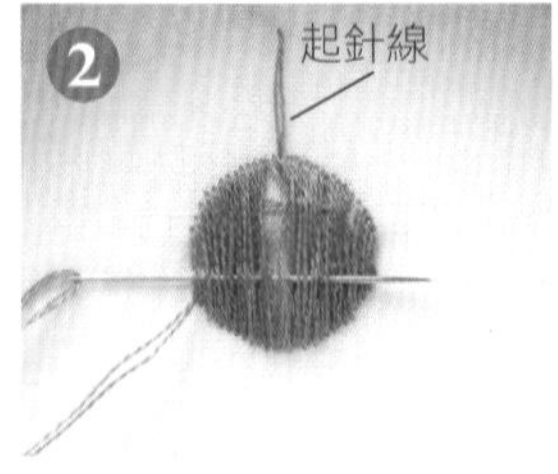

刺繡完畢後，把針穿進背面的線中岔線（請參照P12）藏住線，為避免線纏住，將線頭盡量剪短。

將預先留下的起針線拉到背面，同樣把針穿進背面的線中藏住。記得控制力道，不要太用力拉線。

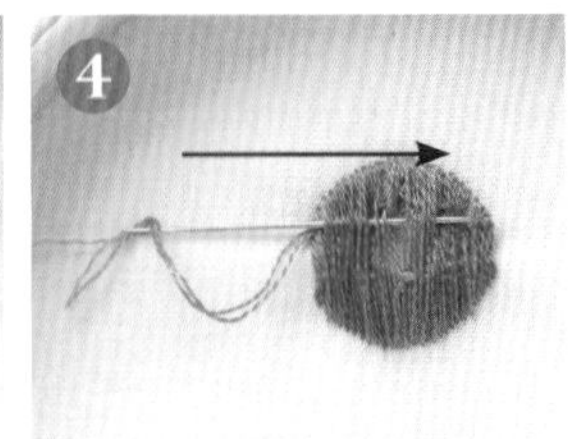

若擔心起針線收不好，可以將線來回穿過背面的線，再將線頭盡量剪短。

換線的方法（線太短或要改變線的顏色時）

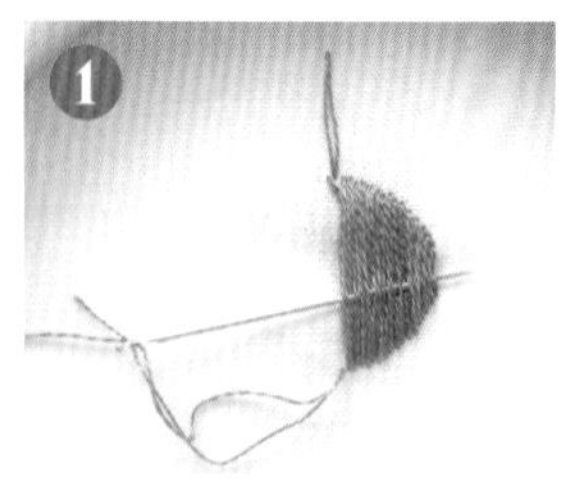

與收針的處理方式相同，將針穿過背面的線。

將線盡量剪短。

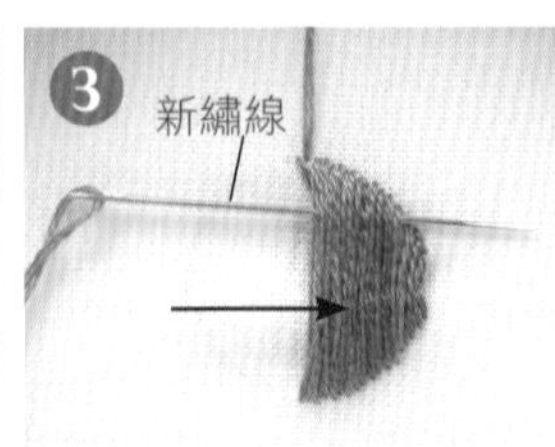

準備新的繡線，同樣將針穿過背面的線。

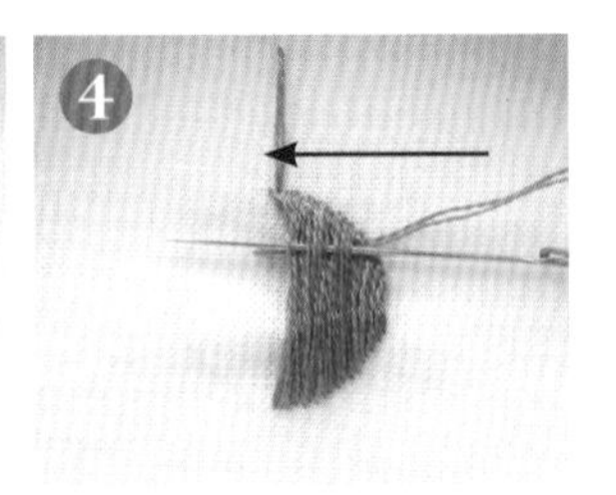

重複來回穿線的動作，將新繡線固定住，注意不要太用力拉線。接下來在表面出針，再繼續繡。

表現線條的刺繡（輪廓繡或回針繡等）

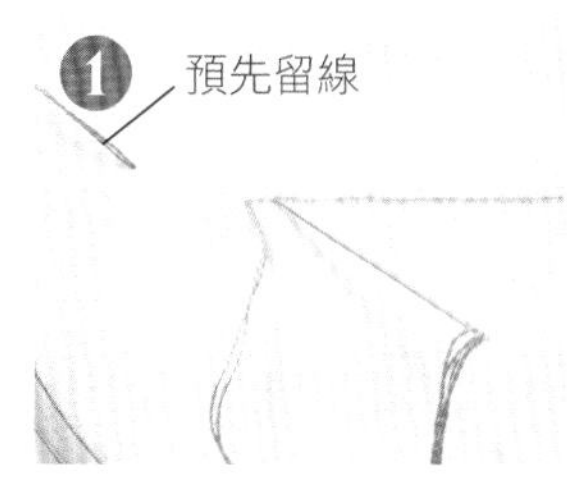

在距離圖案稍遠處入針，留下約5cm的線，從圖案出針開始繡，線拉得太用力容易脫線，請控制拉線的力道。

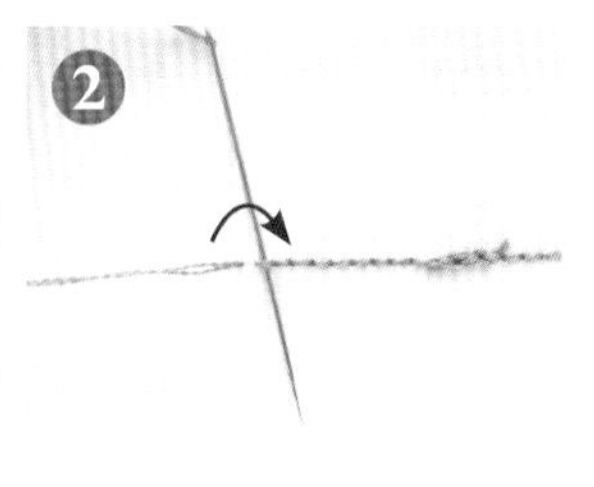

刺繡完畢後，將針穿過背面的針腳，然後朝反方向重複穿針腳的動作，將線固定。

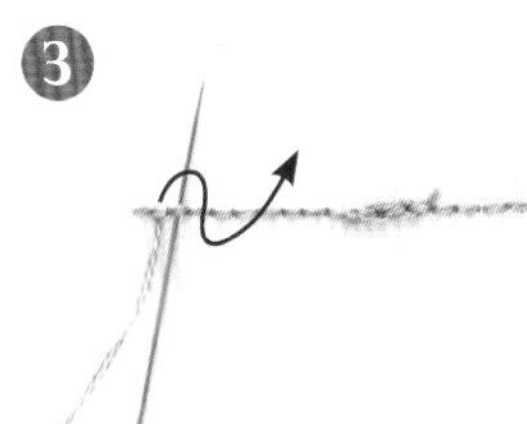

穿過4～5個針腳之後，將線頭剪短。

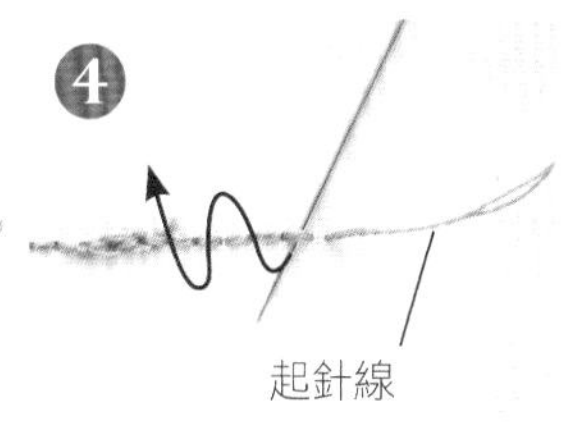

將預先留下的起針線拉到背面，用針將線穿過4～5個針腳後，線頭剪短。

換線的方法（線太短或要改變線的顏色時）

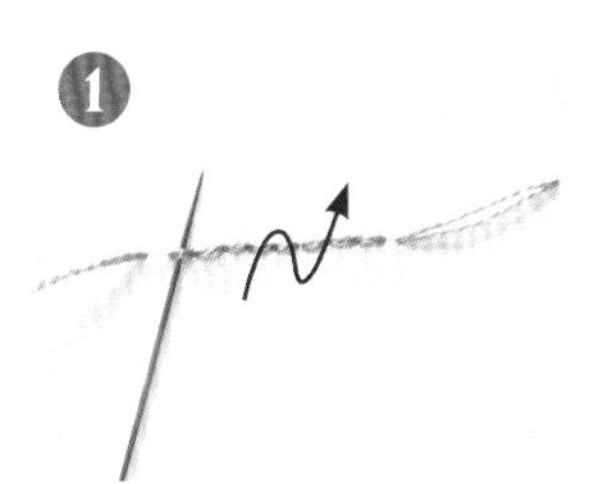

與收針的處理方式相同，將線穿過背面4～5個針腳。

將線盡量剪短。

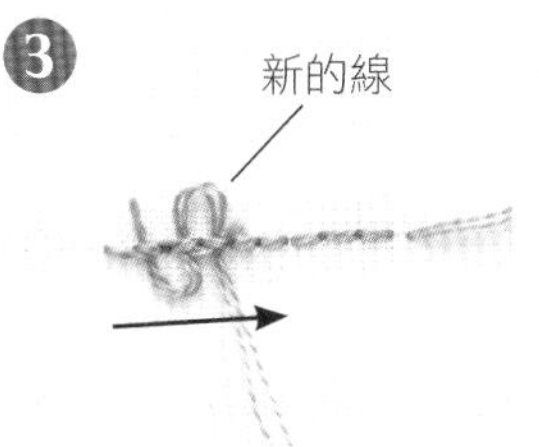

處理方式與❶相同，將新的線穿過4～5個針腳。

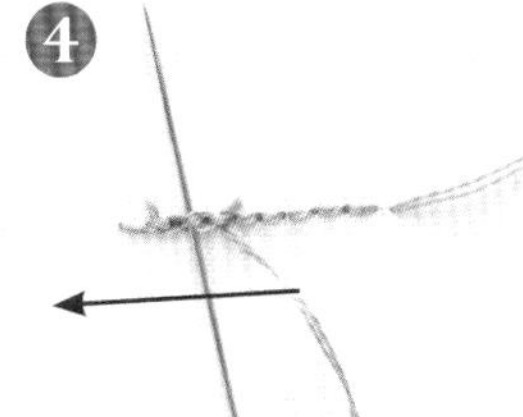

重複上個動作往返將線固定，回頭時也要穿過針腳。注意別太用力拉線。

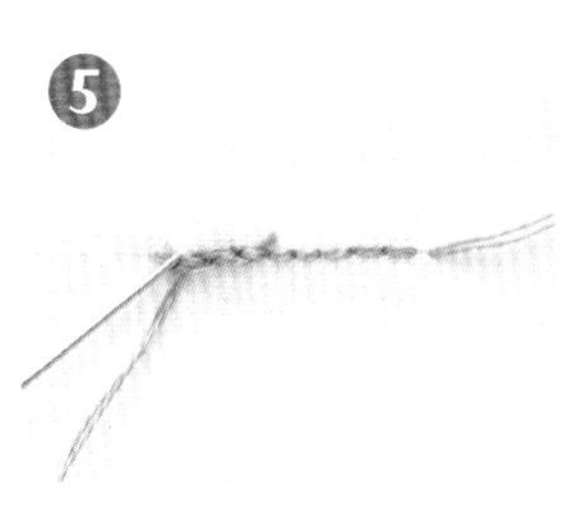

在表面出針繼續繡。

Point 擔心起針線脫線時的對策

起針預留線的時候，可用紙膠帶固定繡線，或是留下可以處理的長度後打個結也OK。線固定住的話，比較容易起針。

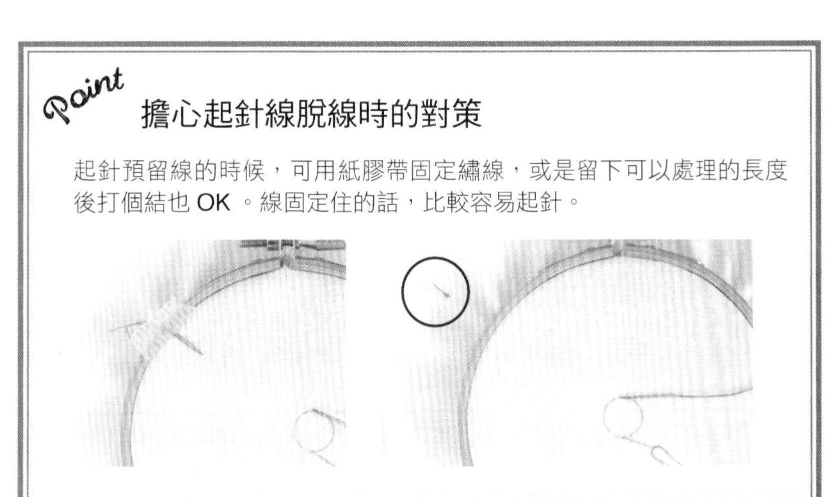

刺繡基本用語

本書介紹的刺繡主要是「法式刺繡」。除了「法式刺繡」，刺繡還有「十字繡」、「小巾刺繡」、「日本刺繡」等各式各樣的種類。法式刺繡的優點是可以在各種布上繡出插畫般的圖案。這種刺繡沒有「這個不行！」的特別限制，請使用本書所介紹的刺繡針法與訣竅，盡情享受刺繡的樂趣吧！

一針　※ 半針……一針的一半

一個針腳。長短針繡一針的長度，最長是10mm 。一針的長度會因圖案而異，像緞面繡的話，一針的長度若是太長，線會不夠平整，請適當調整長度。

2 股線

穿過針孔的線條數（股數）是2 條。若是3 股，則代表用3 股線穿針刺繡的意思。

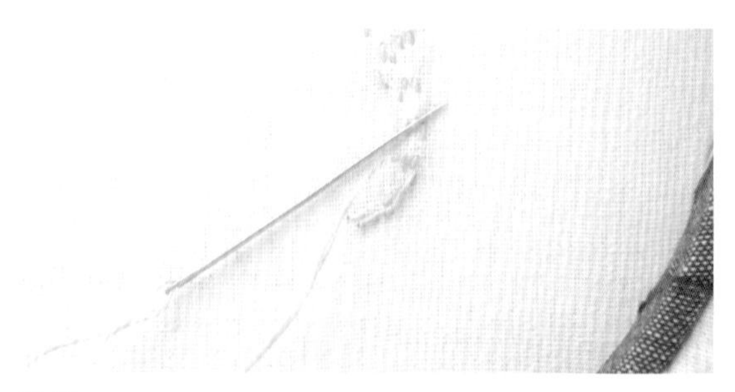

跳線

將繡完的針（或是仍在刺繡過程中的針）移動到離前一針有點距離的位置。在圖案各處移動針刺繡的話，背面的線容易纏在一起。同一條繡線盡量在圖案近處依序運針。跳線時，可以將針穿過背面其他繡線先將線固定住，再移動針。

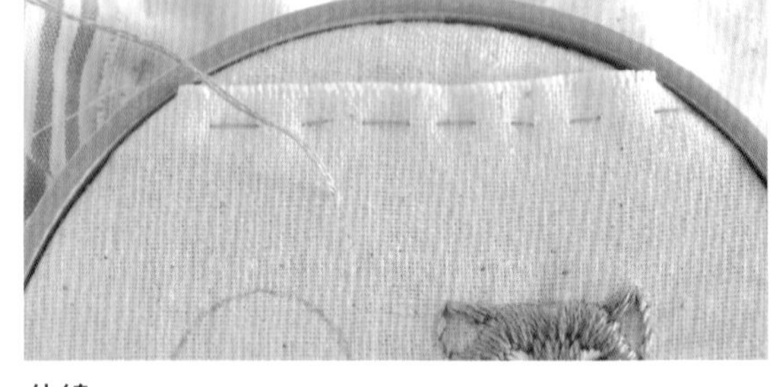

休線

變換繡線的顏色時，上一個階段的線先不處理，在離圖案有點距離處出針待用。等其他線刺繡完畢時，再拉出休線繼續使用。

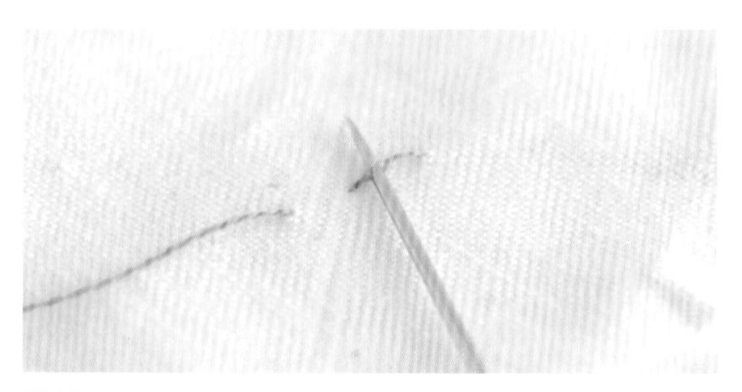

岔線

用於起針線與收針線的處理。將針直接插入背面的線裡，可以增強線的摩擦，防止脫線。

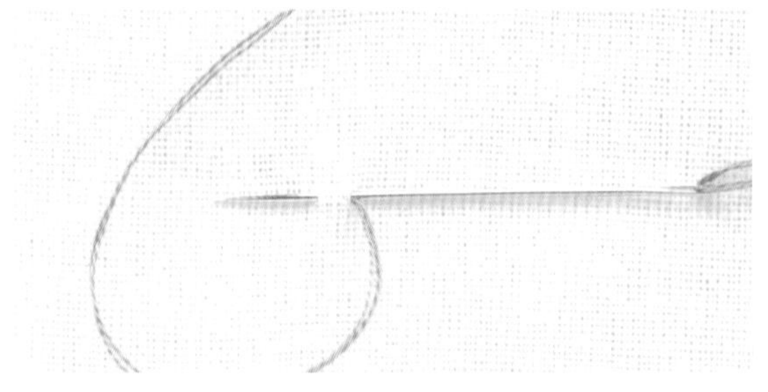

挑布

入針時不將針插進布面下，而是斜插入布中，在適當距離處出針。

Chapter 2

基本的刺繡針法

本章將介紹本書使用的刺繡針法與訣竅，
所有步驟均附有照片圖解，請大家務必多多練習！
※ 示範所使用的繡線均為 2 股線。

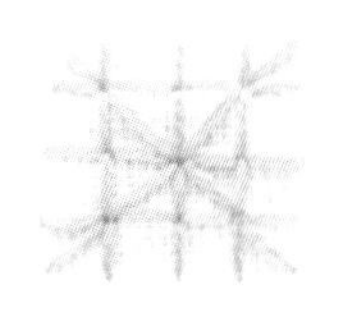
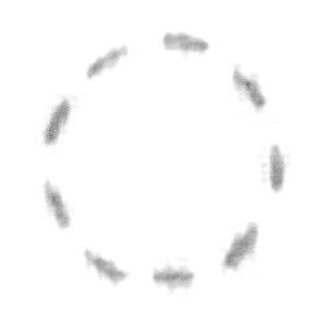

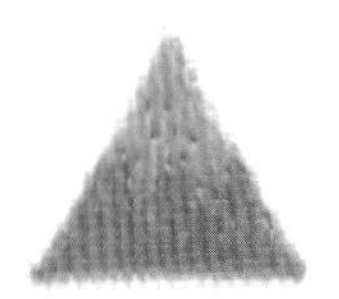

1. 直針繡

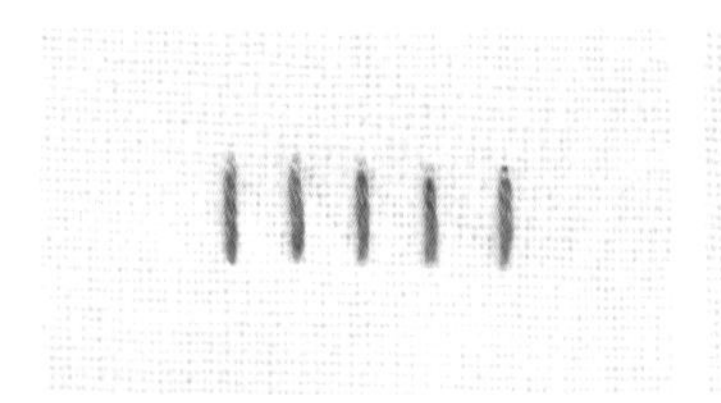

用一針繡出直線的針法。可以活用方向與長度，繡出各種模樣。本書所有圖案都會用到這款基礎針法，請務必好好掌握。

How to

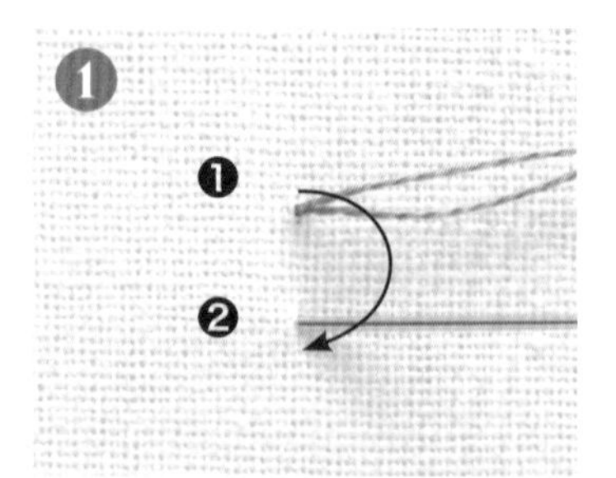

從❶出針，在❷入針。

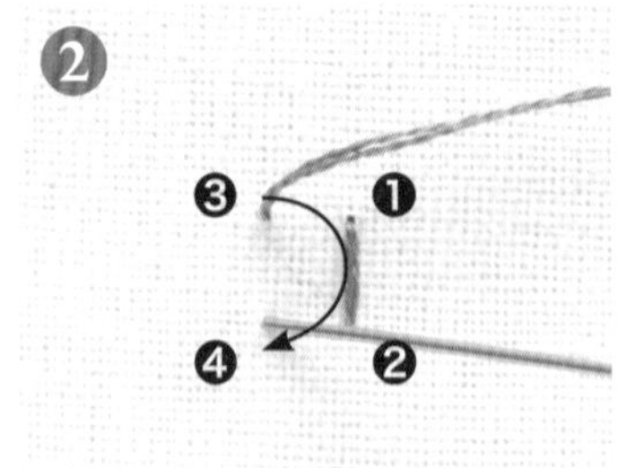

從❸出針，在❹入針。重複這個動作。

起針、收針的方法

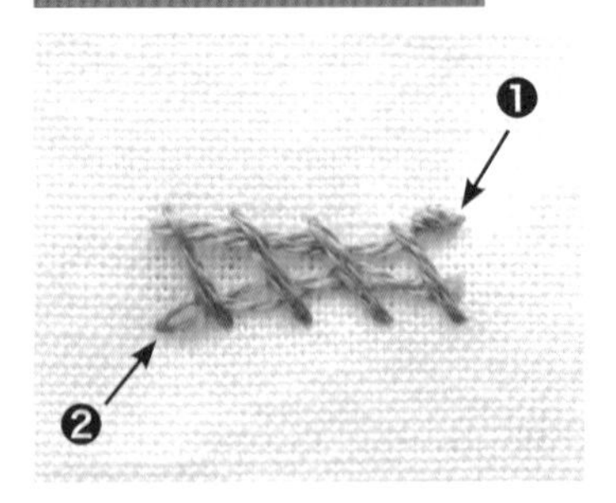

起針方式和 P11 相同。將❶的起針線、❷的收針線穿過背面的繡線。如果擔心會脫線，也可以像❶一樣先打個結再穿過去。

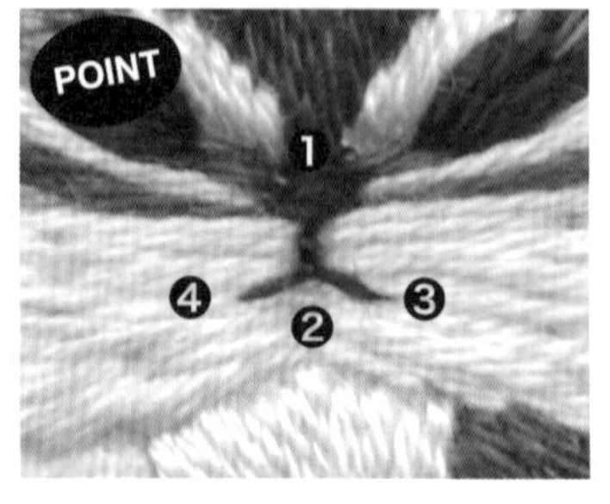

直針繡在本書中大多用來繡出動物的鼻子下方與嘴巴的線條。

Point 用不同的針來繡吧！

繡動物的嘴巴時，由於要繡在已有刺繡的位置上，請使用較細的針（8 號或9 號）。編號愈大針就愈細。不同的廠商，使用的繡線股數也不一樣，請用手邊已有的針來試試看吧。

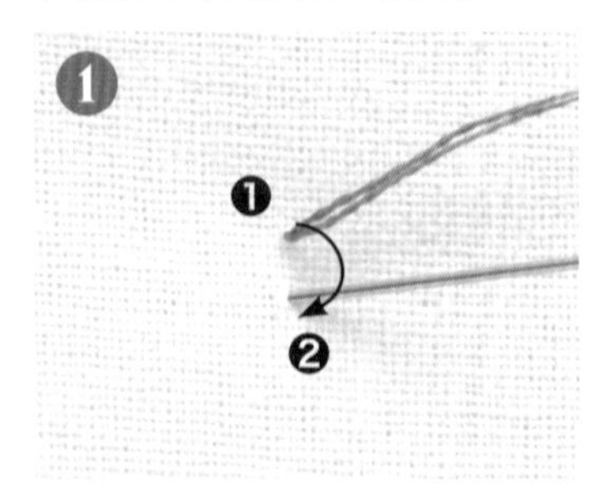

從❶出針，由外朝中心點❷入針。

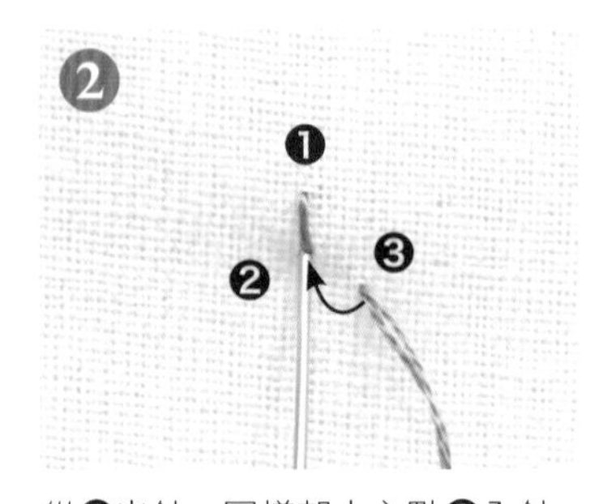

從❸出針，同樣朝中心點❷入針。

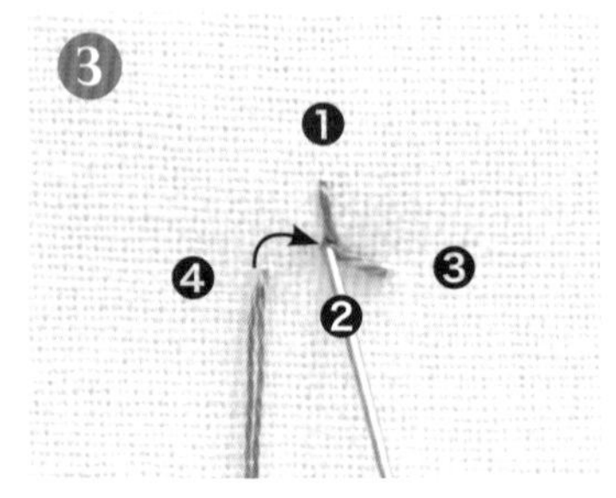

從❹出針，同樣朝中心點❷入針。

2. 輪廓繡

用來表現輪廓或線條的針法，適合用來繡明顯的線條或文字。長度是一針的一半（半針），由左向右依序運針。

用於大象（P50）、牛（P60）的輪廓

How to

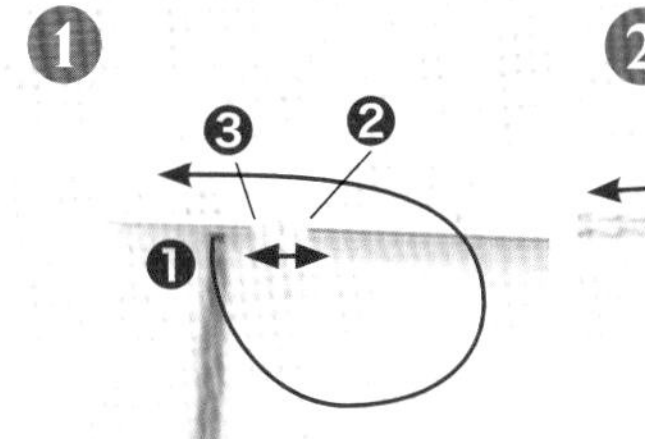

從❶出針，在距離一針的❷讓針橫躺入針，再從左半針的❸出針。

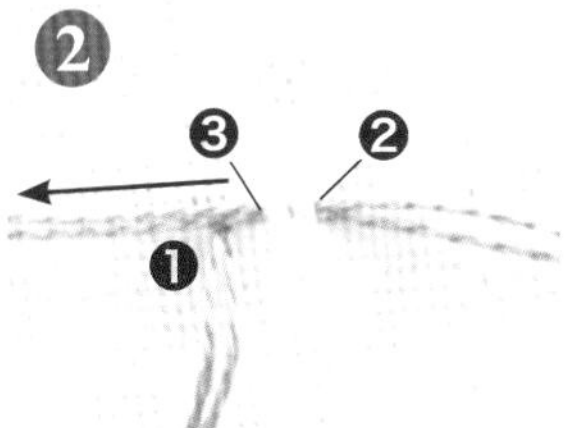

將在❸出針的針往左方拉出。

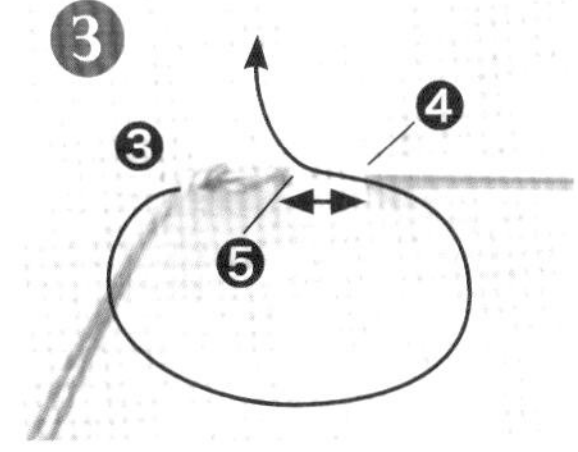

返回在距離一針的❹入針，再從左半針的❺出針（❺與❷是同一位置）。

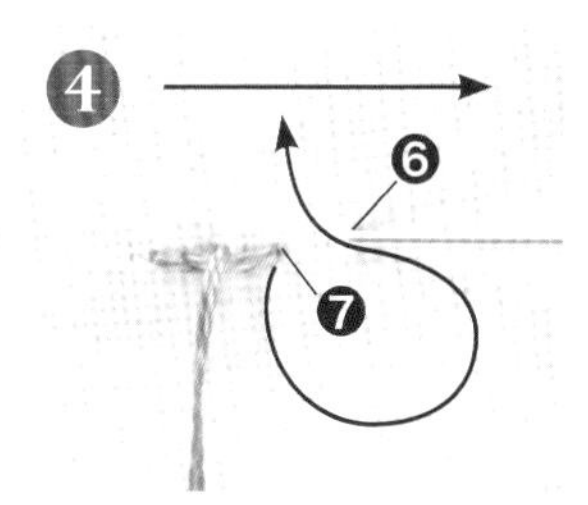

在❻入針從❼出針。以同樣方式，由左向右運針（❼和❹是同一位置）。

POINT

以輪廓繡繡邊角時，用90度角拿著繡框來運針，會比較好繡。

Point

活用針法與股數，呈現不同感覺

增加繡線的股數就能呈現出較粗的線條（上・4股線）。此外，縮短一針的長度，可以呈現如細繩般的線條（下）。

繡邊角時

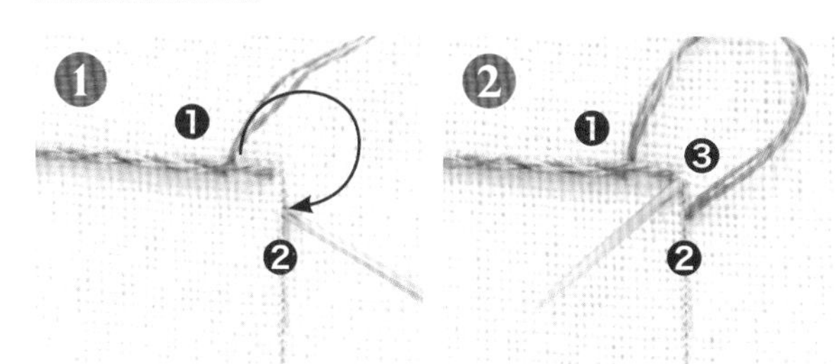

來到邊角附近❶時，在距離邊角一針的❷入針。

繡針從邊角頂點❸出針。

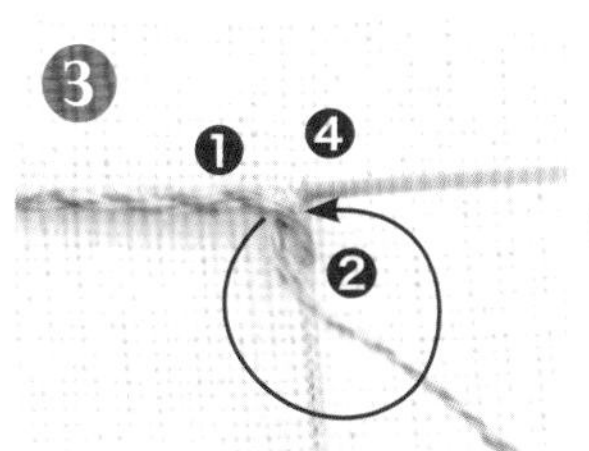

將從❶到❷的線，固定在邊角的外側❹。

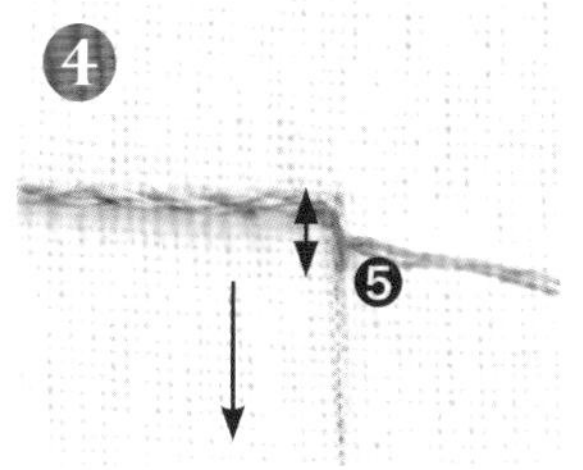

在距離邊角半針的❺出針，繼續繡下去。

3. 回針繡

每繡一針返回一針，由右向左運針的針法。能夠表現出柔和的輪廓或線條。

用於長頸鹿（P36）、熊貓（P38）等

How to

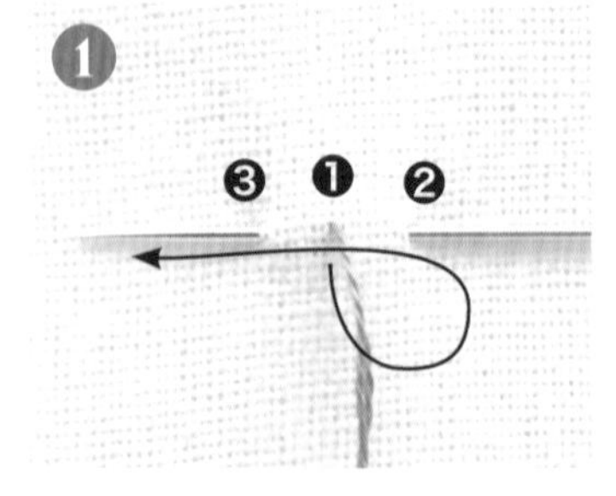

從❶出針，依箭頭指示，在右邊一針的❷入針，於距離兩針的❸出針。

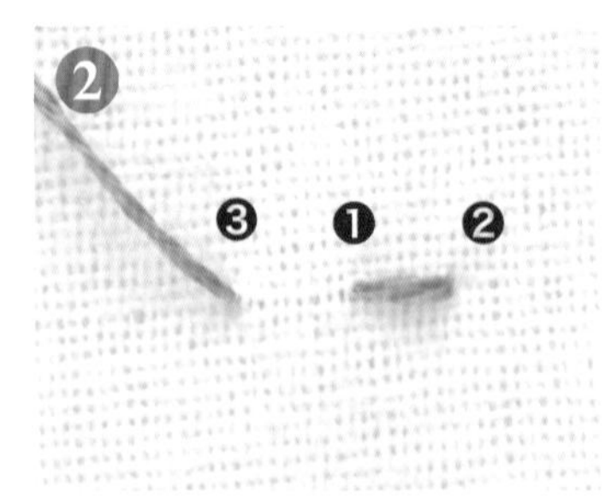

將從❸出的針拉緊，即可完成一針。

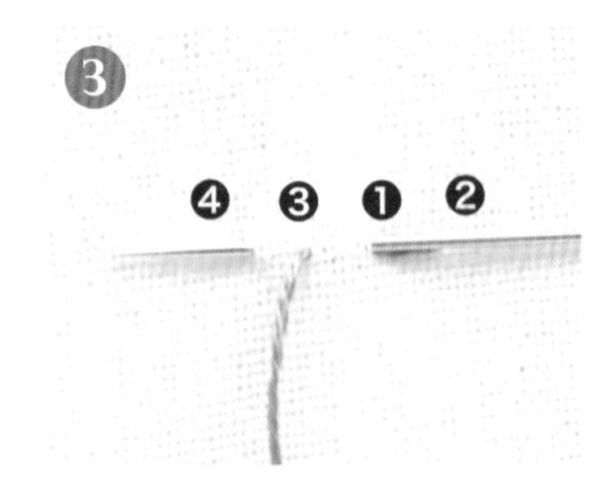

將針返回插入❶，在左一針的❹出針。重複這個動作。

Point 活用針法與股數，呈現不同感覺

每一針的間隔繡得窄一點，就能繡出用縫紉機繡的感覺（上），增加繡線股數的話，可以呈現較蓬鬆的粗線條（下．4 股線）。

靈活運用回針繡的針腳，就可以繡出花紋。

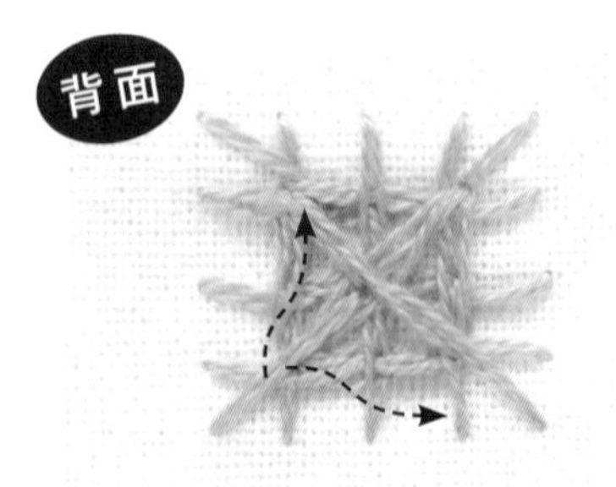

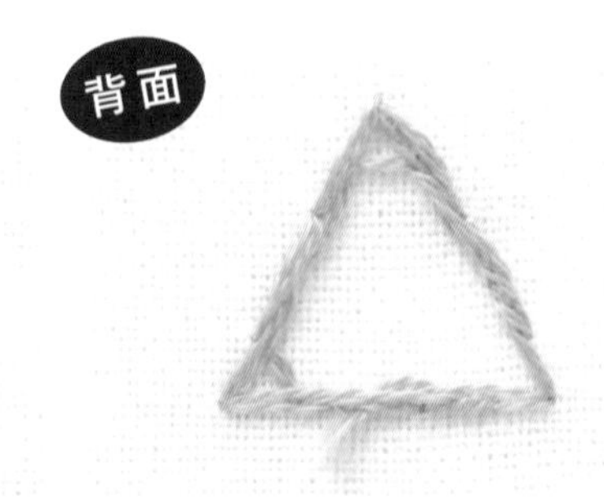

將起針和收針的線穿過背面的線固定住。

4. 平針繡

這款針法以等間隔運針，能夠表現出溫柔的手感。

用於無尾熊的樹（P42）等

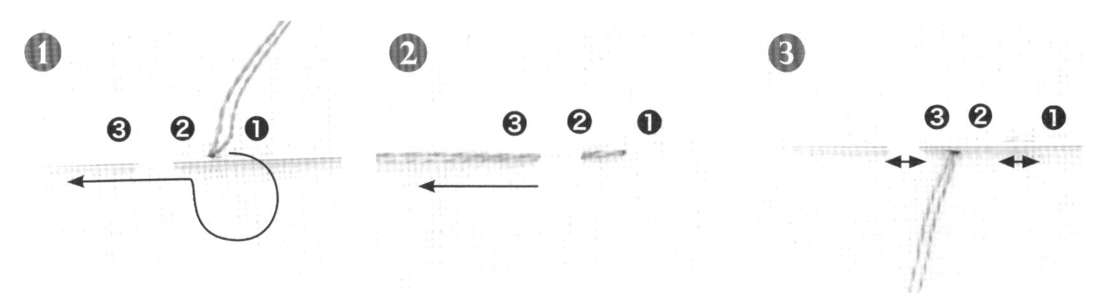

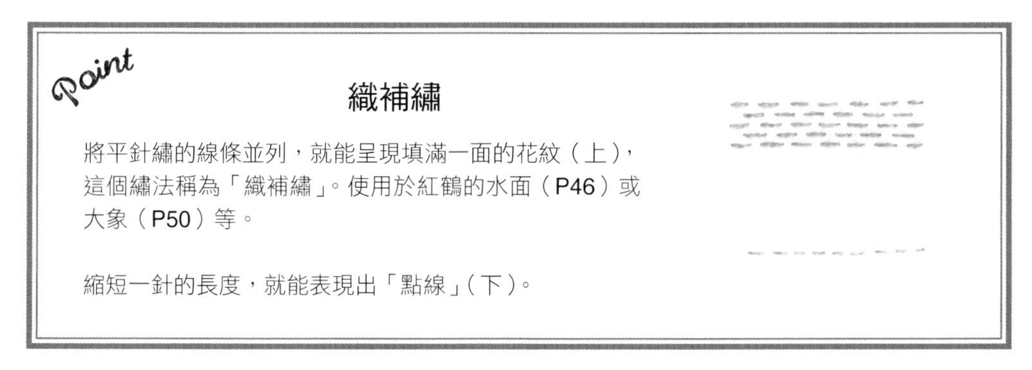

從❶出針，自❷入針後挑針，自❸出針。

將線往箭頭方向拉，即完成一針。

重複❶～❷的動作。保持跟第一針相同的間隔運針，就能繡得很整齊。

Point

織補繡

將平針繡的線條並列，就能呈現填滿一面的花紋（上），這個繡法稱為「織補繡」。使用於紅鶴的水面（P46）或大象（P50）等。

縮短一針的長度，就能表現出「點線」（下）。

改變一針的長度，縱橫交錯來繡，即可繡出填滿一面的花紋。

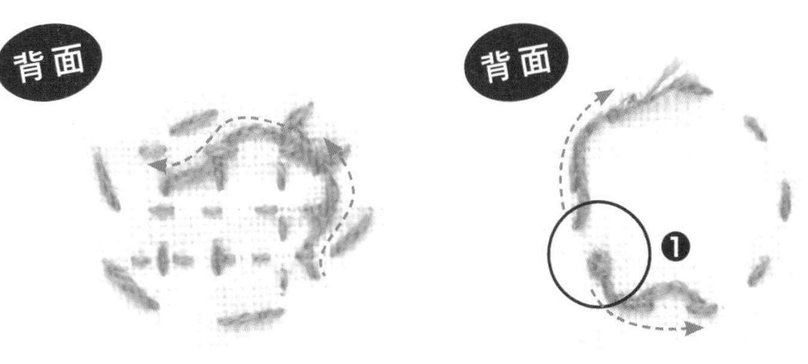

基本上和其他針法一樣，將起針和收針的線穿過背面的線，若是每一針中間都有間隔的話，可以像❶一樣先打結再穿過去，就不用擔心脫線。

5. 釘線繡

將繡線放在圖案上，以別的繡線固定的針法。改變繡線的顏色或固定的間隔，就能營造不同的感覺。

用於羊的毛（P56）等

How to

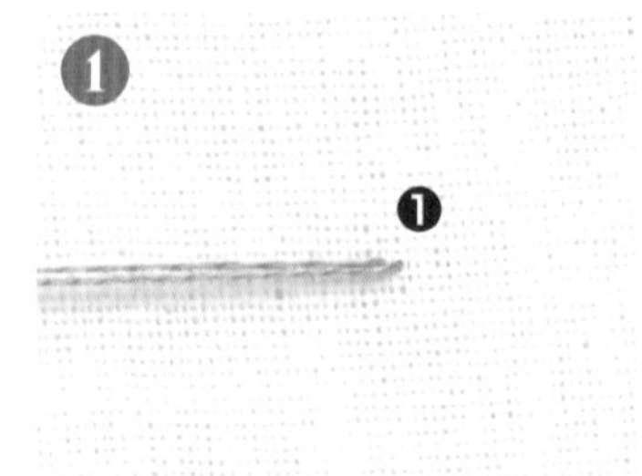

從❶出針的線沿著圖案擺放，建議拿掉針比較安全。

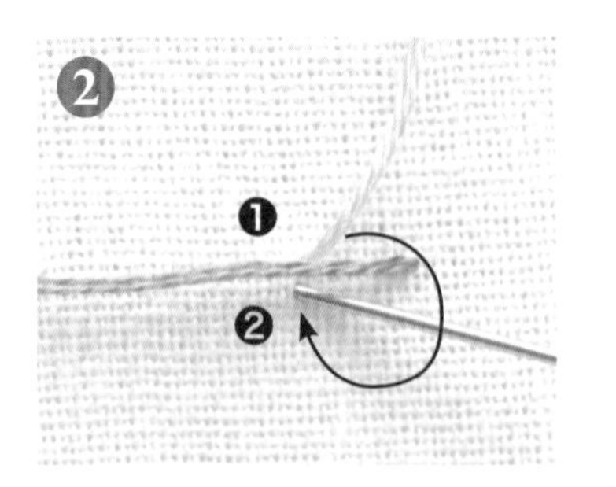

換另一條繡線（圖示是綠色）從❶出針在❷入針（從上到下）。以垂直線來固定第一條線。

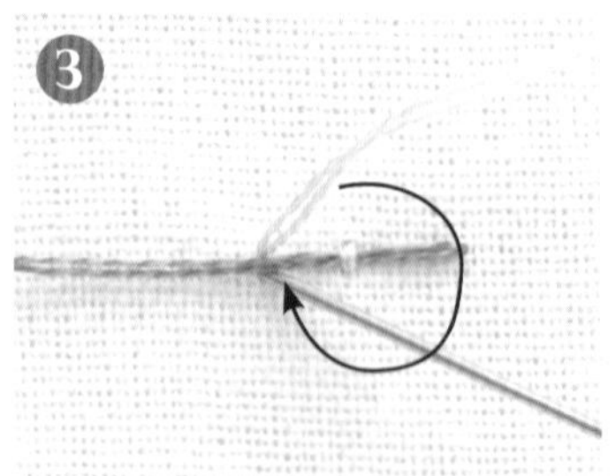

將表現線條的繡線沿著圖案擺上，並用垂直線固定。重複這個動作。

用4股線的釘線繡來表現較粗的線條。

釘線繡的特徵是可以用來呈現流暢的線條。另外，改變固定線的間隔，也能呈現出動感。

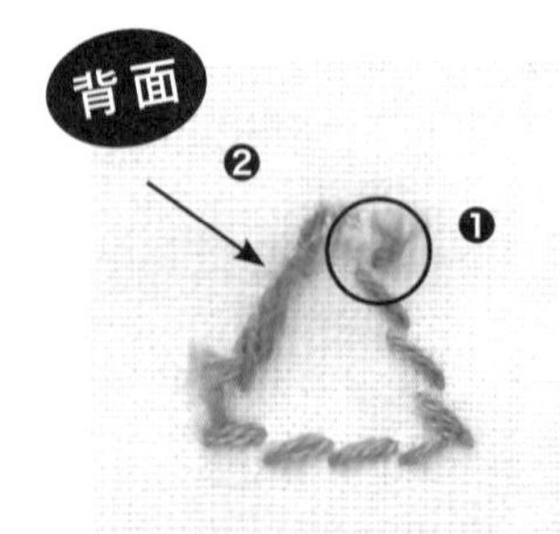

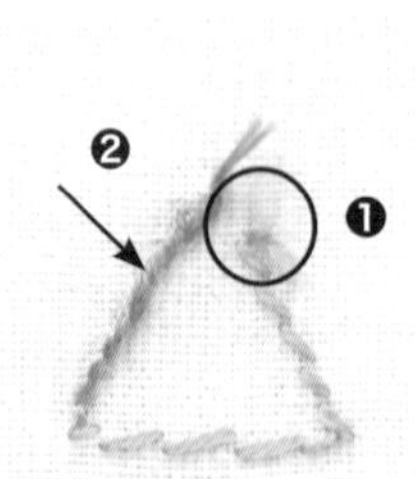

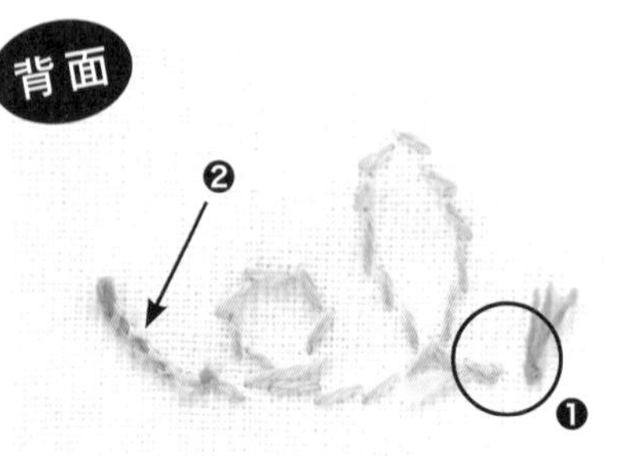

起針時先將線打結（❶）會比較好繡。收針線則穿過背面的線藏起來（❷）。

6. 鎖鍊繡

能表現如鎖鍊般的線條。不僅可以用來表現線條，也能填滿平面。

用於無尾熊（P42）、熊（P86 ）等

How to

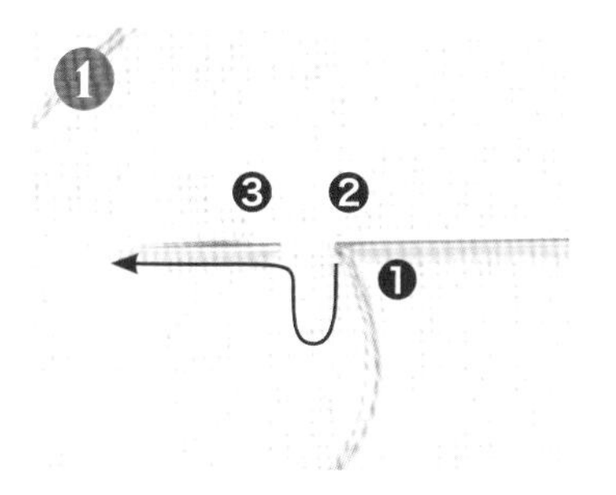

從❶出針，在與❶同一個洞的❷再度入針，並在距離一針的❸出針。

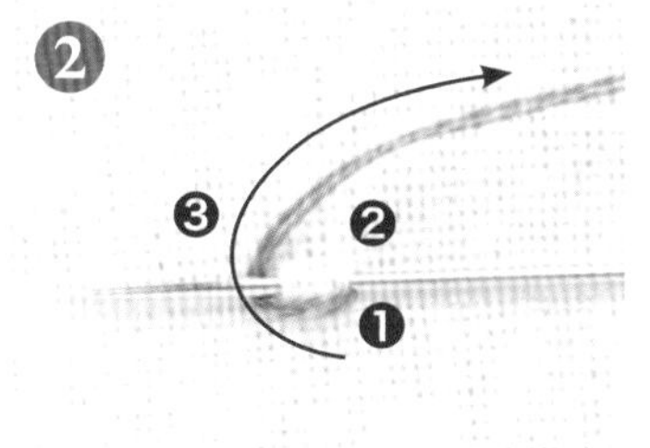

如圖示，將從❶出來的繡線圈在針上。

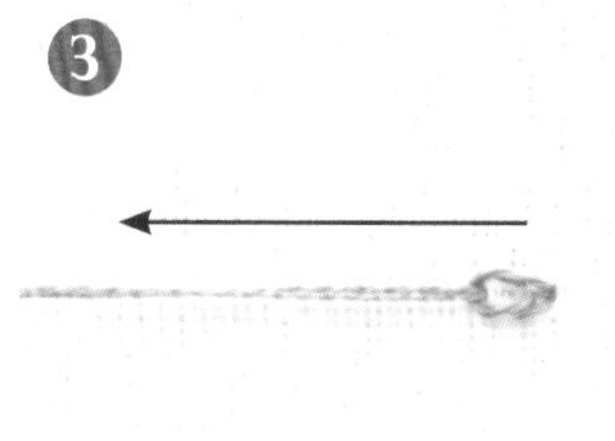

將針往箭頭方向抽出，即完成第一個鎖眼。

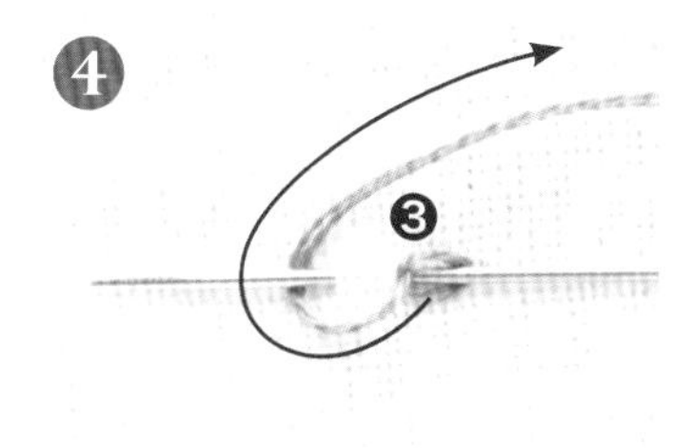

重複相同步驟，入針於線穿出來的❸，在距離一針處出針，再將線圈在針上，往前抽針。

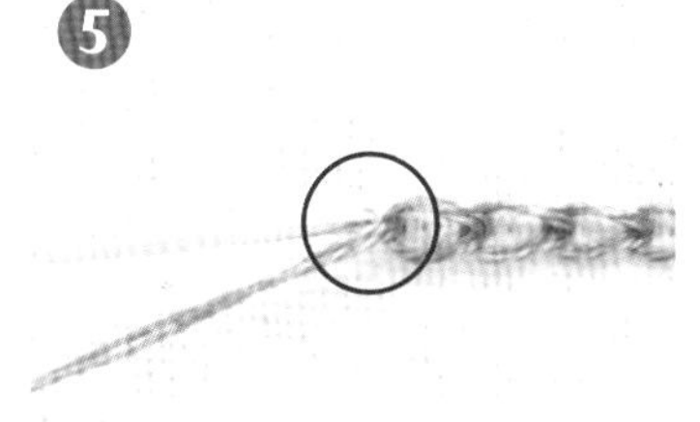

收尾時，在鎖鍊外緣入針，將圈環固定住。

POINT

增加繡線的股數就會變成粗線，能夠表現出如毛線般的厚實感（圖中使用4 股線）。

Point

鎖鏈繡的訣竅

使用鎖鍊繡畫圓圈時，最後一針穿過第一個圈環下方❶，接著在線穿出處❷入針，圓圈即可漂亮地連接在一起。

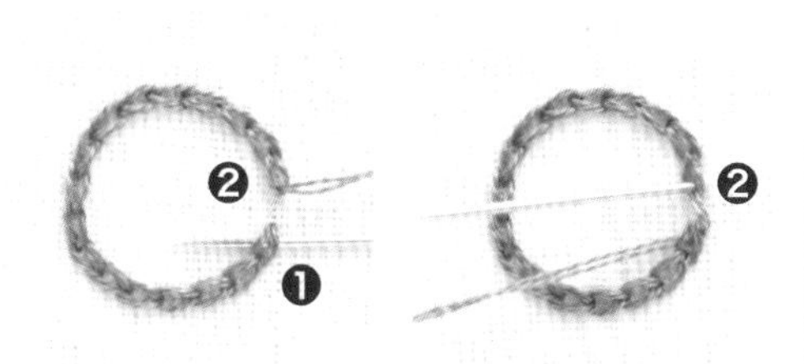

7. 開放式鎖鍊繡

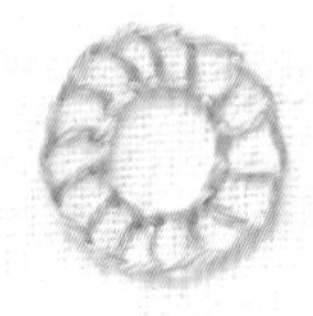

鎖鍊繡的圈環呈四方開放的針法。
可使用於線條或花紋的刺繡。

用於雞（P58）

How to

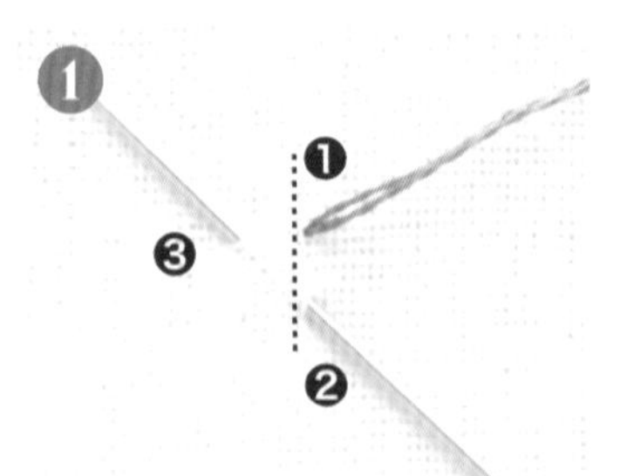

從❶出的針在間隔大一點的❷入針，斜向挑起布於❸出針。

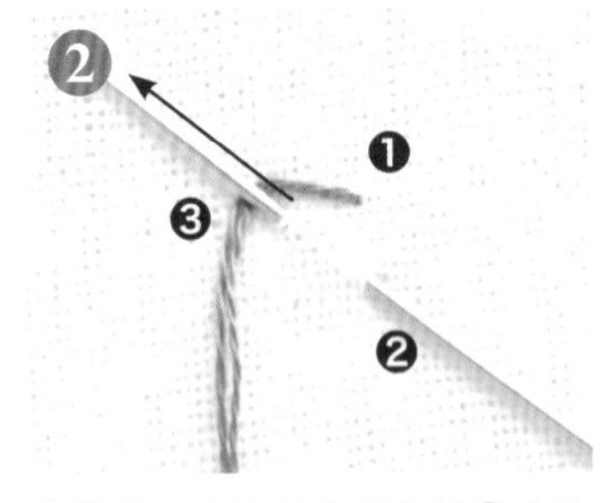

將從❶穿出的繡線圈在從❸出的針上，緩緩抽針。

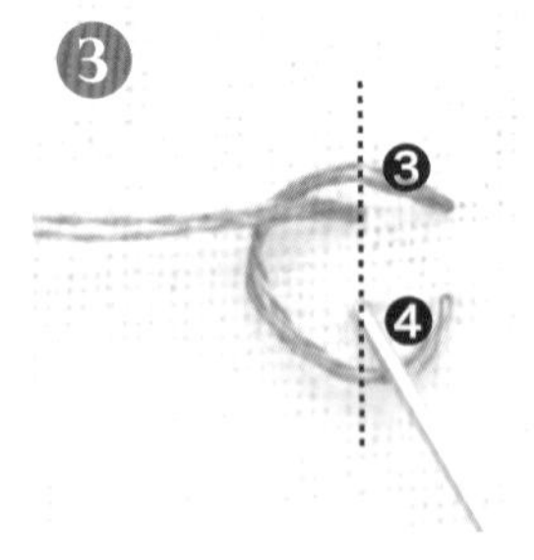

針不要拉到最後，形成小型的圈環後，在與❸平行的❹入針。

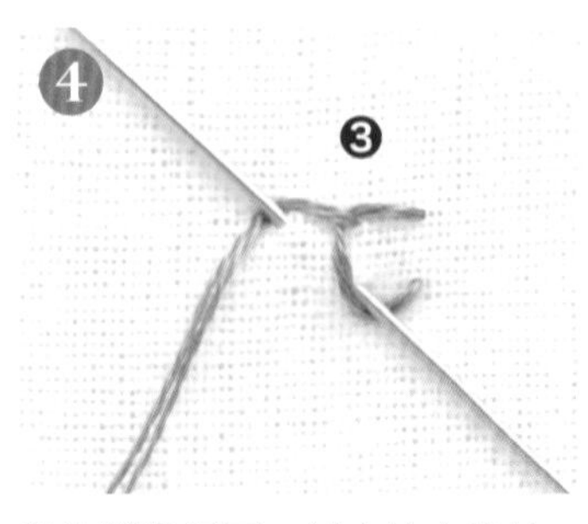

與步驟❷相同，斜向挑布出針，將從❸穿出的繡線圈在針上。重複這個動作。

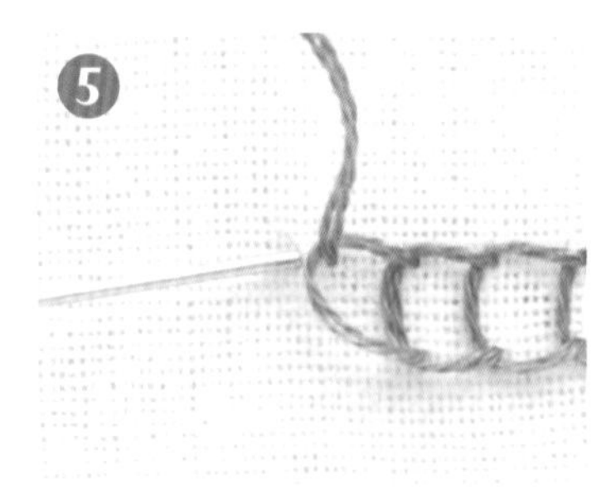

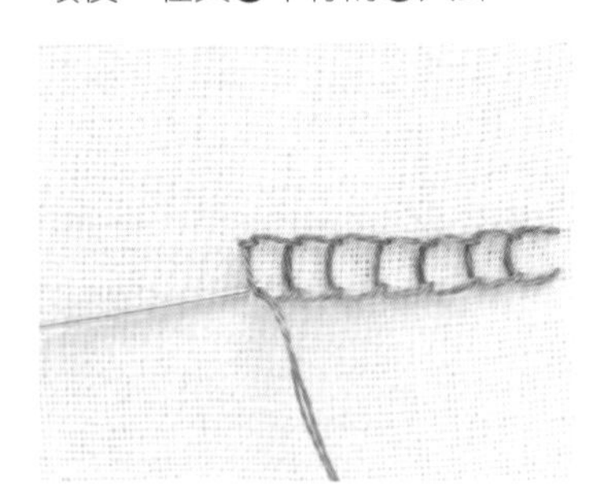

收尾時，調整好每個圈環的形狀後，落針固定圈環。

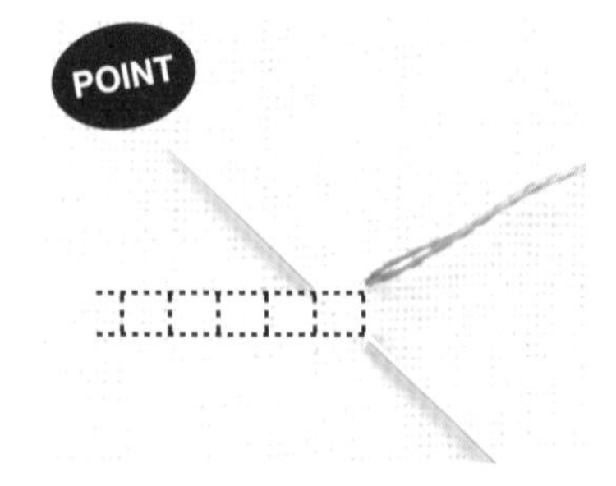

入針的寬度與出針的位置各自保持平行，即可繡出漂亮的開放式鎖鍊繡。

繡圓形時

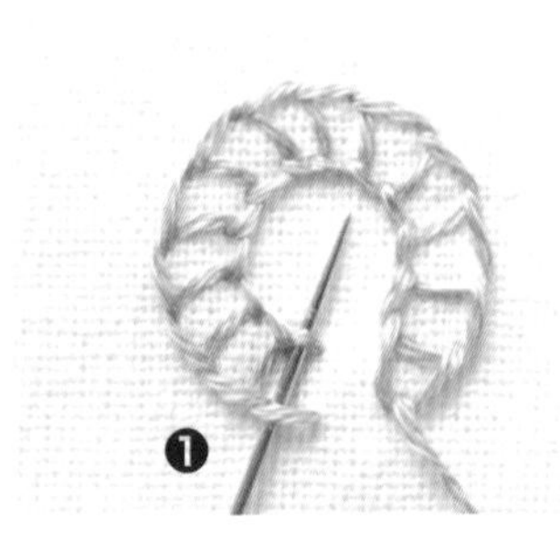

❷

最後將針穿過第一個圈環下方❶，在❷入針，即可自然地連在一起。

8. 雛菊繡

繡法與鎖鍊繡相同，但沒有連在一起，而是一個個單獨繡的針法。經常用來表現花瓣。

用於豬的花（P54）、猴面鷹（P84）等

How to

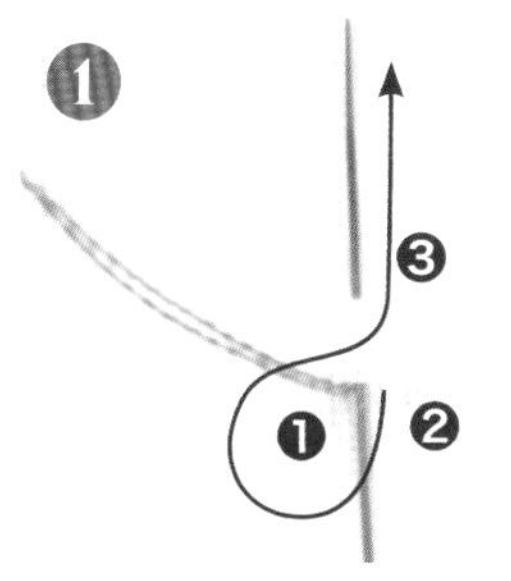

❶

從❶出針，在同一個洞❷再度入針，然後在想要的圈環長度❸出針。

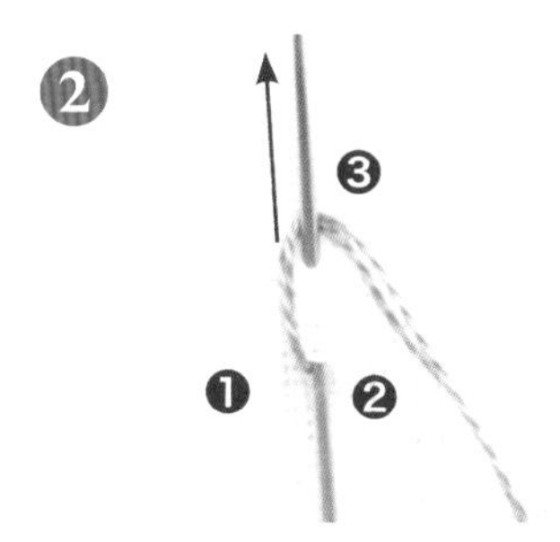

❷

將從❶穿出的繡線圈在針上，朝著箭頭方向抽針。看著形狀緩緩拉線，力道別太大。

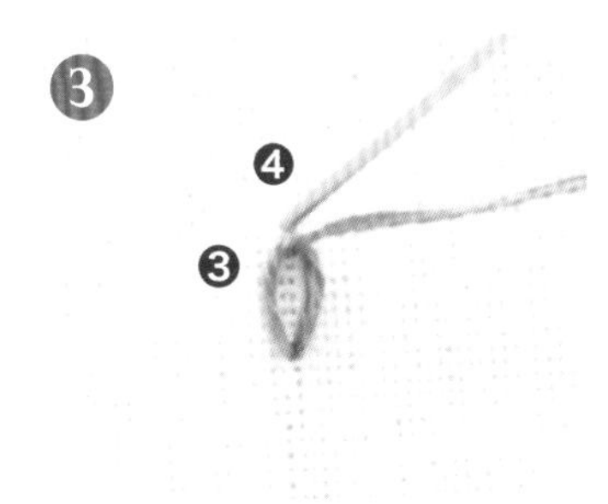

❸

在❸圈環上方的❹入針，固定圈環。

Point

雙重雛菊繡

繡完外側的雛菊繡後，再在圈環裡繡個小雛菊繡的針法。
中心部分雖然可以入針在同一個洞，但這樣洞會撐大，入針時稍微錯開一點會比較漂亮。
正中央如果要繡上法式結粒繡（請參照 P24），記得先將中心處空下來。

雛菊繡＋直針繡

繡完雛菊繡後，可以補一針直針繡，將圓中心填滿。

9. 緞面繡

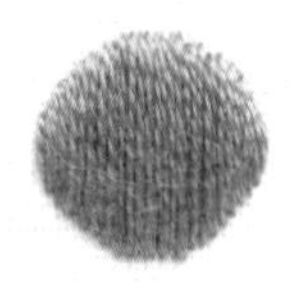

填滿平面用的針法。從圖案的中央朝邊緣運針，就能繡得均勻。幾乎適用於所有圖案。

How to

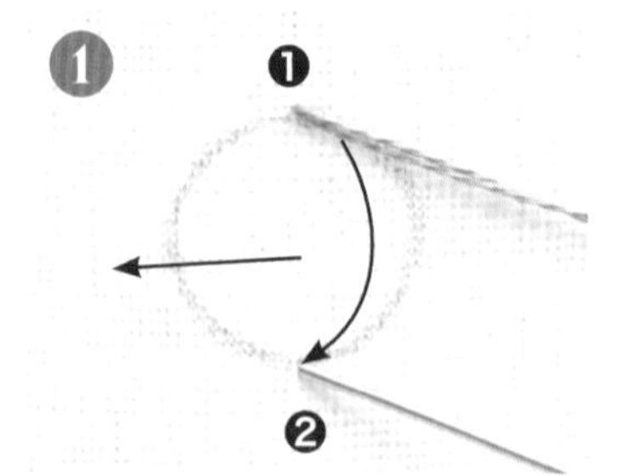

從圖案正中央上方❶出針，一直線朝下在❷入針（此處從中央往左，先填滿左半面）。

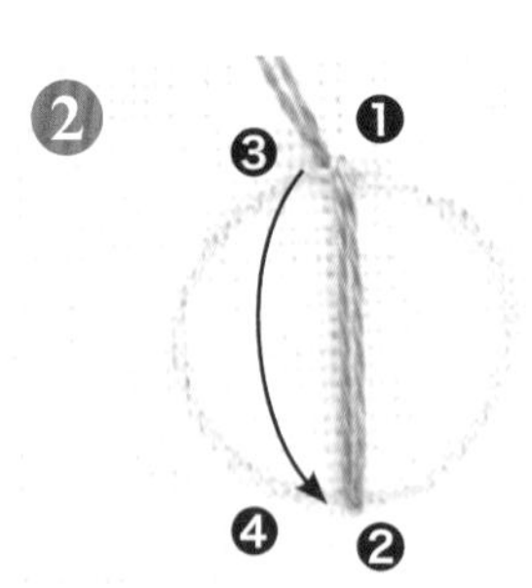

在❶旁邊的❸出針，同樣一直線朝下，在❷隔壁的❹入針。重複這個動作，沿著圖案繡到邊緣。

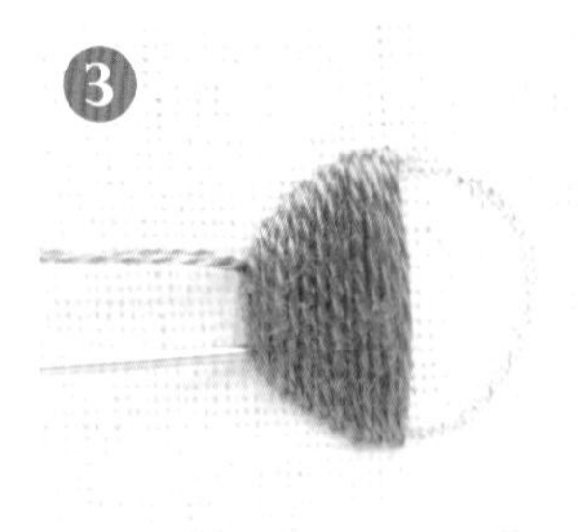

左半面繡完後，將繡線穿過背面的線。

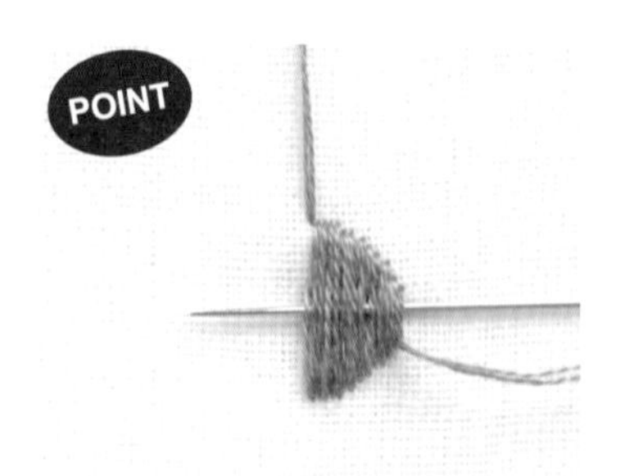

POINT

線穿過背面的樣子❶
藉由這個動作，能讓背面看起來也很平整。

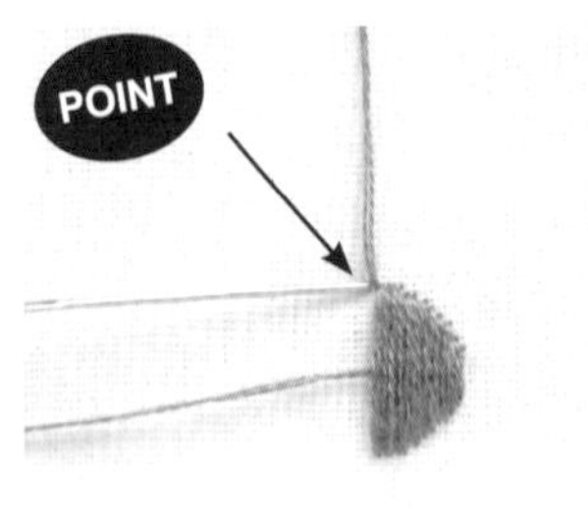

POINT

線穿過背面的樣子❷
穿過背面的繡線，從起針線的隔壁出針到正面。

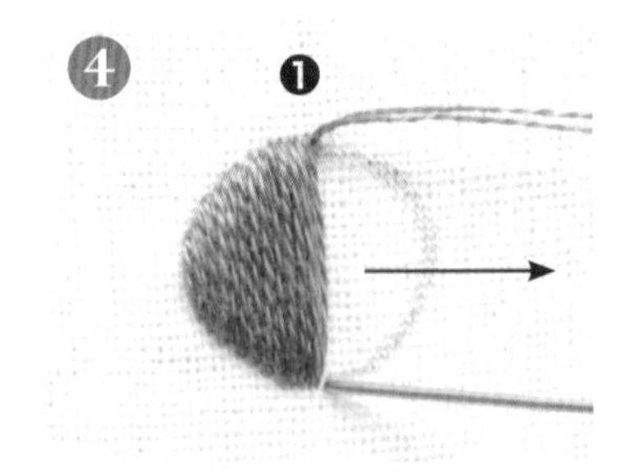

在正中央❶的右側出針，再將右半面填滿。

Point

繡得平滑的訣竅

一邊繡一邊理直繡線，才能繡出漂亮的立體感。
（此處使用2股線，刺繡時要保持兩條繡線平行。）

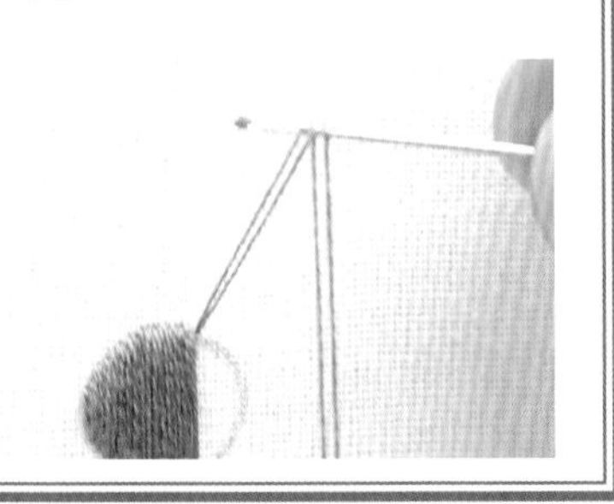

10. 長短針繡

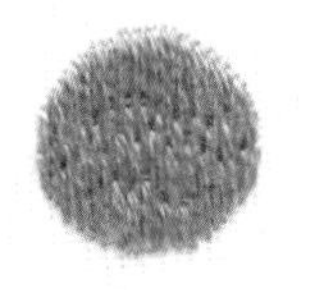

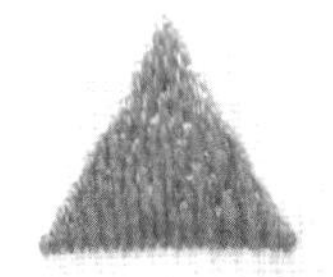

長針腳與短針腳交織刺繡，填滿平面的針法。運針方向由上到下（從外側往中心）。自第二段起，將上一段的空隙填滿。

用於貓咪（P66）、柴犬（P68）等

How to

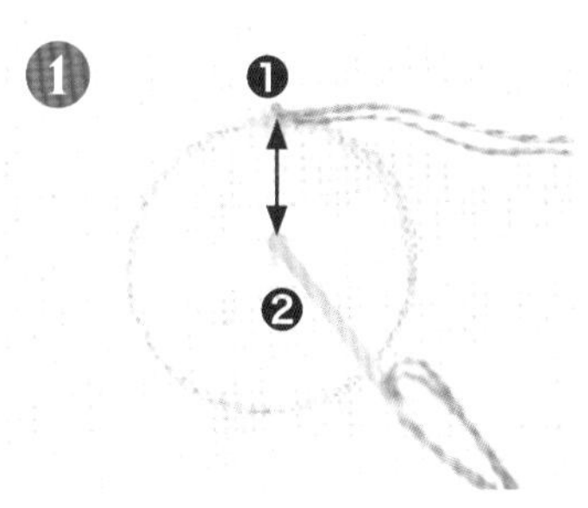

從正中央上方❶出針。配合圖案的大小，入針於距離4～5mm的❷。

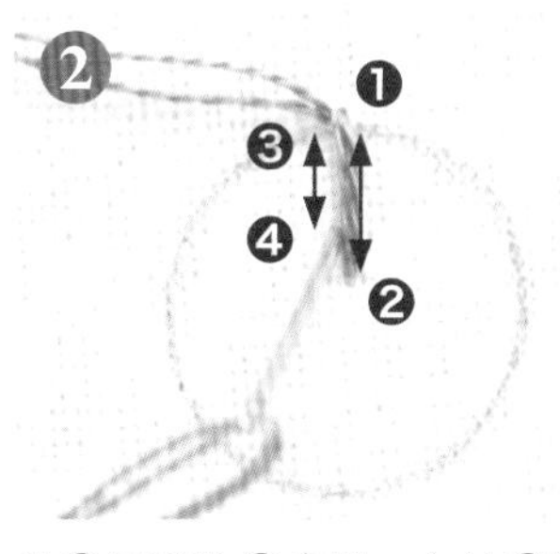

從❶隔壁的❸出針，在比❷短的❹入針。重複這個動作填滿至邊緣（此處先從中央往左，填滿左半面）。

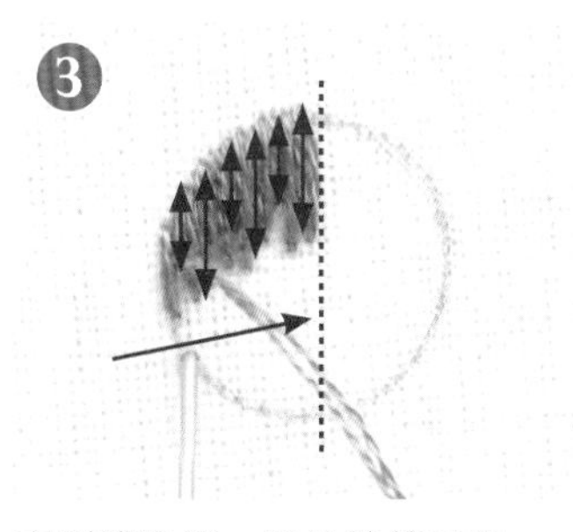

來到邊緣後，開始繡第二段，一邊填滿第一段針腳的空隙，一直繡至正中央。

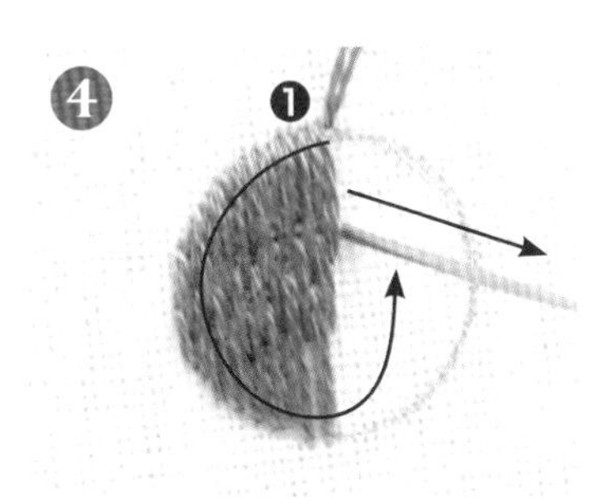

繡到正中央後，在起針處❶的隔壁出針，開始填滿右半面。

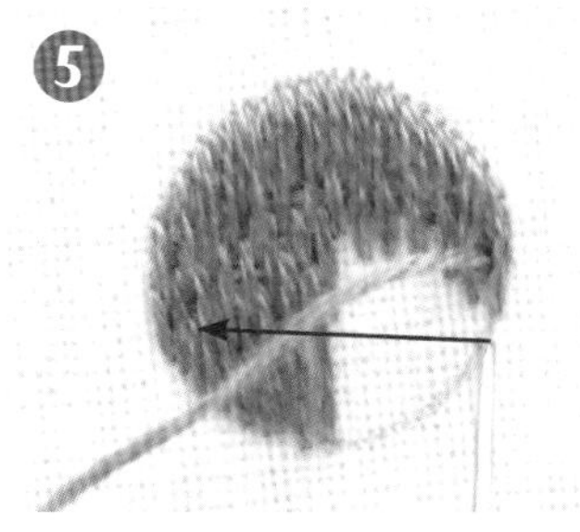

來到邊緣後，開始繡第二段，一邊填滿第一段針腳的空隙，一直繡至正中央。

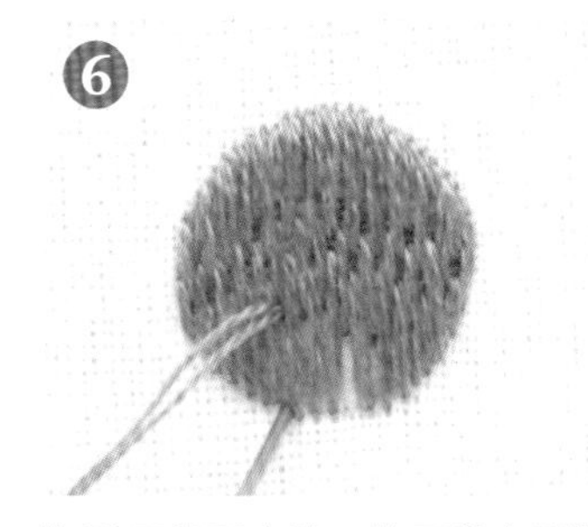

為了不留下空隙，第三段也要將上一段針腳的空隙填滿。

Point

長短針繡的訣竅

- 根據刺繡的角度與殘留的面積隨機應變，不一定非得要長短針交織！
- 和緞面繡相同，自中央往邊緣依序運針填滿圖案，就會很平均。
- 一邊繡一邊理直繡線，即可繡得平整漂亮、毫無縫隙。

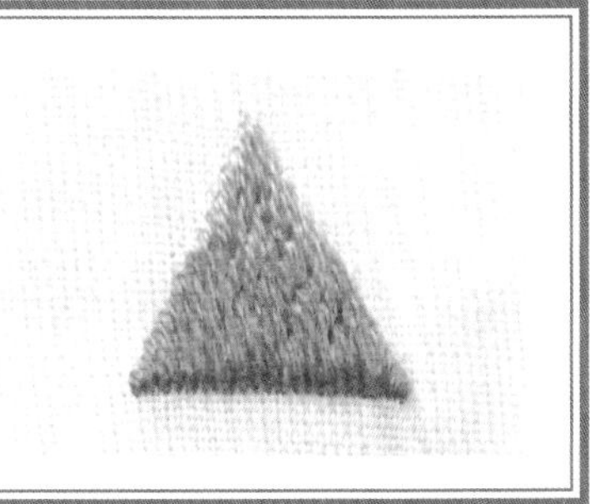

11. 法式結粒繡

這是一款能夠繡出可愛球結的針法。

用於白熊的尾巴（P40）、紅鶴的翅膀（P46）等

How to

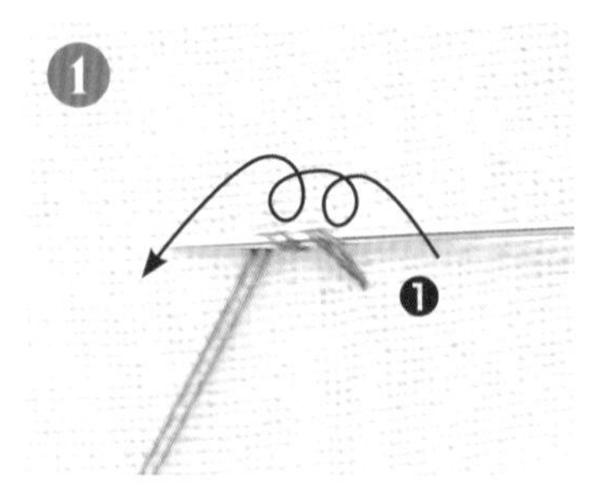

從❶穿出的線在針上捲兩圈。

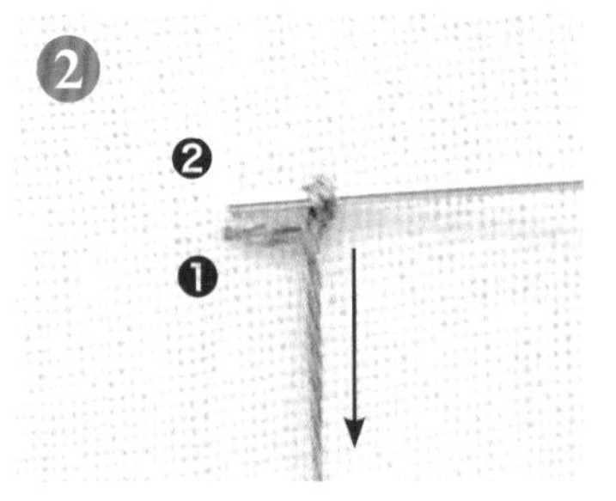

在❶附近的❷入針，一手拉住繡線。

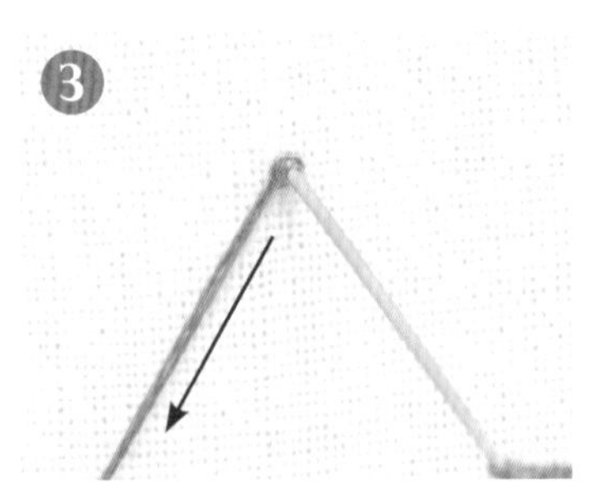

一邊拉線，一邊將針垂直豎起，從布的背面出針。

Point **活用捲線次數與股數，呈現不同感覺**

不同的捲線次數或繡線股數，可以呈現出完全不同的感覺。

由上至下：1 股線捲 1 圈
2 股線捲 2 圈
4 股線捲 2 圈

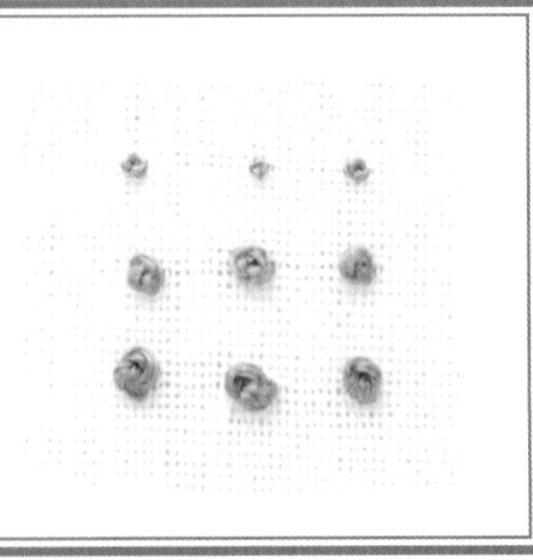

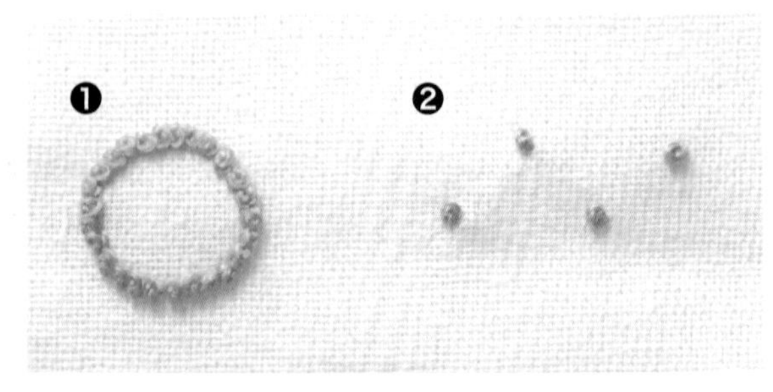

❶將法式結粒繡緊密排列，也能用來表現線條。
❷散開來繡，圖案也另有一番風格。

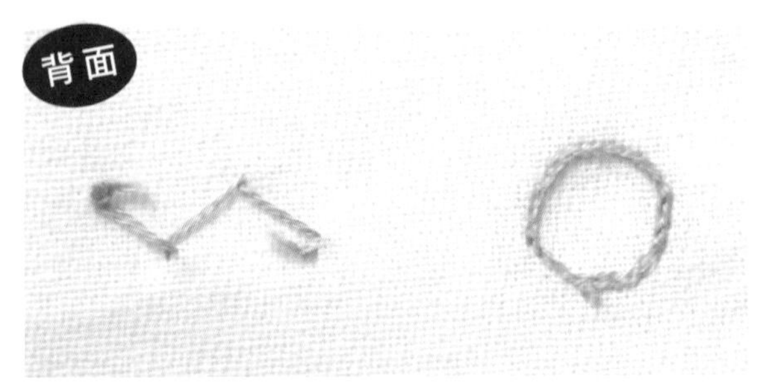

刺繡連接在一起時，將起針與收針的線穿過背面的線處理。散開來繡的話，因為無法將線穿過背面，起針與收針時分別打結固定。

12. 德式結粒繡

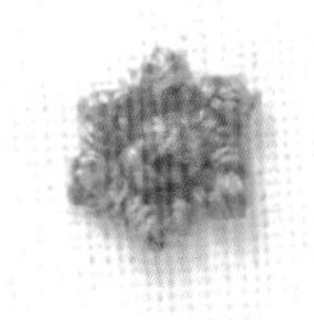

這一款針法也能繡出球結。
比法式結粒繡更具立體感。

用於小鹿的花（P82）等

How to

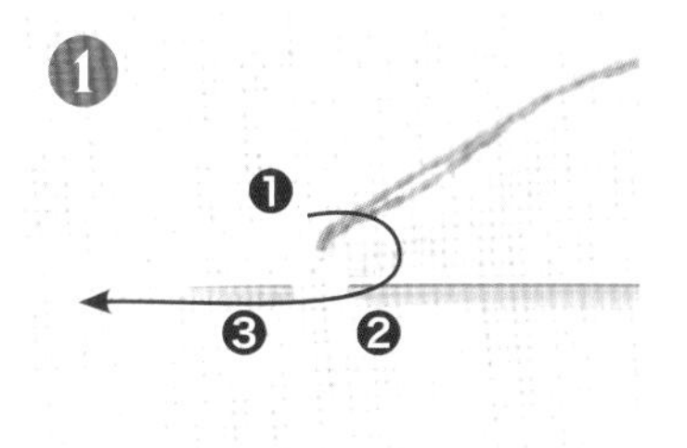

從❶出針後在❷入針，在距離約2～3mm的❸出針。

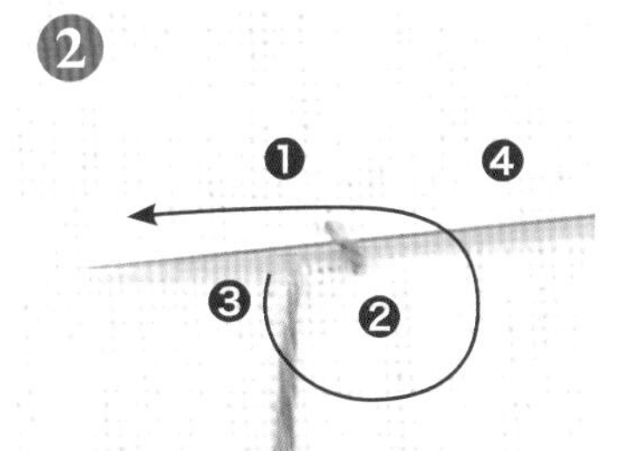

從❸出的針依照箭頭指示，穿過❶❷線的下方❹。注意不要太用力拉針。

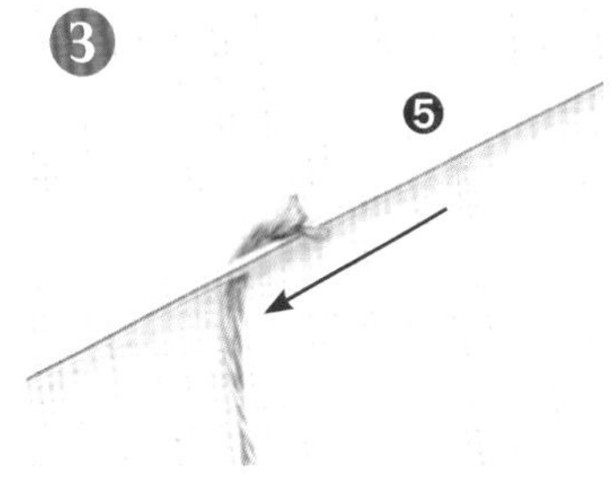

再依照同樣方向將針穿過❺，將第一次穿過的線拉到針下，觀察結目大小慢慢拉線。

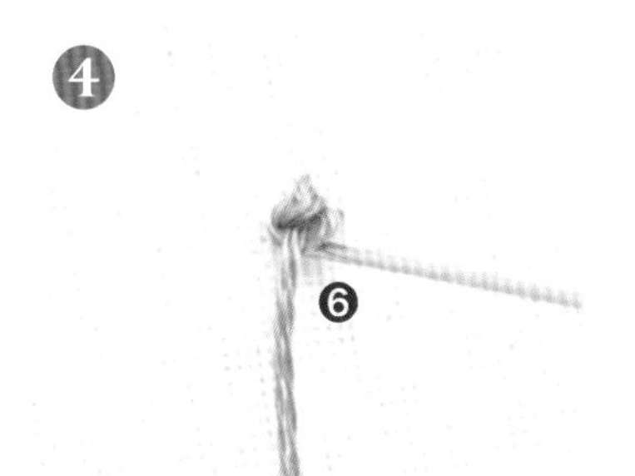

將針插入結目正下方的❻。

Point **纜繩繡**

連接好幾個德式結粒繡的話，就能成為纜繩繡。適合用來表現毛茸茸的立體線條（照片是4股線，縱向刺繡）。

用於小貓熊（P44）、松鼠（P75）

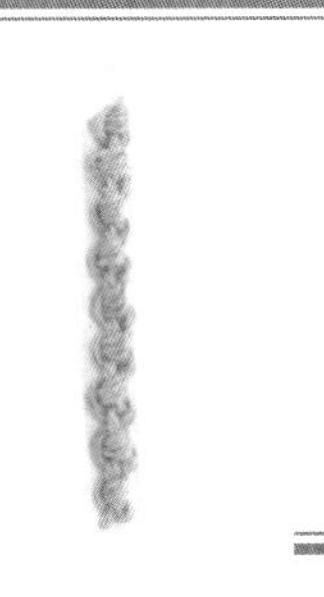

纜繩繡

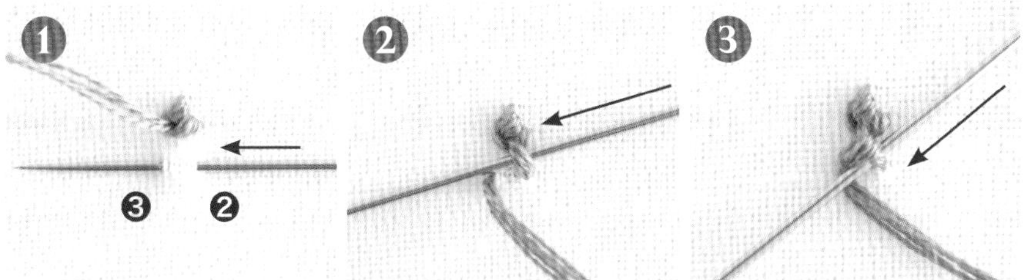

用德式結粒繡的繡法，在❻處不入針繼續挑起❷❸間的布，重複同樣步驟。

一針完成後，從步驟❶開始以同樣方式運針。

13. 飛舞繡

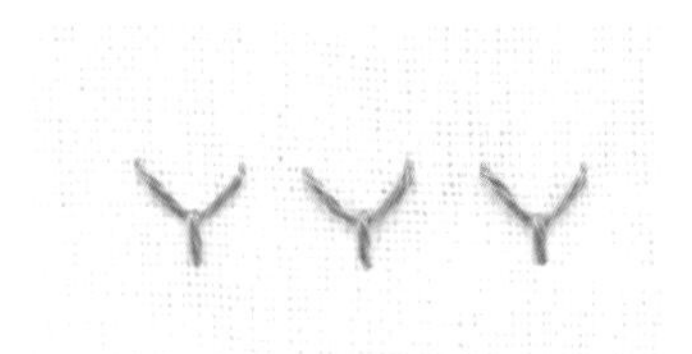

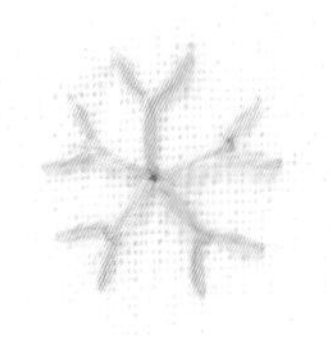

繡 Y 字型的針法。活用不同的長度與角度，可變化成各式各樣的形狀。

用於倉鼠（P64）、兔子（P80）等

How to

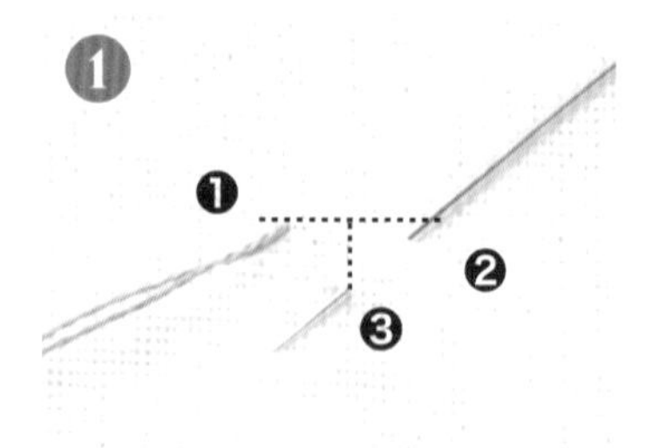

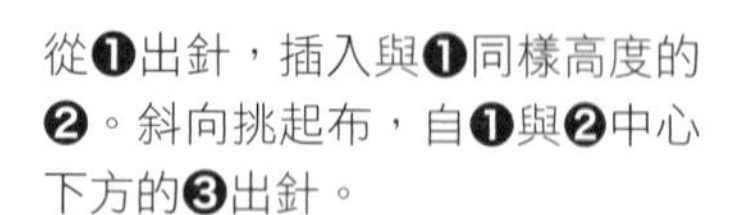

從❶出針，插入與❶同樣高度的❷。斜向挑起布，自❶與❷中心下方的❸出針。

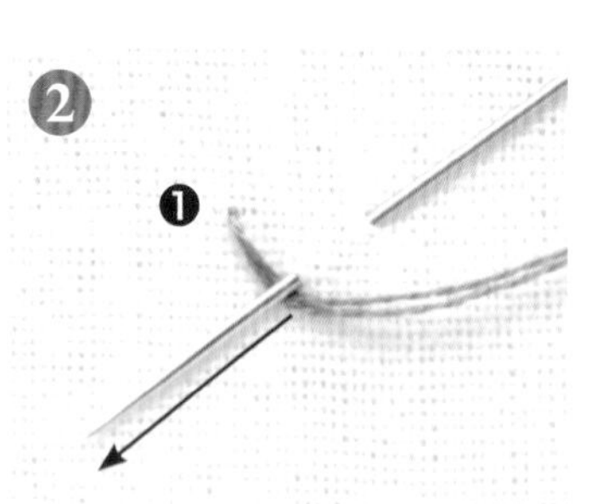

出針時注意從❶出來的線要在針的下方。

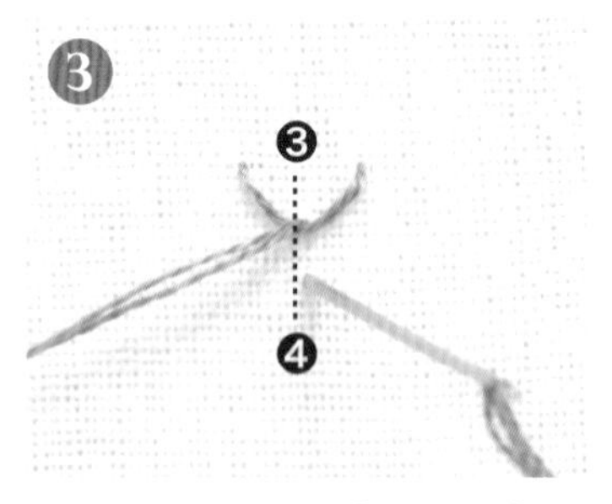

出來的針直接插入❸下方的❹。

Point

飛舞繡＋直針繡

可用飛舞繡表現葉子。起針的❶用直針繡，自❷開始用飛舞繡。
刺繡的重點在於，順序❸中❸到❹這一針（正中央的葉脈）要繡短一點。

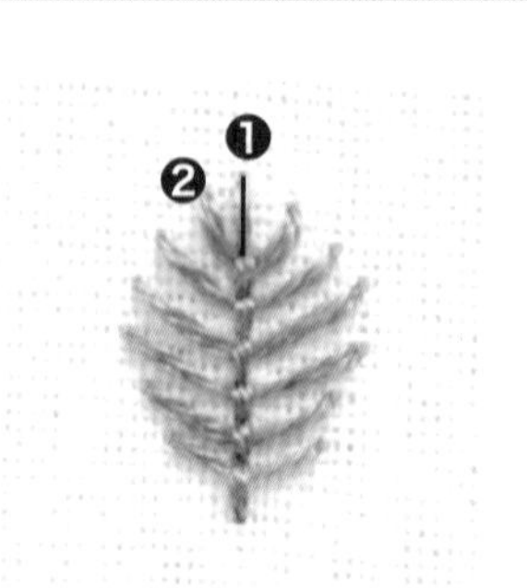

做出變化的飛舞繡

上．最後一針繡短，呈 V 字型。
下．最後一針繡長，改變排列方式增加動感。

14. 羽毛繡

這是不將飛舞繡固定，左右輪流繼續繡的針法。可用來表現花紋或具動感的線條。

用於鸚鵡的羽毛（P70）等

How to

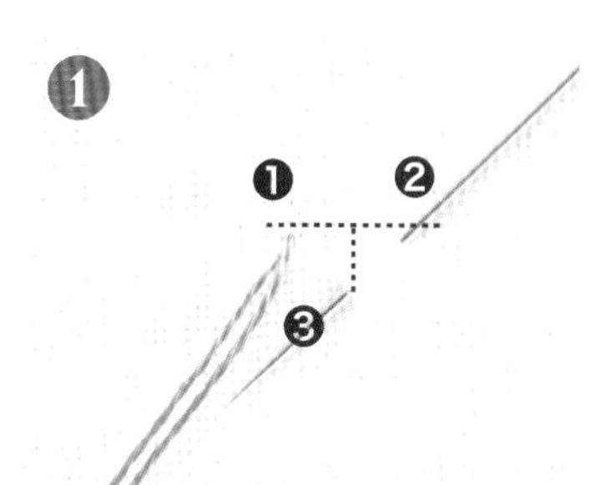

從❶出針，插入與❶同樣高度的❷。斜向挑起布，自❶與❷中心下方的❸出針。

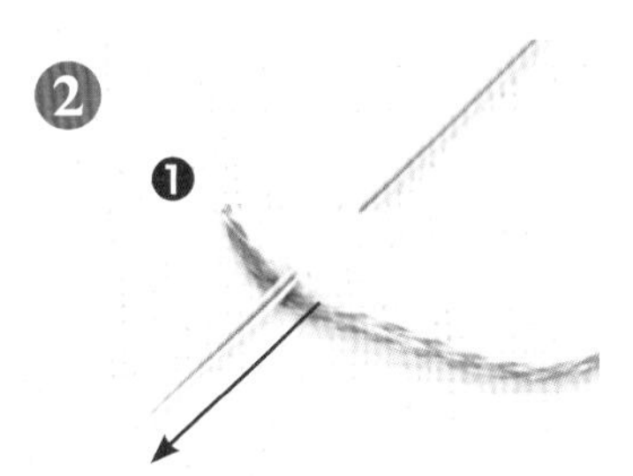

出針時注意從❶出來的線要在針的下方。

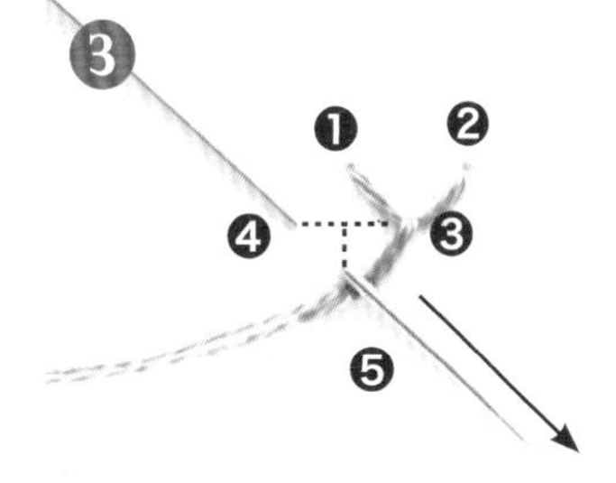

在與❸同樣高度的❹入針，斜向挑起布，自❸與❹中心下方的❺出針，出針時注意從❸出來的線要在針的下方。

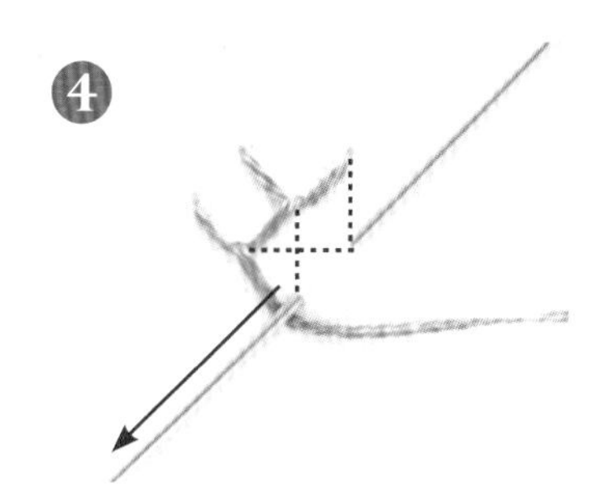

返回另一邊，同樣留意入針的高度以及出針的位置，左右輪流重複運針。

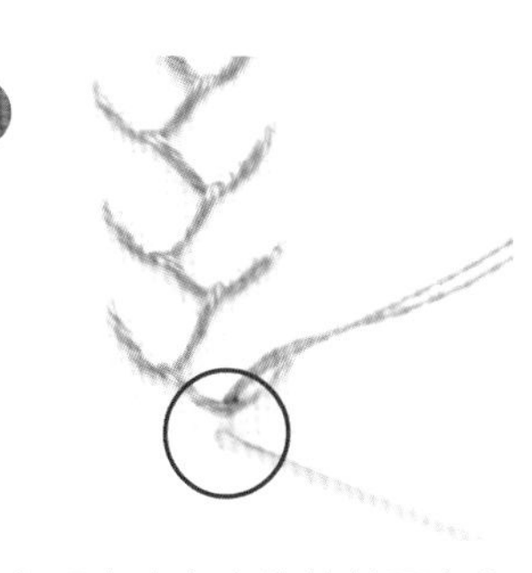

最後在正中央穿出的繡線下方入針，將刺繡固定。

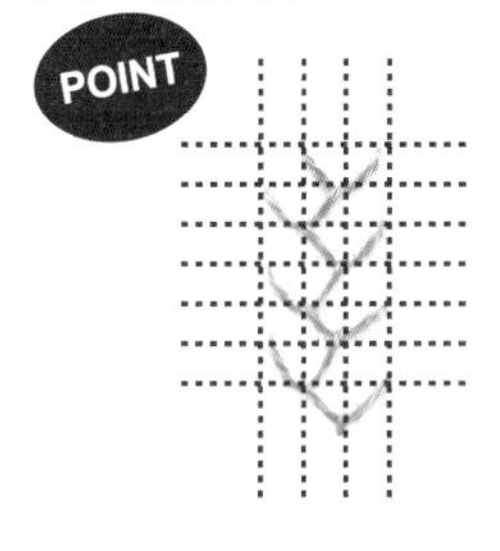

高度、位置與縱橫的方向對齊，即可繡出漂亮的羽毛繡。

Point

雙重羽毛繡

以羽毛繡的針法，左右兩邊各繡兩次的繡法。

15. 捲線繡

這是利用捲線表現毛茸茸感的針法。特色是極具立體感。

用於大象的牙（P50）、豬的鼻子（P54）等

How to

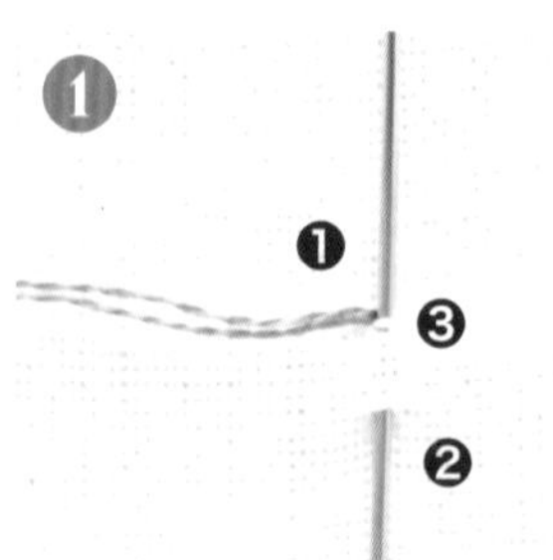

從❶出針，在想繡的長度❷入針，自與❶同一個洞的❸出針。

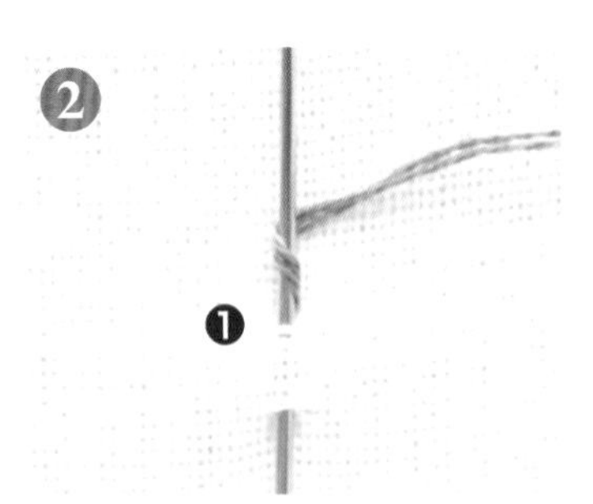

將從❶穿出的線捲在針上（圖為捲一圈的狀態）。

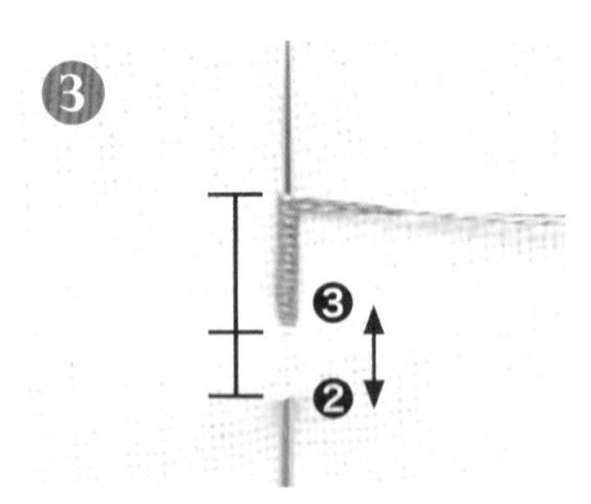

捲線時比❷～❸挑布的長度多捲1～2次。注意捲得太用力的話，線條會變細。

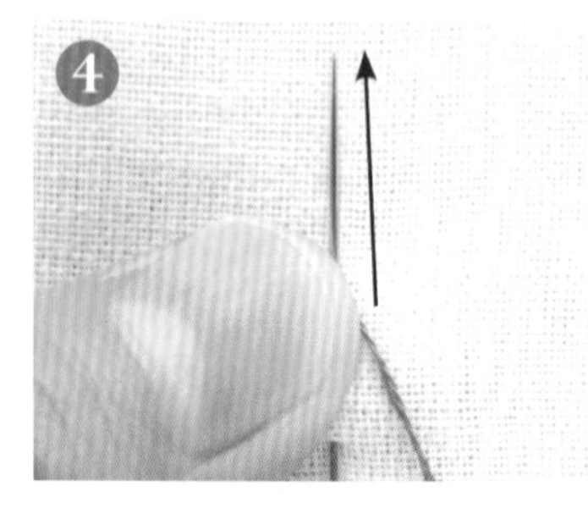

用拇指緊緊壓住捲線的部分，再將針抽出，直至線被拉緊。

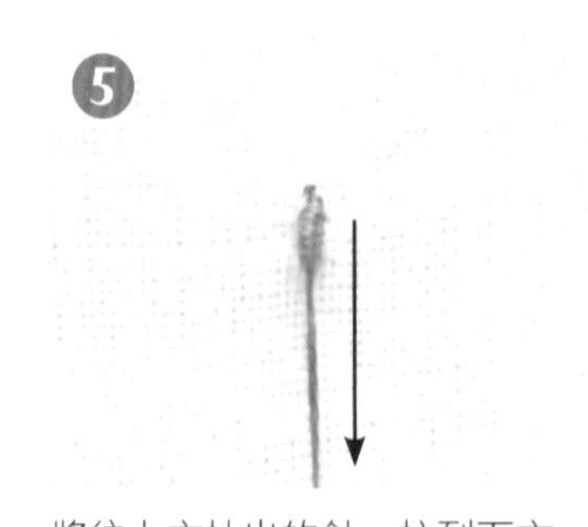

將往上方抽出的針，拉到下方。

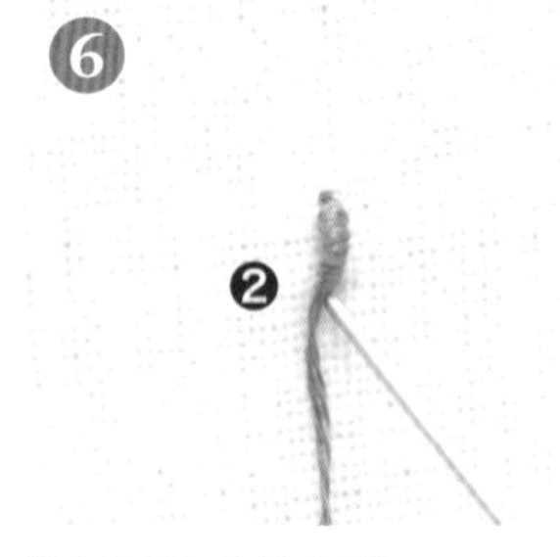

將針插入❷的根部。

Point

以繡線股數，呈現不同感覺

透過改變繡線的股數，做出不同粗細的變化。
上・2股線
下・6股線
增加繡線的股數時，也要選擇較粗的針。

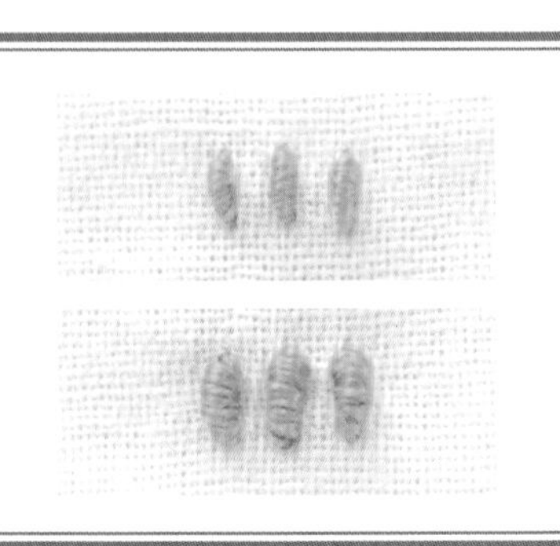

應用：捲線玫瑰繡

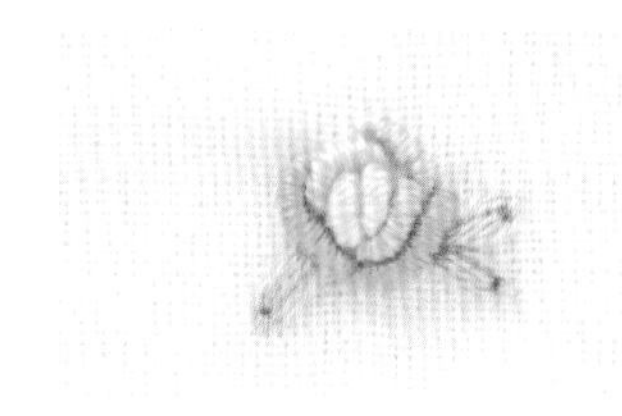

從中心到外側，一個個地增加捲線繡。

用於兔子的花（P80）
（左圖：葉子是雛菊繡＋直針繡）

How to

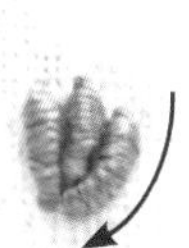

4

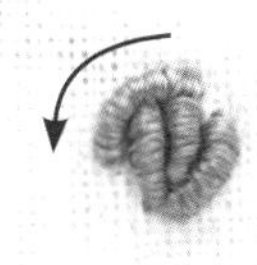

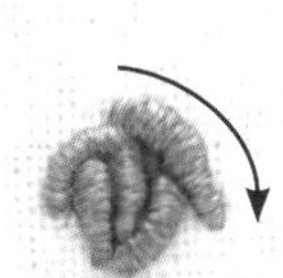

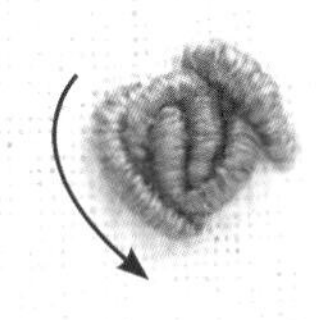

7

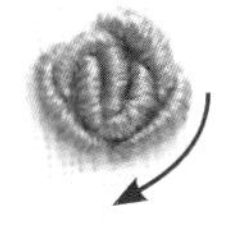

16. 蛛網玫瑰繡

用來表現柔和立體的玫瑰。

用於紅鶴（P46）

How to

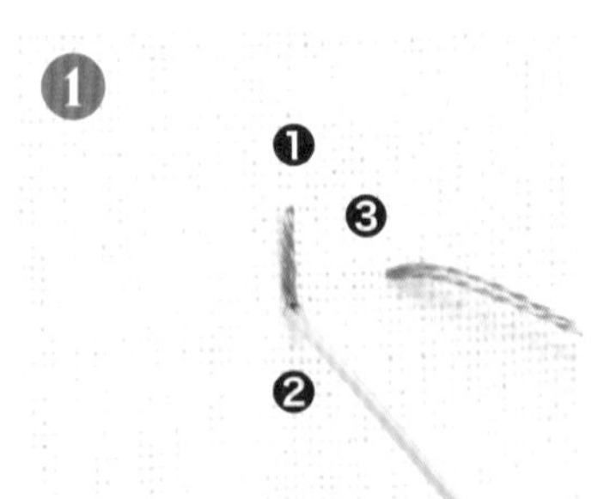

先用2股線的直針繡，繡出基礎的五條直線。從❶往中心❷運針。

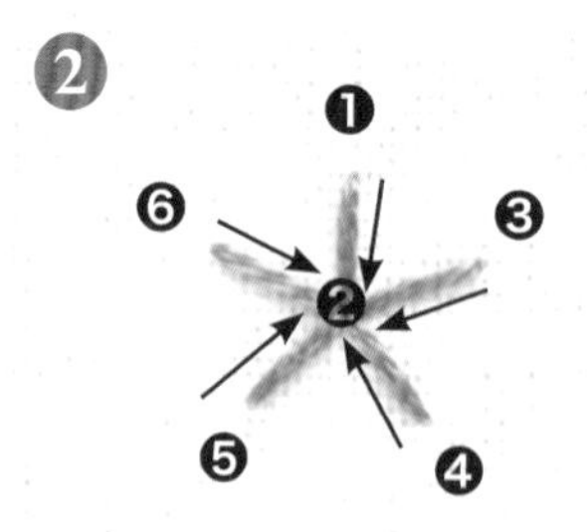

重複同樣動作，朝中心❷繡出五條基礎線。

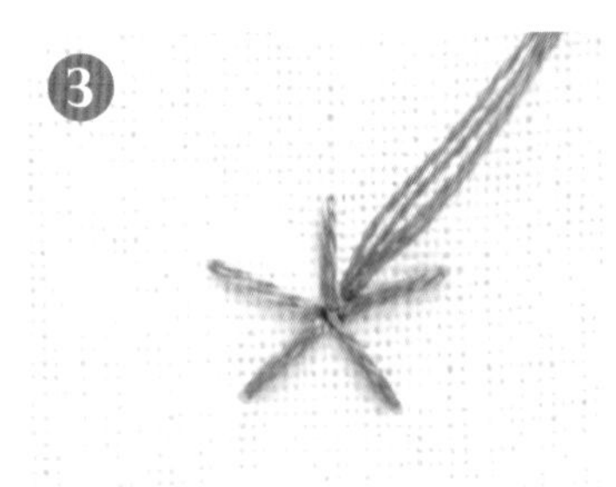

繡線換為4股線，在靠中心❷的旁邊出針。

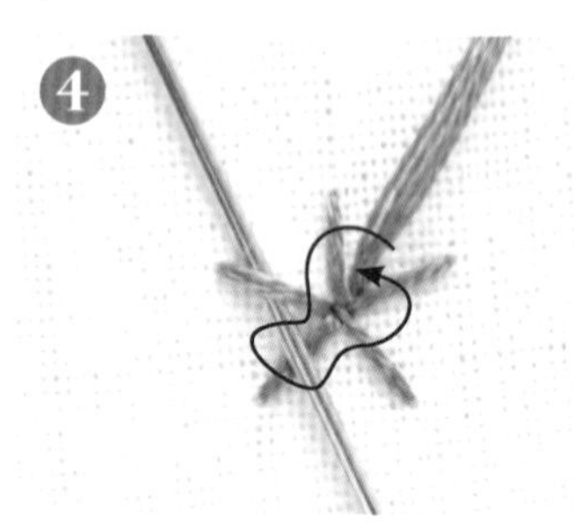

將繡線上下輪流穿過五條基礎線。這個步驟是在布的正面進行。

注意不要太用力拉緊繡線，重複上下輪流穿線的步驟，直到看不見基礎線。

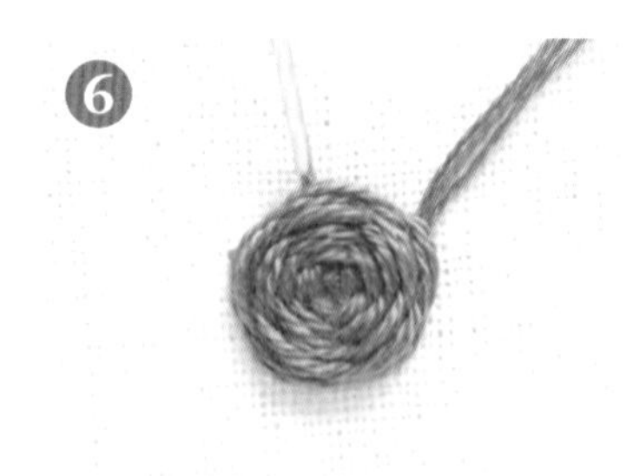

最後將針插入捲好的繡線內側。

Point

以繡線股數，呈現不同感覺

增加捲線的股數就能呈現立體的感覺。
注意別太用力拉線。
上・6股線…繡完後用針挑一挑調整，花瓣會更立體。
下・2股線…繡小體積的刺繡時，減少繡線股數即可。

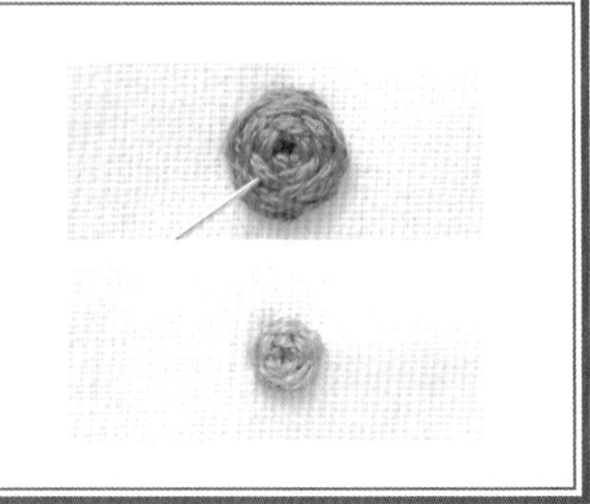

17. 毛邊繡

使用於毛毯邊緣的針法，可以表現出動感的線條和花紋。

用於大象的鼻子（P50）、櫻文鳥的樹（P72）等

How to

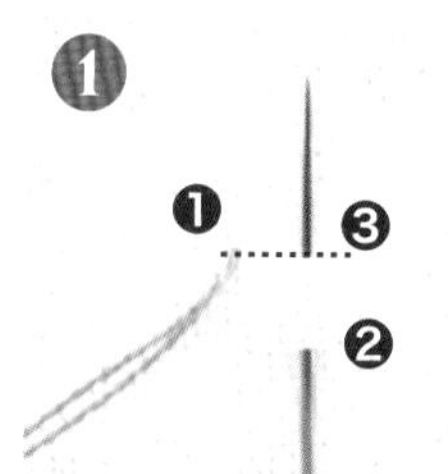

❶ 從❶出針，在間隔一針下方的❷入針，挑布，自與❶同高的❸出針。

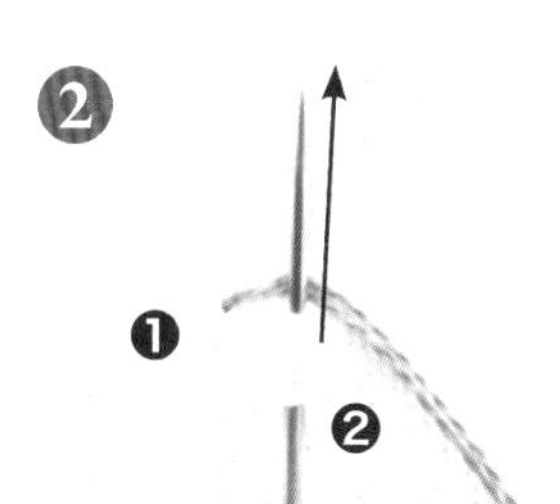

❷ 出針時，針壓住從❶穿出來的線，將繡針往上方抽出。

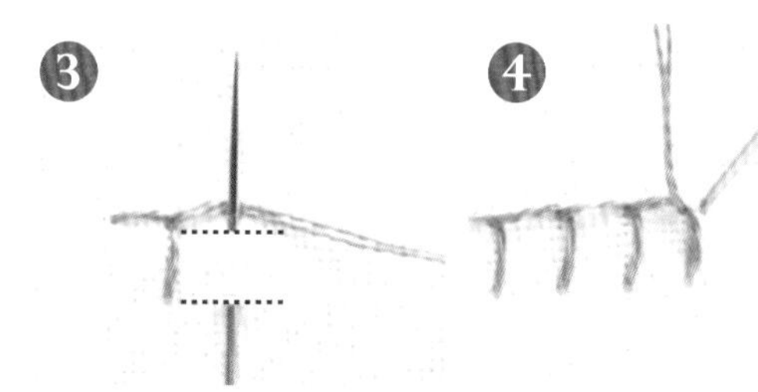

❸ 同樣地，從間隔一針的下方挑布，出針時繡針壓住線。

❹ 最後在挑布出針處入針，將線固定。

繡邊角時

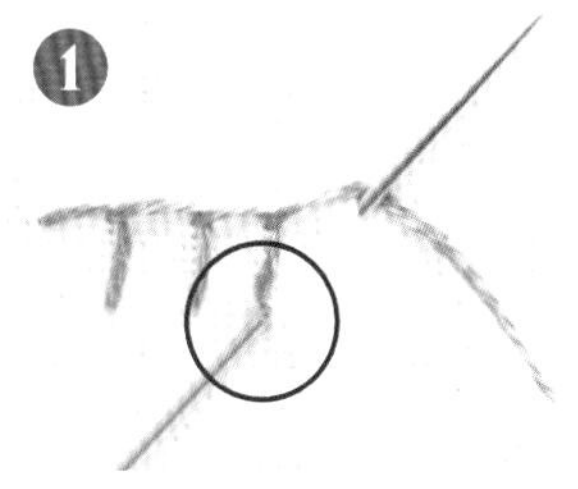

❶ 來到邊角時，在前一個針洞入針，斜向45度角出針，將線穿過針下方。

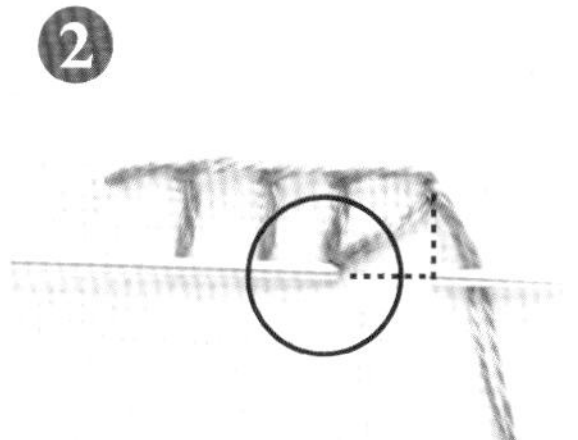

❷ 再次於同一個洞入針，在90度角橫向出針，將線穿過繡針下方。

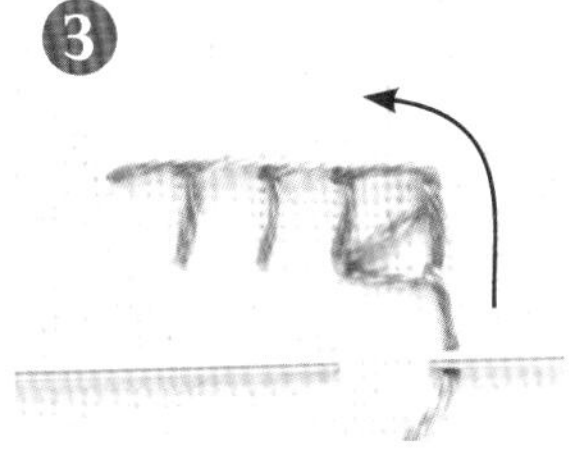

❸ 邊角完成。繡邊角時以90度角拿繡框，繡起來比較容易。

繡圓形時

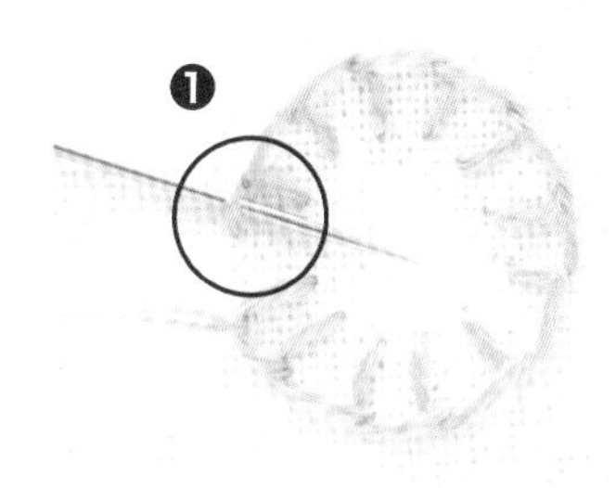

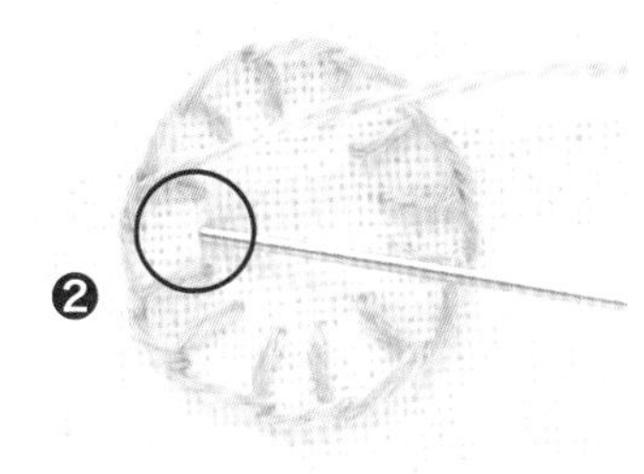

繡圓形或一圈的刺繡時，最後將針穿入起針的❶，在❷入針，即可自然地連接在一起。

18. 人字繡

這款針法的英文直譯是「鯡魚之骨」。有寬度的交叉花紋，能用來表現線條，也能填滿平面。

用於櫻文鳥（P72）

How to

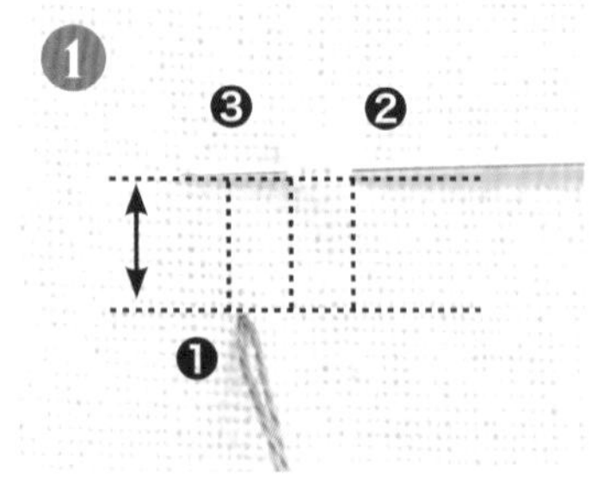

從❶出針，在預計繡的高度、右邊距離兩針的❷入針，往左在距離一針的❸出針。

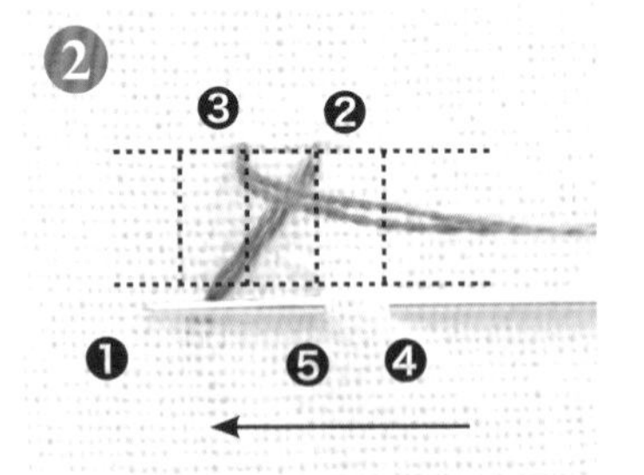

回到❶的高度，同樣在右邊距離兩針的❹入針，往左在距離一針、與❷同一行的❺出針。

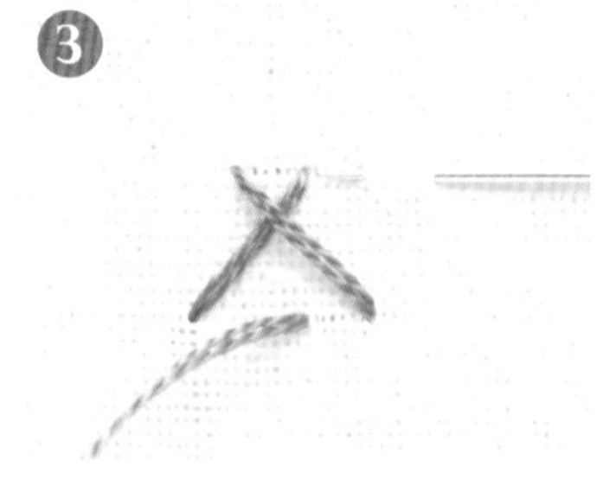

重複這個動作。

應用：封閉式人字繡

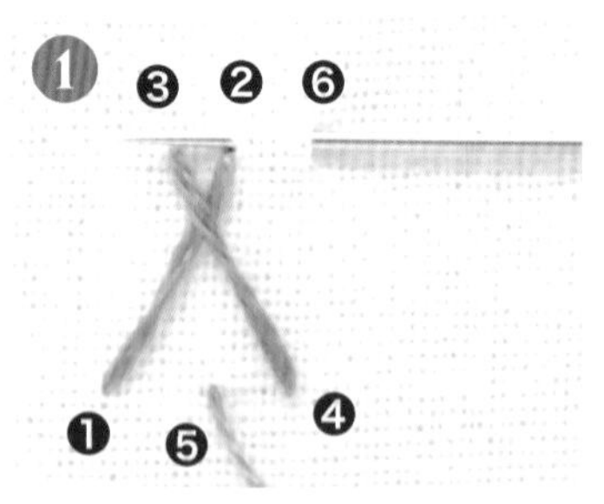

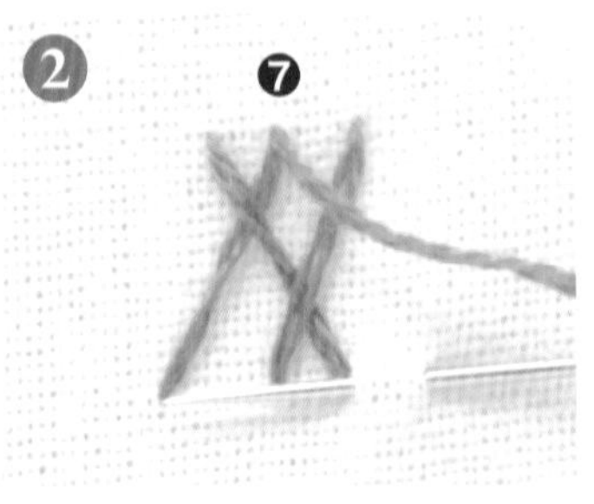

和人字繡的起繡方式相同，自第二次刺繡開始，與前一次刺繡連著一起繡。自右邊距離一針的❻入針，在與❷同一個洞的❼出針。

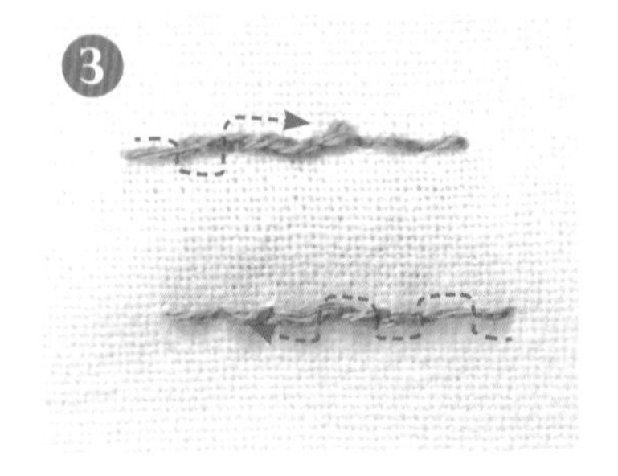

背面就跟回針繡一樣，起針與收針的線分別穿過背面的線固定。

19. 籃網繡

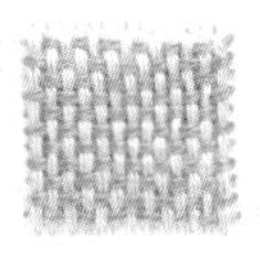

藉由縱橫交錯的繡線，表現出網紋的針法。

用於牛（P60）、熊（P86）

How to

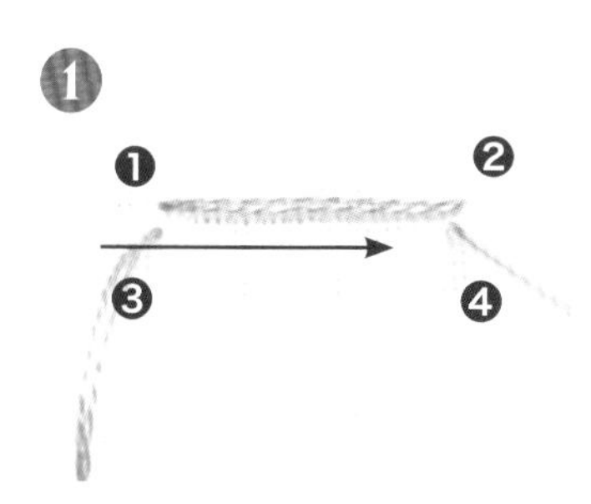

從❶出針❷入針。空出一針的行距，從❸出針❹入針。以相同方法運針，繡出橫向的經線。

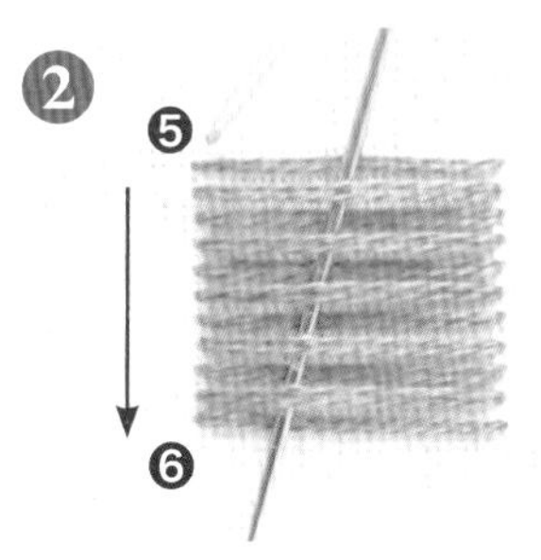

橫向的經線繡完後，自❺出針，間隔一針上下輪流穿過經線，於❻入針。

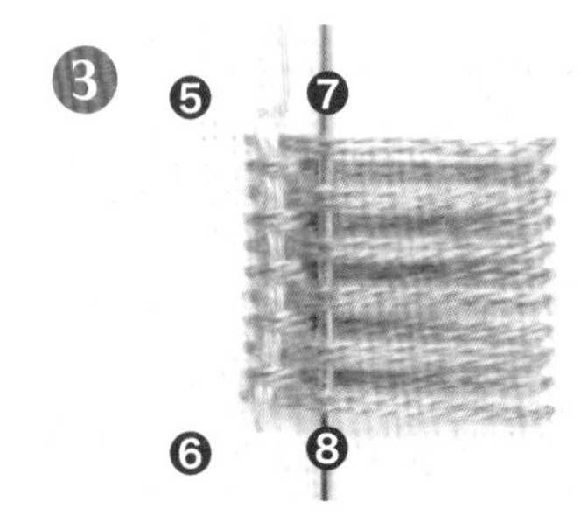

在與❺間隔一針寬的❼出針。與❺～❻的穿線方式相反，上下輪流穿過經線做出網目，於❽入針。重複同樣的動作。

Point

籃網繡的訣竅

用針尖輪流穿線時，如果線不容易穿過，可以改用針的頭部（有針眼那一方）來穿線，線就不容易卡住。

當穿過的縱線無法維持筆直，在針輪流穿線時，可以將線往已繡好的面靠攏固定，線條就能筆直。

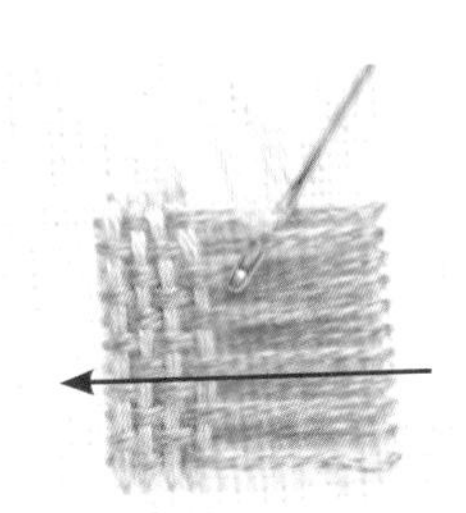

籃網繡的應用

改變針法的間隔或角度，就能呈現不同的感覺。

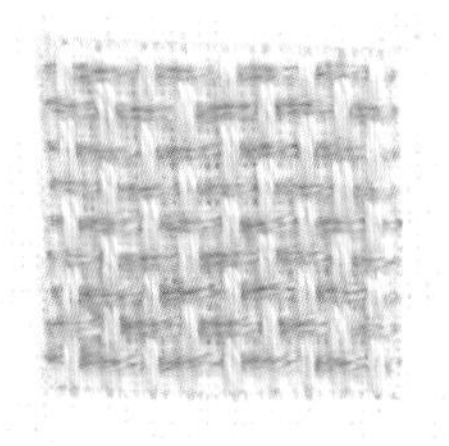

每一針空兩個針腳寬的針法。

整體的形狀為圓形，網目呈斜向的針法。

20. 斯麥納繡

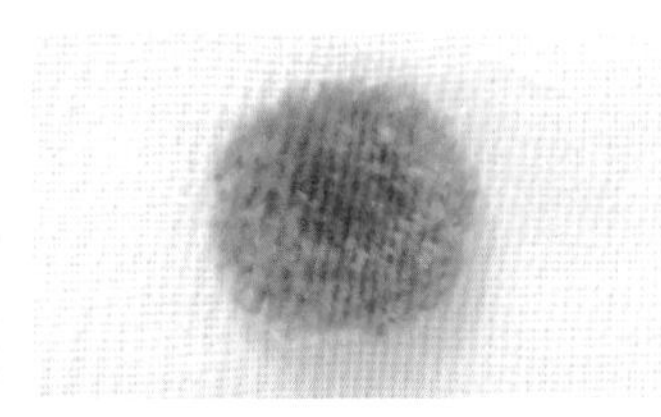

一邊做圈環一邊運針的針法，能夠表現出立體感。可以維持圈環的狀態，或是剪掉圈環來做變化。用這款針法填滿平面，能夠表現地毯般毛茸茸的感覺。

用於獅子（P48）等

How to

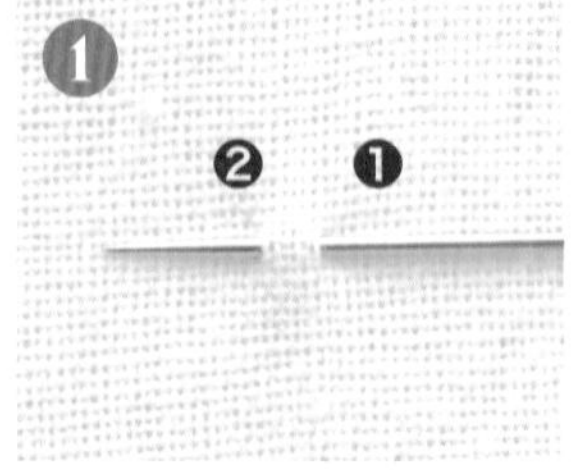

從❶入針挑起半針的布，自❷出針。

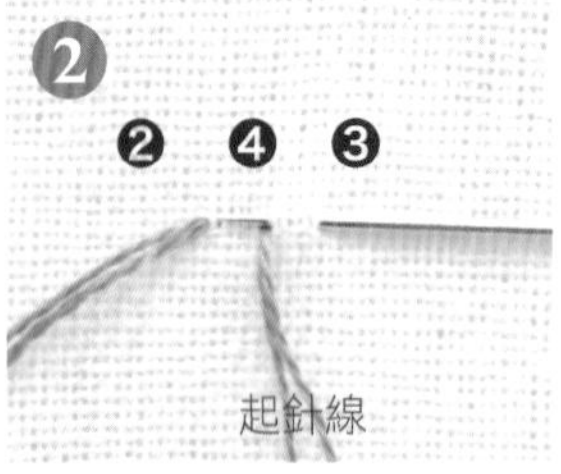

起針線留下數公分，接著如回針繡般返回一針，從❸入針挑布，在半針的❹（與❶相同）出針。

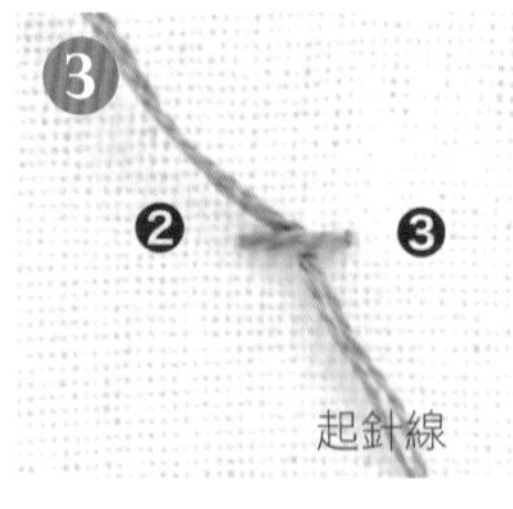

出針後，將穿出的線拉緊。

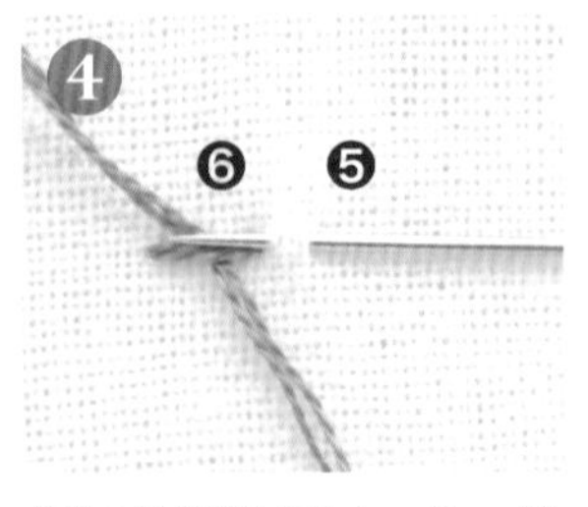

如回針繡般返回一針，從❺入針挑布，在半針的❻（與❸相同）出針。

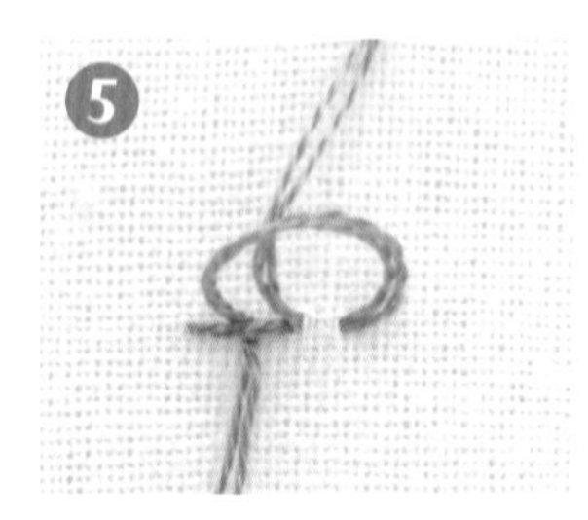

緩慢拉線，做出一個圈環。

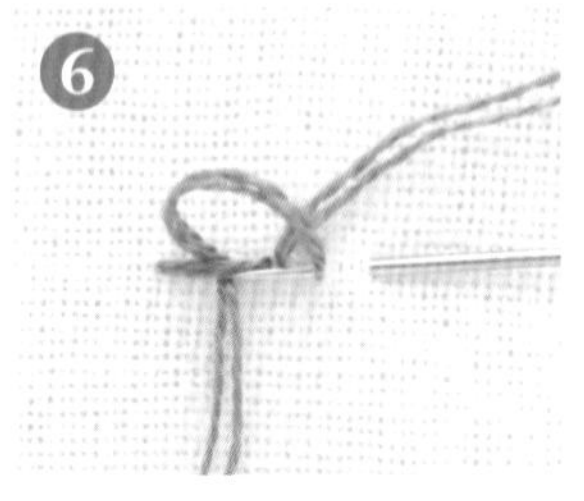

保持圈環的狀態，接著同樣返回一針挑起半針，將線拉緊。

同樣地，返回一針後挑起半針做出圈環。重複「拉緊」「做出圈環」的動作。

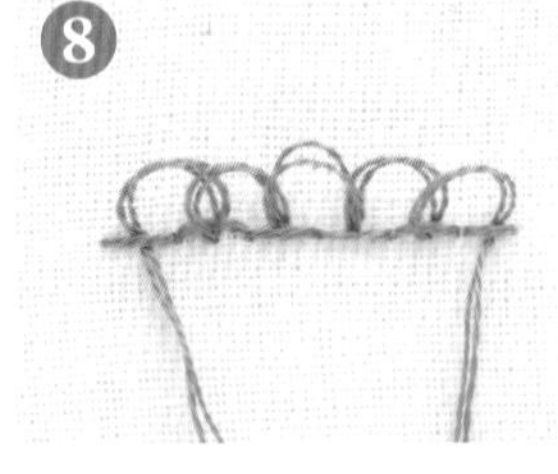

一排完成。最後拉緊線，將穿出表面的線留下數公分後剪掉。

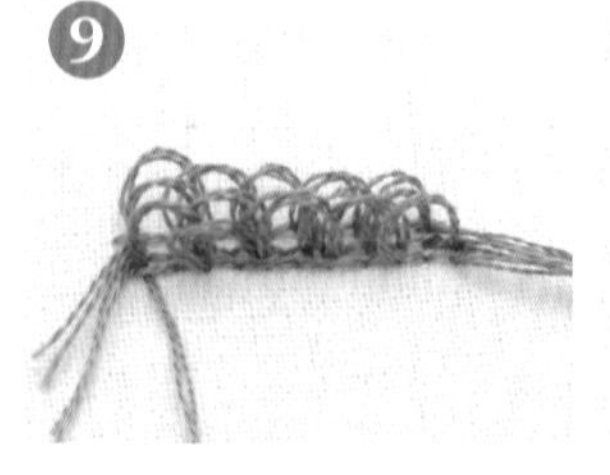

照片是3排斯麥納繡。以圈環表現時，圈環的大小要一致。

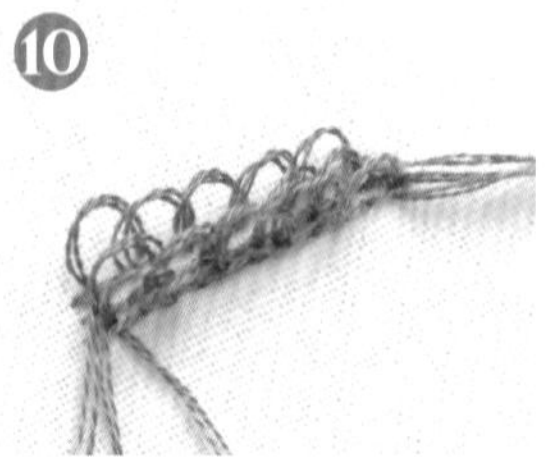

從斜向看的樣子。

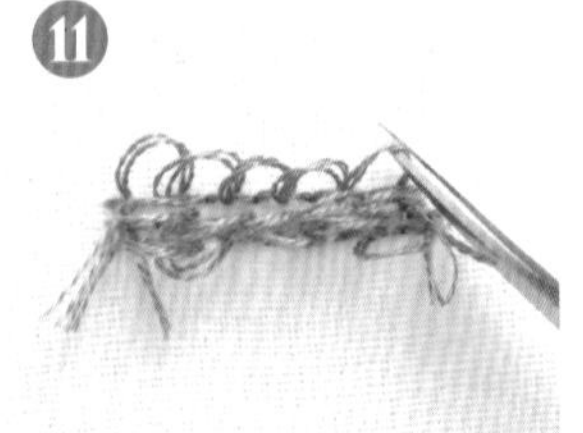

剪圈環時，要一個一個地剪，來調整長度。最後將起針與收針的線剪成同樣的長度。

Chapter 3
可愛動物刺繡

動物園的動物們

溫馴長頸鹿

使用繡線

cosmo427、OLYMPUS514、cosmo312

除特別指定外，均使用2股線／○裡的數字是繡線股數／除指定針法外，均用緞面繡

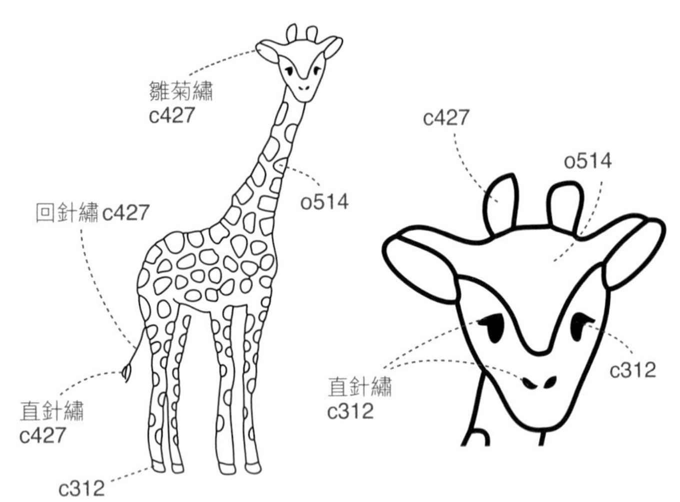

How to

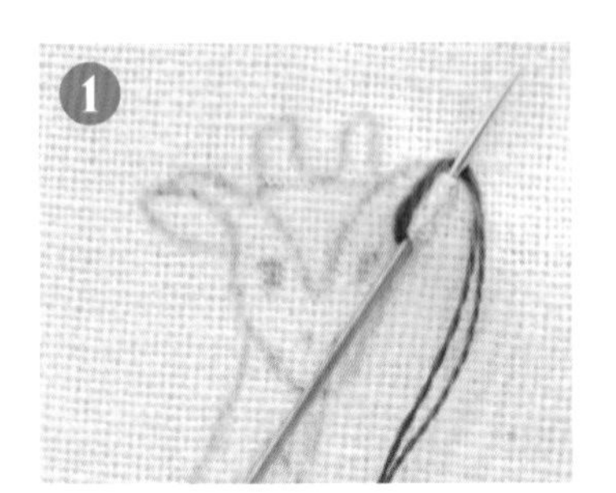

從耳朵的根部出針，做雛菊繡。

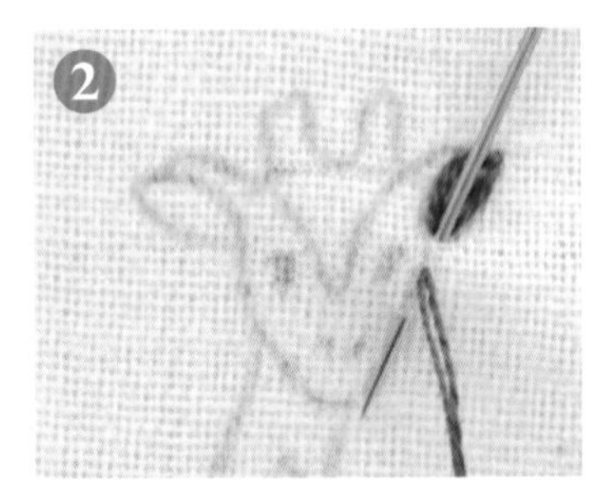

從耳朵根部距離一針處出針，臉的輪廓採回針繡。

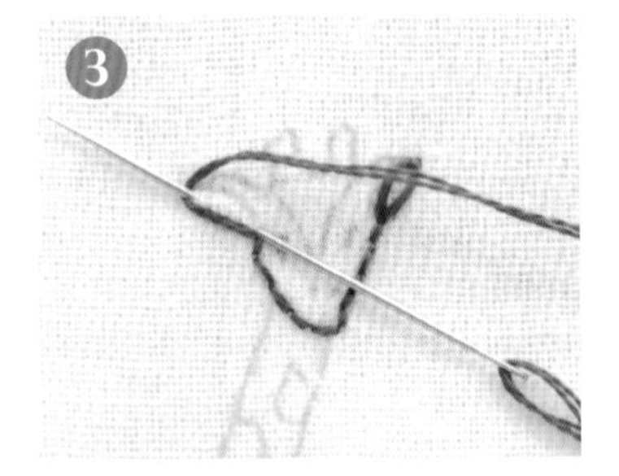

從另一邊的耳朵根部出針，也做雛菊繡。

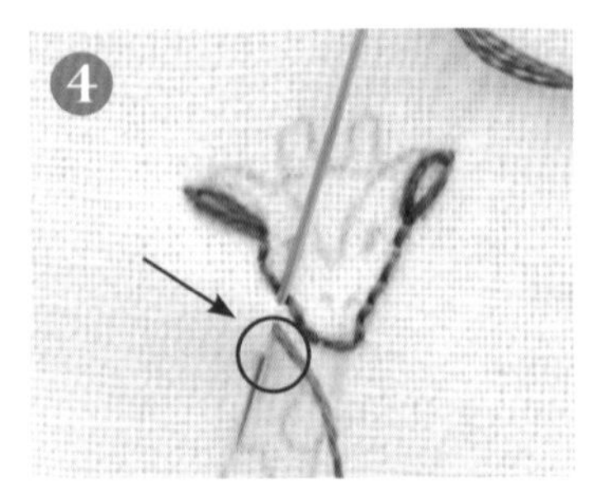

步驟❸入針後，穿過背面的線，在脖子根部距離一針處出針，用回針繡繡身體的輪廓。

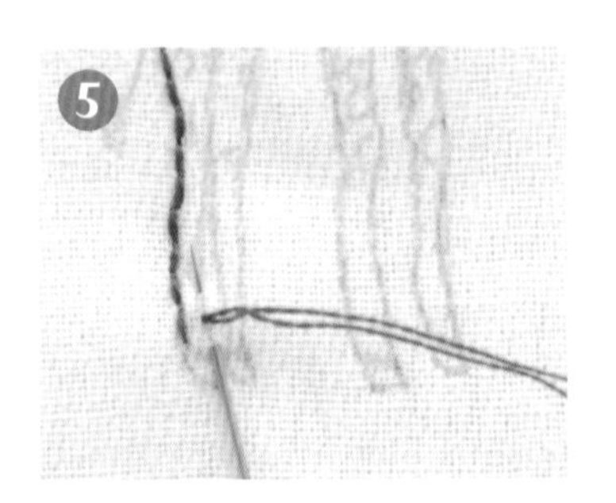

從背繡到後腳踝，跳過一針，再繡另一邊的身體輪廓。

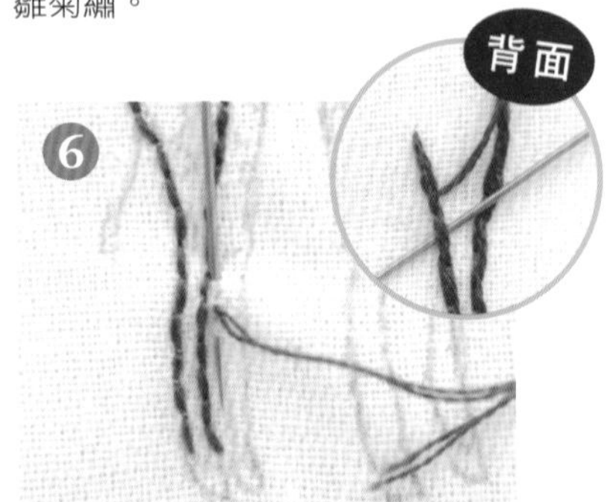

繡到大腿根部後，針穿過背面的線。從另一隻後腳的膝蓋後方出針，繡回針繡。

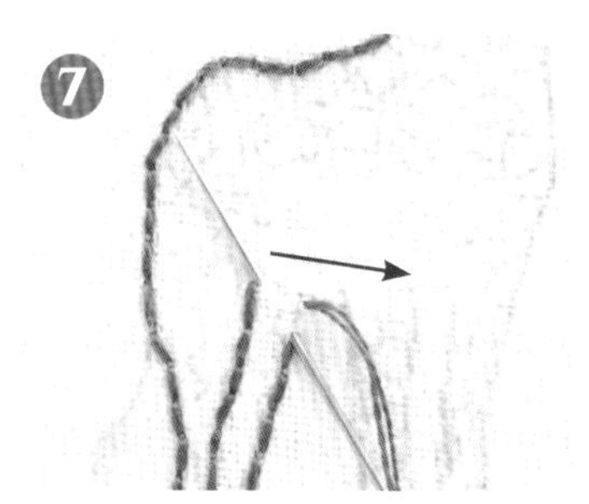

繡到大腿的根部後，斜向將繡針穿過去，在前腳的大腿根部出針，肚子繡回針繡。

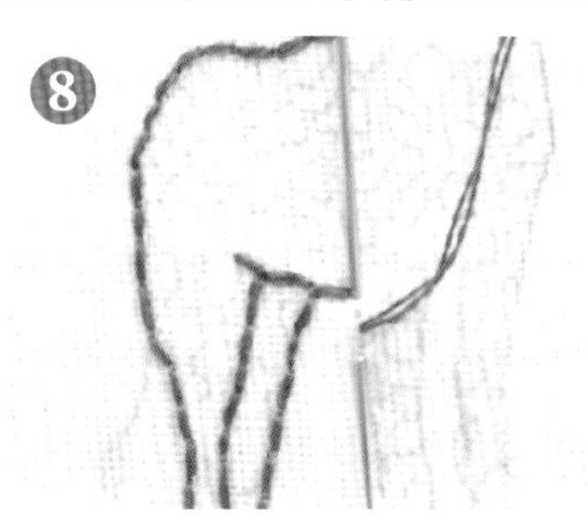

同繡後腳的方式，前腳在腳踝跳過一針，用回針繡繡到臉部。

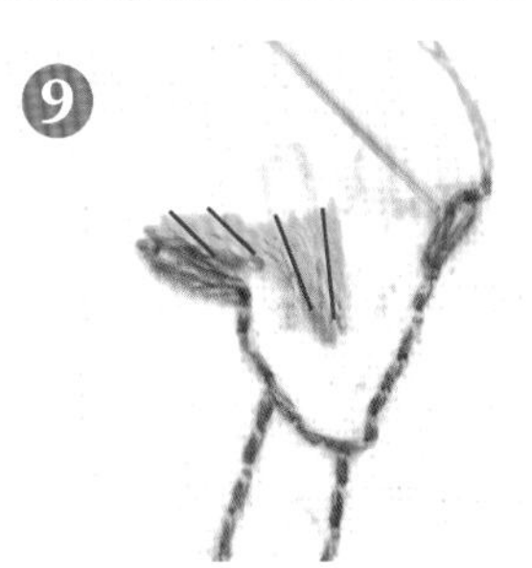

耳朵的尖端到頭部繡緞面繡。從邊緣繡到正中央後，於另一邊耳朵尖端出針，同樣做緞面繡。

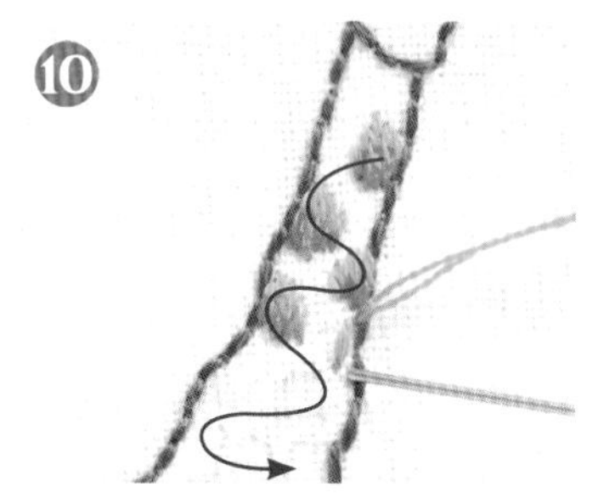

穿過背面的線在脖子下方出針，從身體到腳的花紋用緞面繡，從近處依序運針。

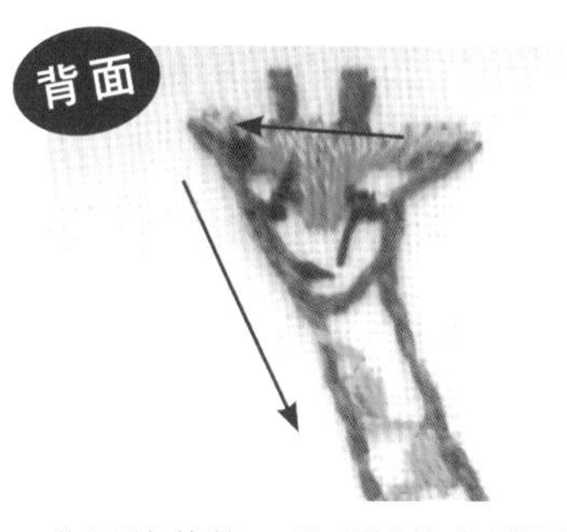

背面的狀態。從頭部往身體運針時，繡線穿過身體輪廓，回針繡背面的線。

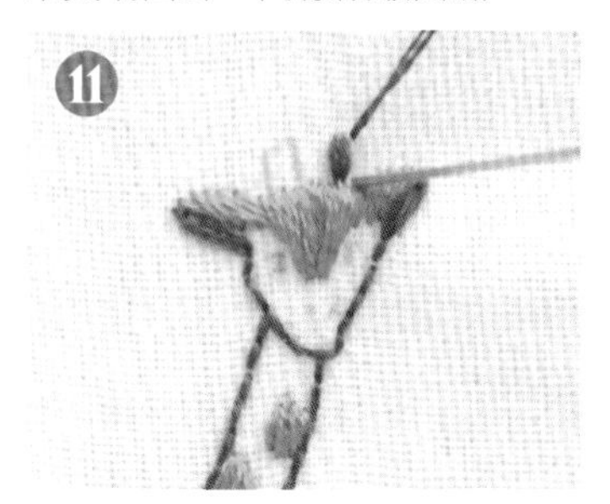

右角繡完後，將線穿過背面，接著繡左角。

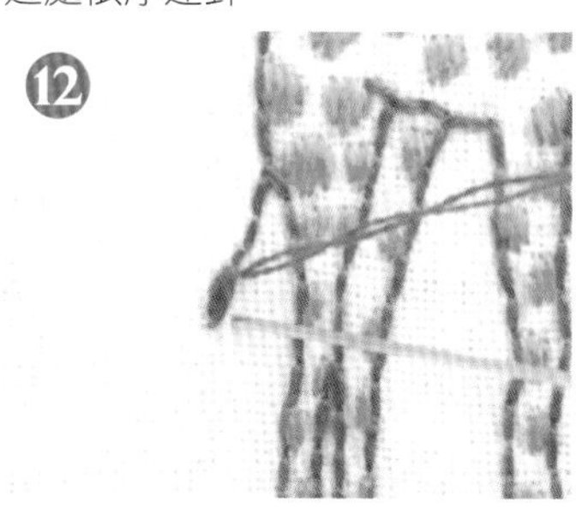

尾巴做回針繡，尾巴前端做直針繡。

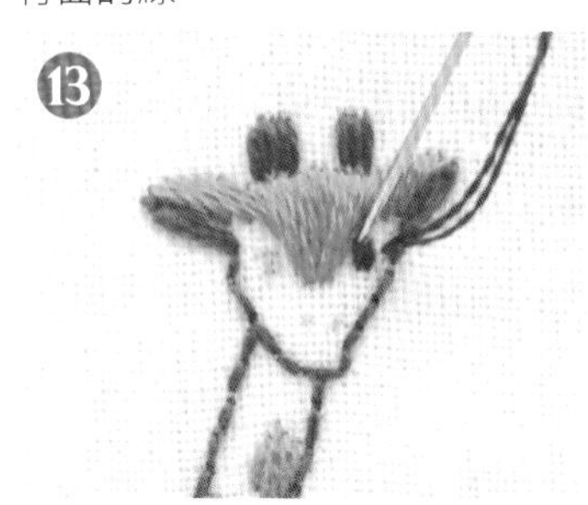

眼睛做縱向的緞面繡，睫毛做橫向直針繡 。

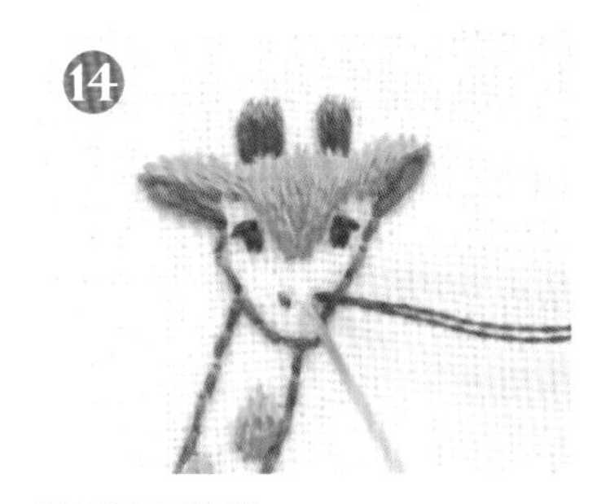

鼻子做直針繡。

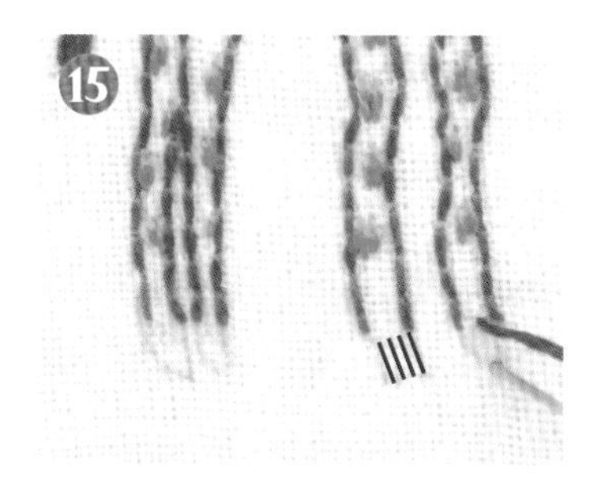

腳蹄使用緞面繡，長頸鹿完成。

Point 處理背面時的重點

圖案的間距較遠時，若直接用線連起來，連線的痕跡容易透到正面，此時建議分開處理。

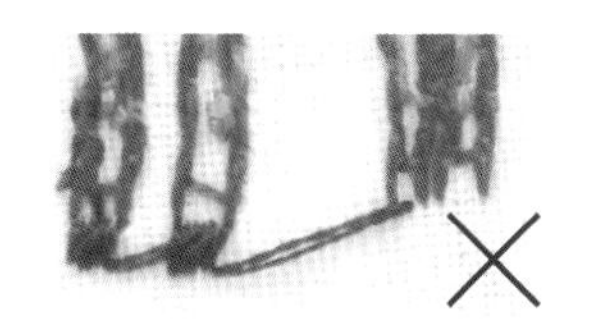

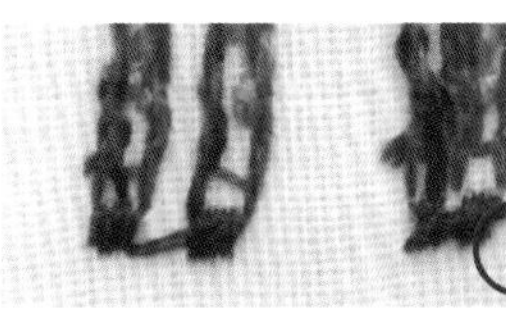

圓滾滾熊貓

使用繡線

熊貓→ cosmo151、cosmo895、DMC839、cosmo600
竹子→ DMC368、DMC320

除特別指定外，均使用2股線／○裡的數字是繡線股數／除指定針法外，均用緞面繡

How to

從肩膀上方一針處出針，臉的輪廓做回針繡，直接繡到背後。

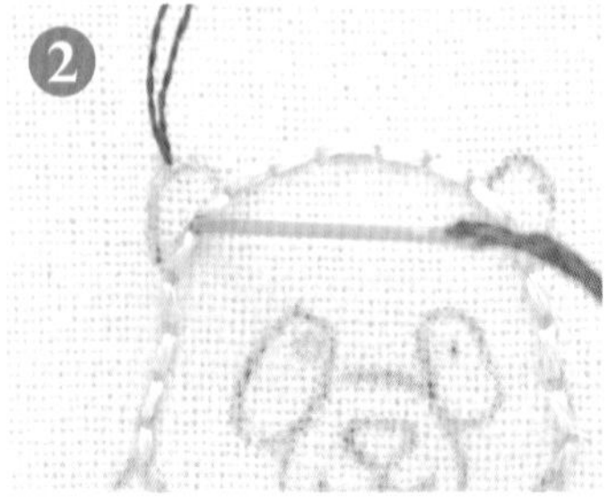

接著耳朵做緞面繡。繡線理齊的話，圖案就會漂亮。

繡完一隻耳朵後，穿過背面的線，從另一隻耳朵出針，同樣做緞面繡。

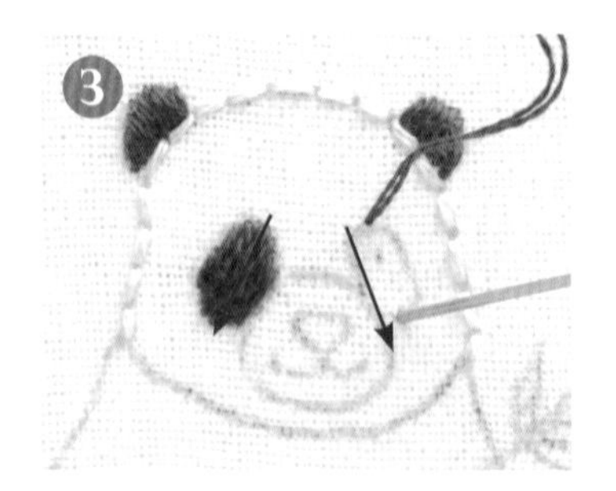

眼睛的花紋從上方斜向做緞面繡。另一隻眼睛也以同樣方式運針。之後繡線在離圖案稍遠的地方出針到正面休線。

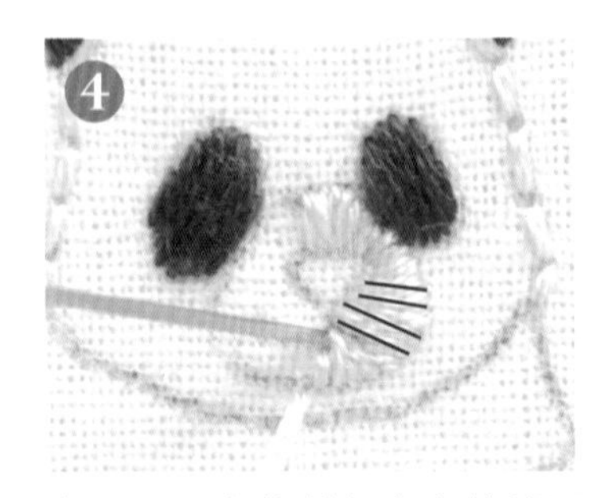

鼻子周圍由外側朝中心繡緞面繡。偶爾縮短一針的長度，內側的線就不會擠在一起。

鼻子採橫向的緞面繡，線從鼻子正中央穿出來後，在鼻子的下方做直針繡。

嘴巴的線條先用水消筆做記號，再用回針繡。

從胸部、肩膀到手臂，身體的黑毛用長短針繡朝手部前端運針。另一邊也用同樣方法。

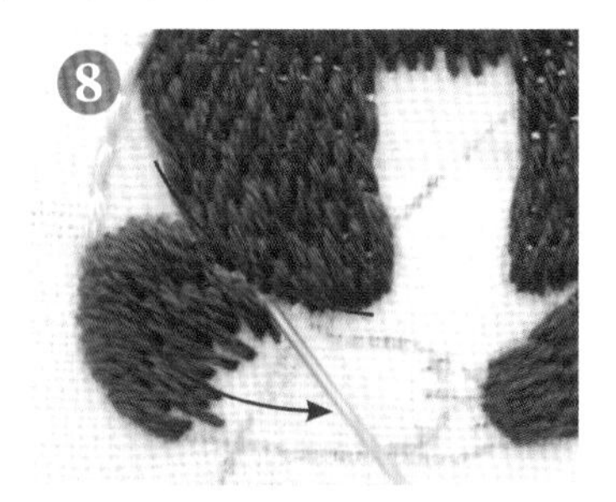

腳也用長短針繡，注意這裡的毛流是橫向的。手與腳之間需留下些許空隙，不要太擠。

胸前的毛以直針繡運針，長度可任意調整。

屁股的線條做回針繡，腳爪以直針繡各繡3 條。

眼睛做直針繡。在意眼睛的大小時，可在同一處繡2~3 次做調整。

將線穿過鼻子周圍背面的線，繡另一隻眼睛。熊貓完成。

竹子的莖採針腳較長的回針繡，分岔出去的莖做直針繡。在附近入針即可。

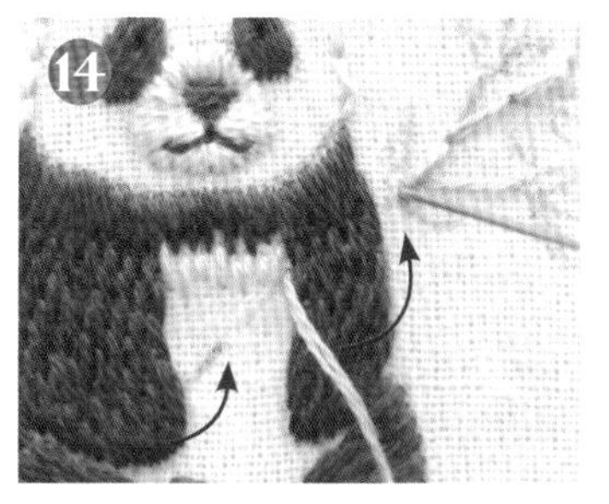

和熊貓手臂重疊的莖採回針繡，往下運針。

竹葉部分繡較長的雛菊繡。

從近處開始繡，要繡遠處的竹葉時，先將針穿過背面的線再繡。

白色北極熊

使用繡線

白熊→ cosmo2151、cosmo500、cosmo151、DMC3371
冰→ cosmo523、cosmo212

除特別指定外，均使用2股線／○裡的數字是繡線股數／除指定針法外，均用緞面繡

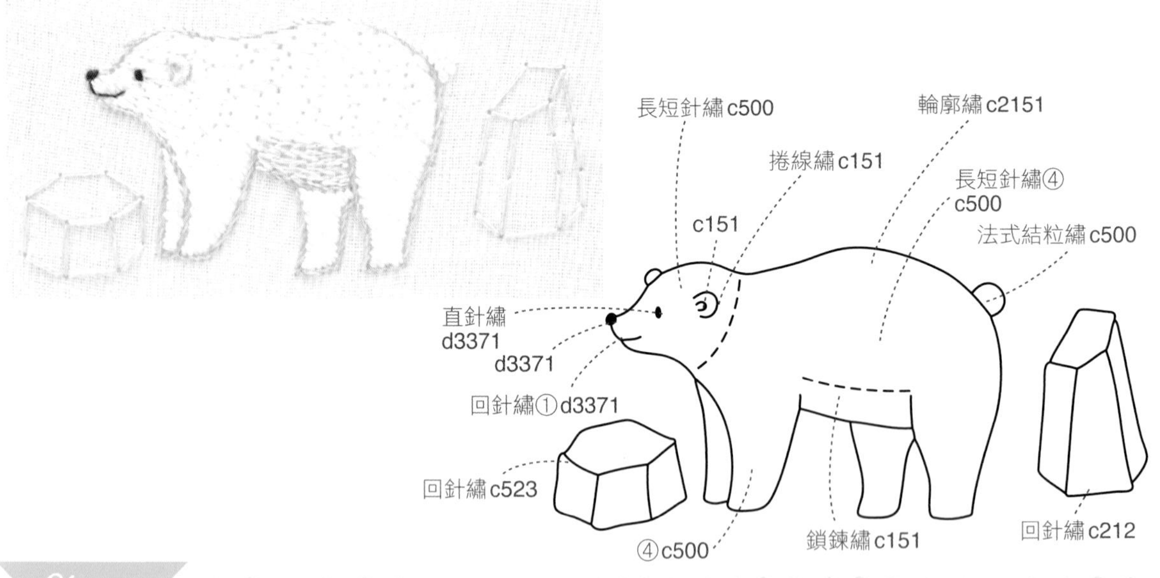

How to

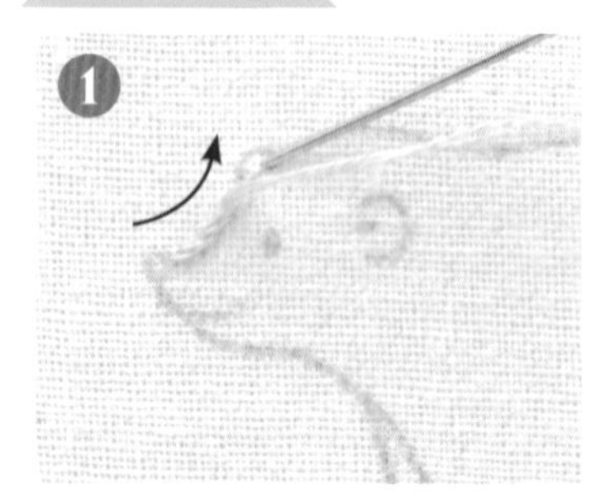

從鼻子的根部出針，用輪廓繡繡身體的輪廓。

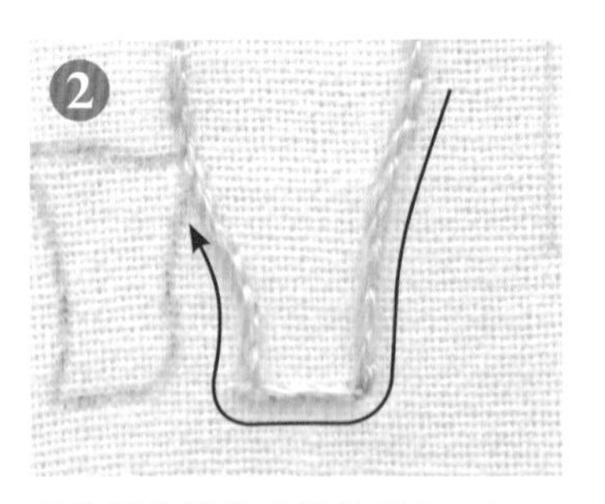

留意腳的邊角（請參照 P15），一直繡到大腿。

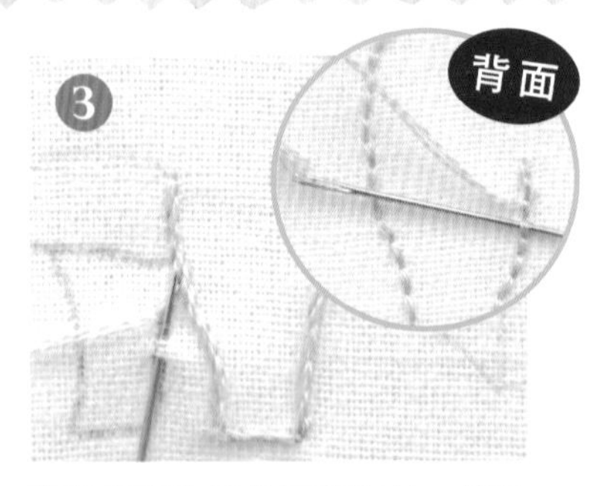

穿過背面的線從正面出針，繡另一隻腳。

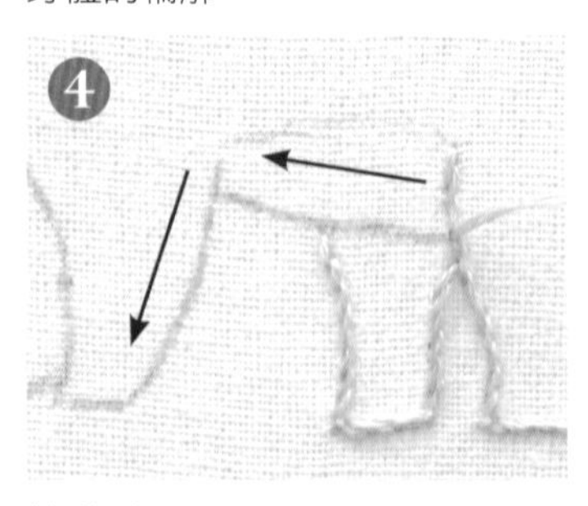

接著繡肚子、前腳。同樣要留意腳的邊角。繡圖案整體的輪廓時，可以配合輪廓的線條換個角度拿繡框，繡起來比較容易。

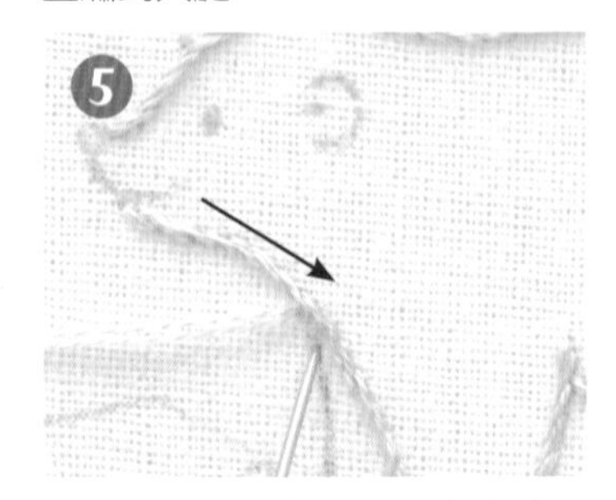

繡到下巴後，穿過背面的線繡另一隻前腳。到此即繡完一圈。

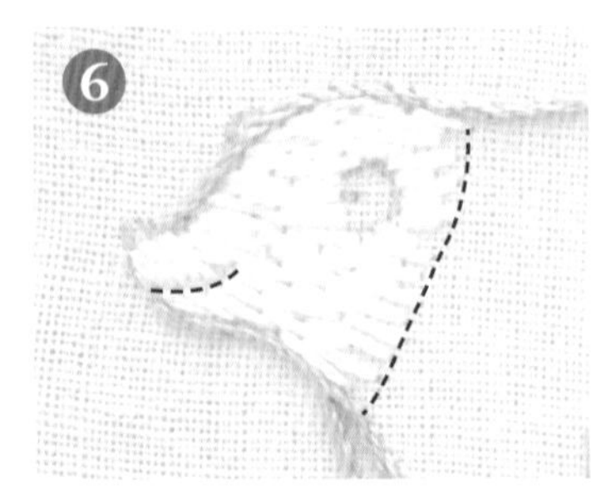

嘴巴到臉的部分做長短針繡。繡嘴邊時，繡線與圖案的線對齊。耳朵先跳過不繡。繡至脖子部分後，先處理這個階段的線。

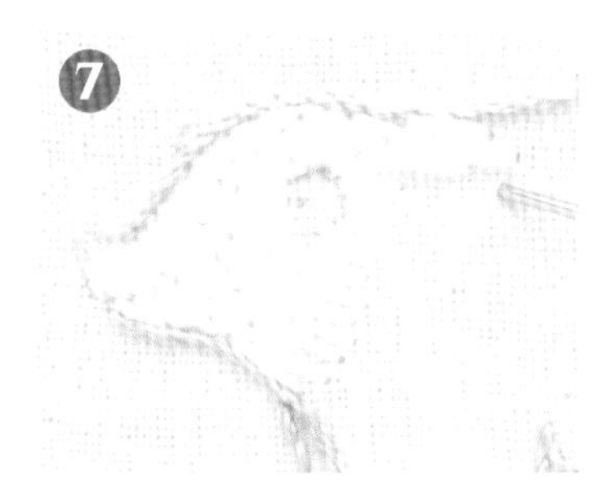

接下來改用4股線，用長短針繡，以鋸齒狀運針。

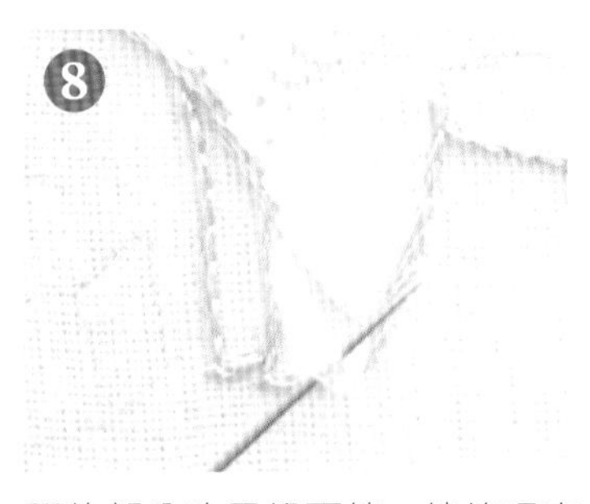

腳的部分改用緞面繡。繡線理直就能做出漂亮的蓬鬆感。

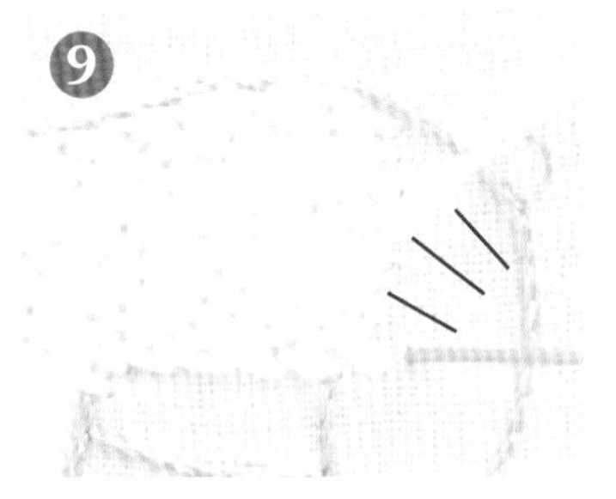

身體做長短針繡。愈接近屁股繡的角度要微微傾斜，就能表現出自然的毛流。

和前腳一樣，後腳也採緞面繡。另一側的腳也以同樣方式繡。

耳朵內側繡緞面繡，外側做捲線繡，線可以多捲幾次（10～12次左右）。

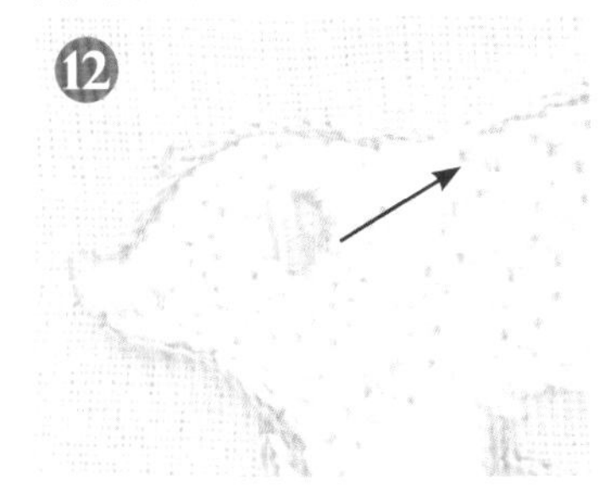

繡完捲線繡，從耳朵外側的正中央出針。

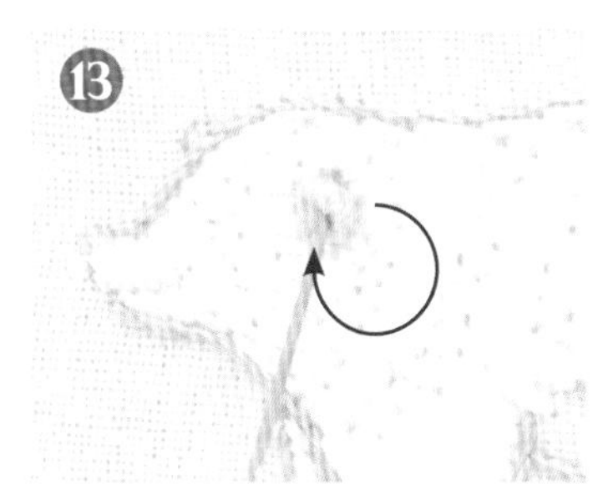

將捲線繡沿著耳朵外側的形狀，入針於內側固定。記得別拉得太用力。另一邊耳朵也沿著圖案做捲線繡。

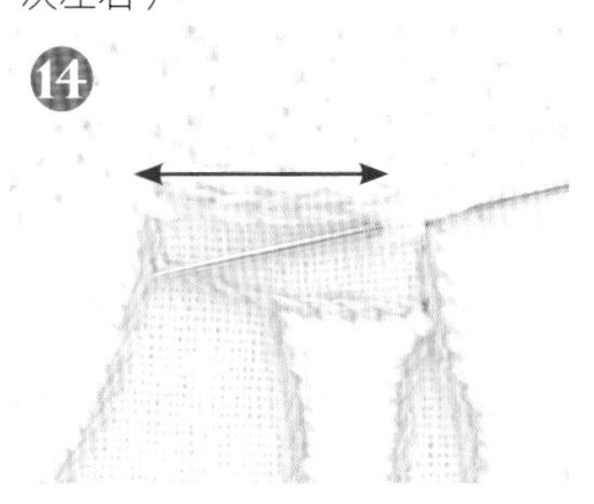

接著在肚子繡鎖鍊繡，以橫向往返運針。

尾巴繡法式結粒繡。沿著圖案從外側開始繡，就能表現出漂亮的形狀。

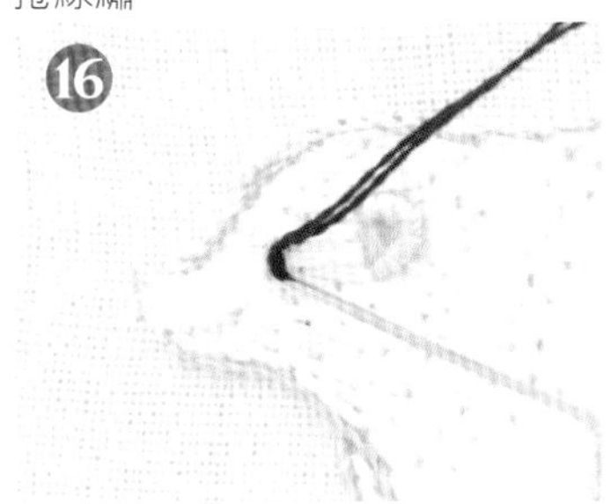

用水消筆標記眼睛的位置，做直針繡，邊繡邊調整眼睛的大小。

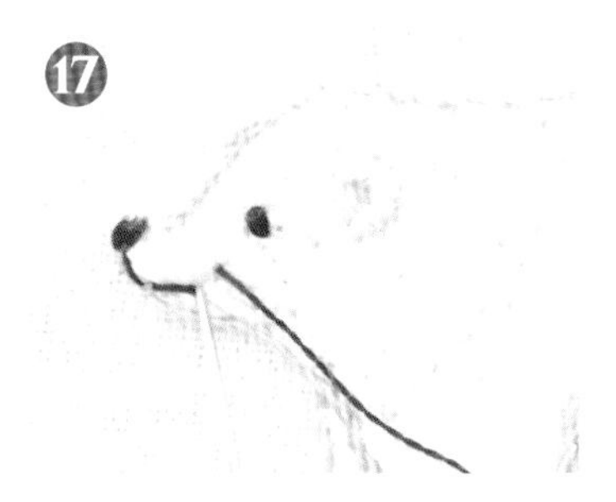

鼻頭做緞面繡，接著用1股線的回針繡，繡鼻子下方到嘴巴的線條。嘴角微微上揚，表情就會很可愛。

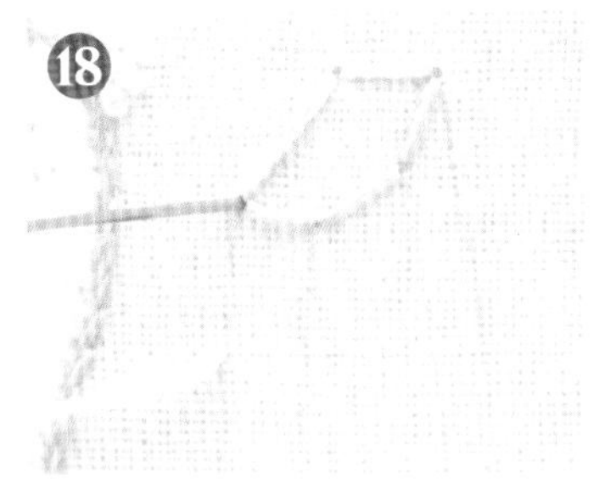

冰塊用針腳較長的回針繡，從近處開始依序繡好。

呆萌無尾熊

使用繡線

無尾熊→ DMC844、cosmo152A、cosmo151、cosmo100、DMC3371
尤加利樹→ DMC839、840　葉子→ DMC524、cosmo317

除特別指定外，均使用2股線／○裡的數字是繡線股數／除指定針法外，均用緞面繡

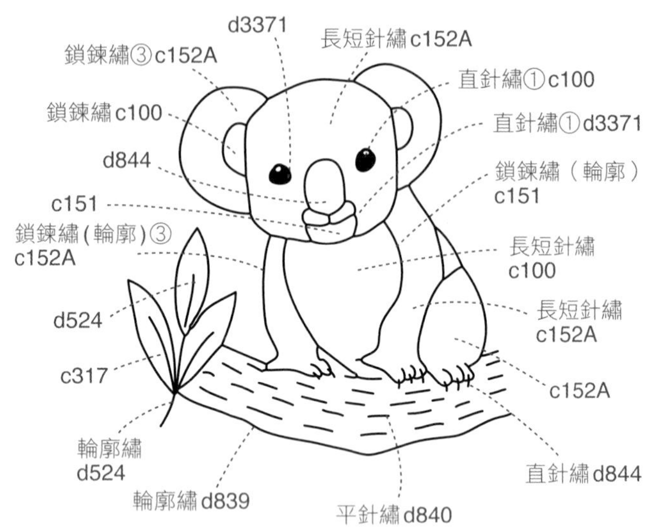

How to

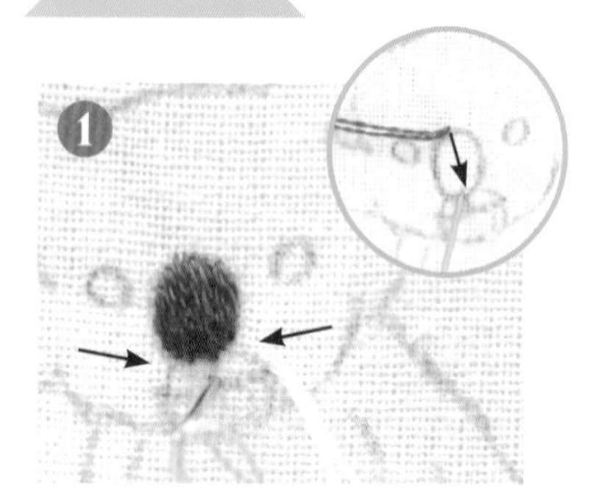

鼻子用緞面繡從正中央開始繡。接著鼻子下方的部分以緞面繡由外向內橫向運針。

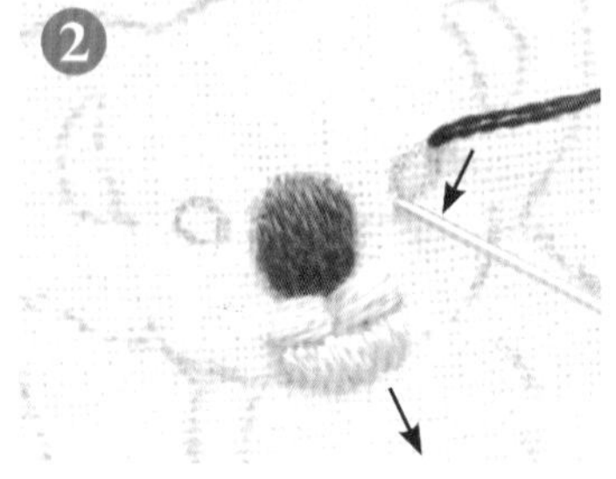

下巴部分做由上向下的緞面繡。接著眼睛由上往下斜向繡緞面繡。

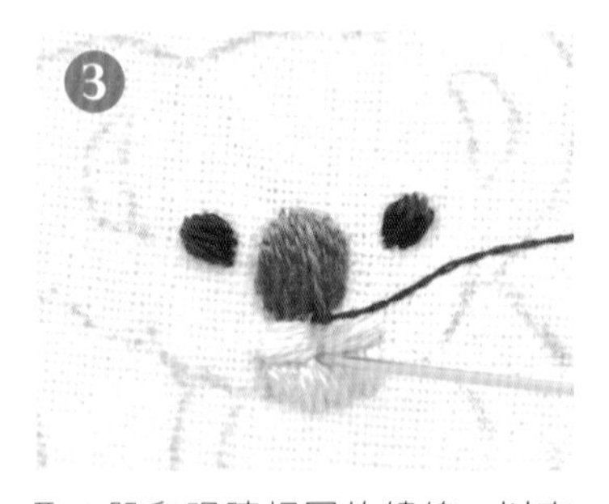

取1股和眼睛相同的繡線，以直針繡繡鼻子下方和嘴巴的線條。

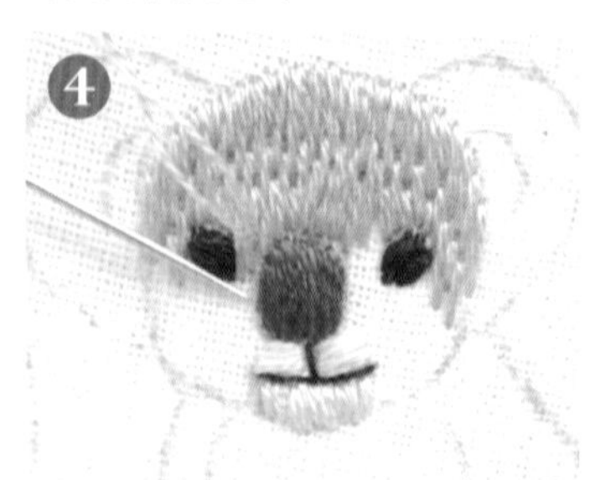

頭部用長短針繡。眼睛周圍改用較短的針腳運針。

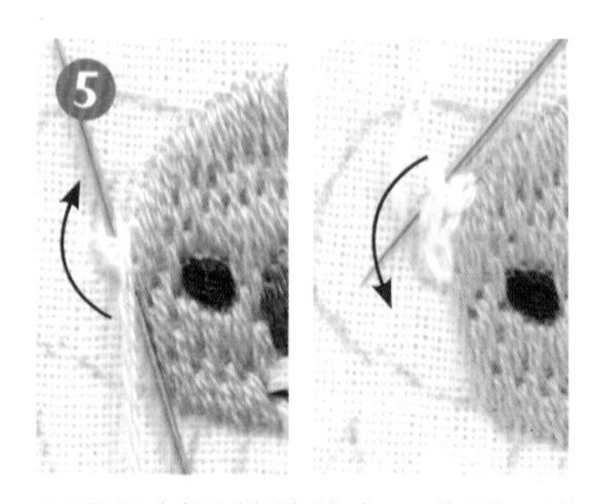

耳朵內側用鎖鍊繡上下往返，沿著臉的輪廓運針。來到上方時，在稍微往下方錯開一點的位置出針，再繼續繡。

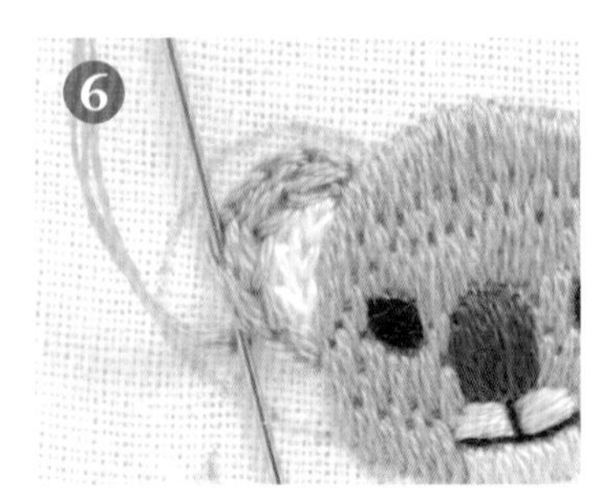

接著換繡線，取3股線沿著耳朵內側上下往返做鎖鍊繡。

調整圖案的寬度時，繡針自前幾針鎖鍊繡的洞出針，繼續繡下去（請參照 P52）。

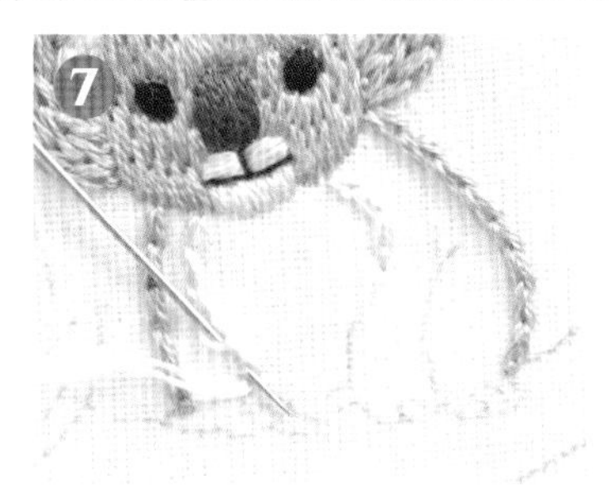

用3 股線以鎖鍊繡繡身體的輪廓（左右）。接著換2 股線，以鎖鍊繡繡身體內側的輪廓。

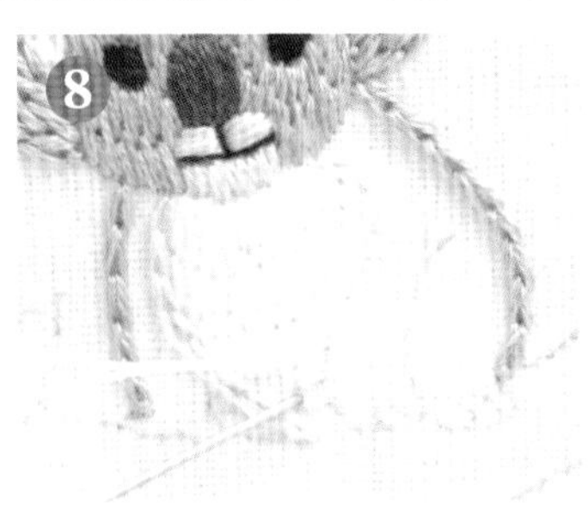

身體內側用長短針繡。手的部分由於手指的圖案較精細，要調整成較短的針腳。

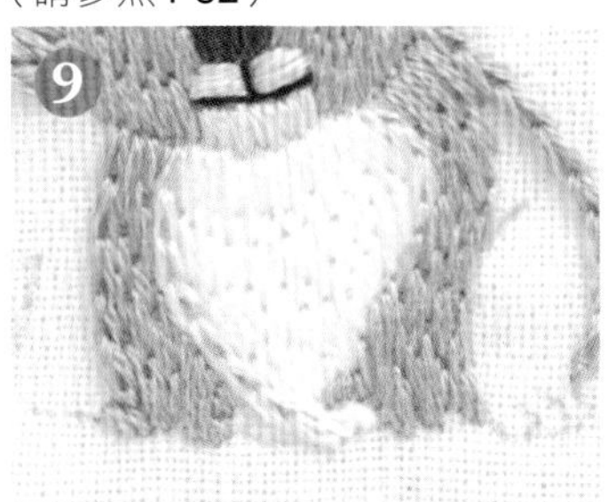

左右手臂都用長短針繡，一邊調整手指的形狀，一邊仔細運針。

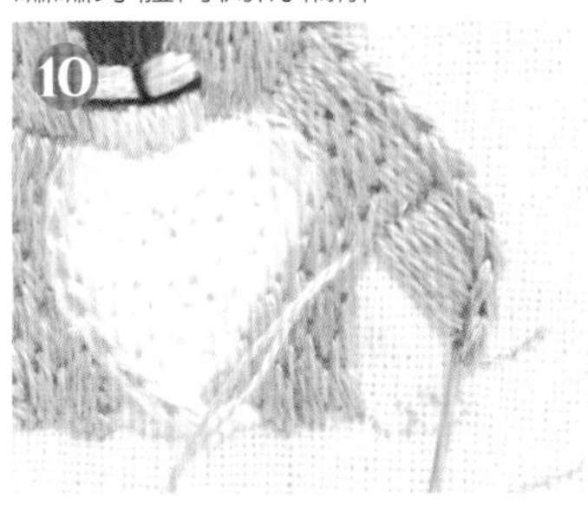

背部與腳做緞面繡。運針時要注意腳指的細微處。

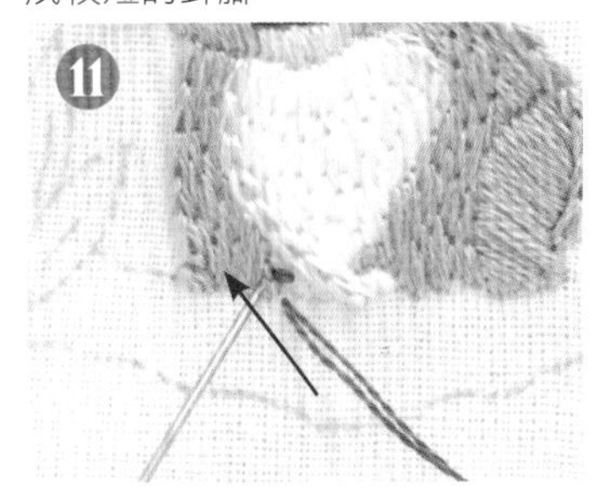

腳爪繡直針繡。

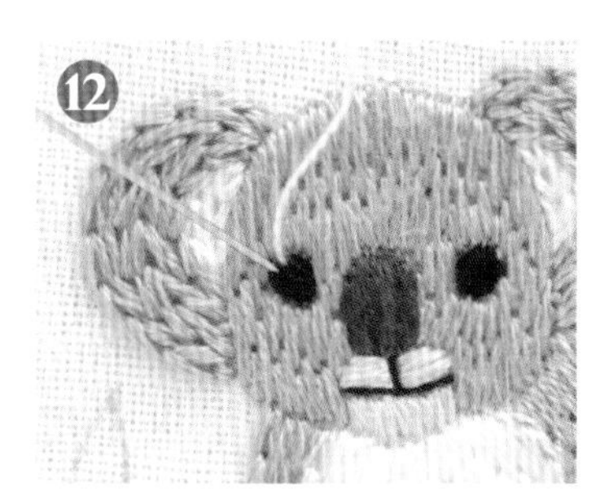

眼睛的光點用1 股線繡直針繡，無尾熊完成。

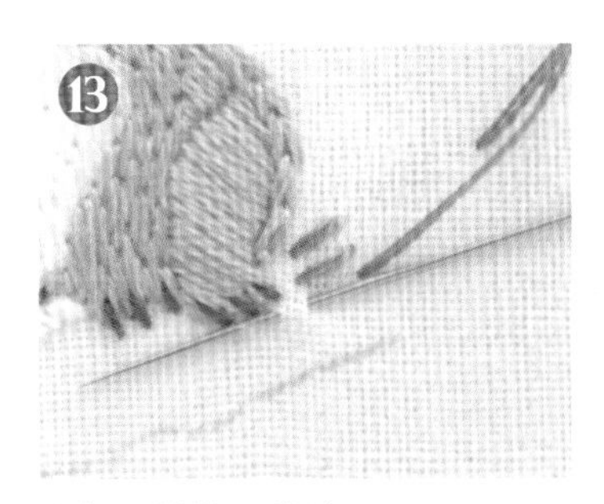

尤加利樹做平針繡。

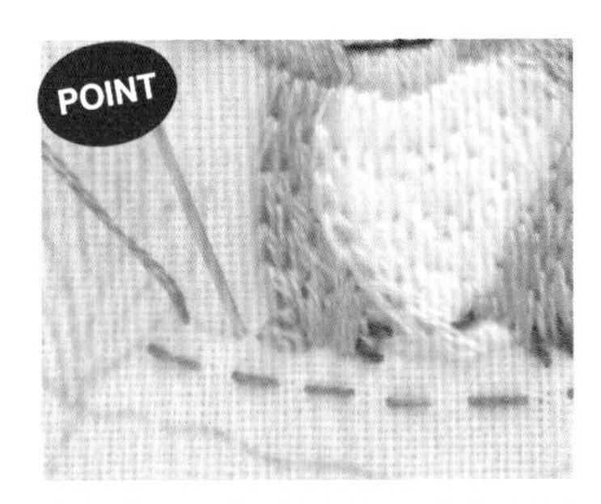

背面的線不要跳太開，從近處開始隨機應變運針。

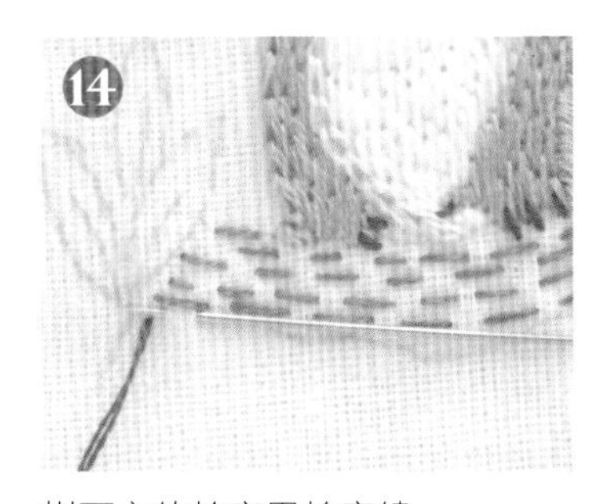

樹下方的輪廓用輪廓繡。

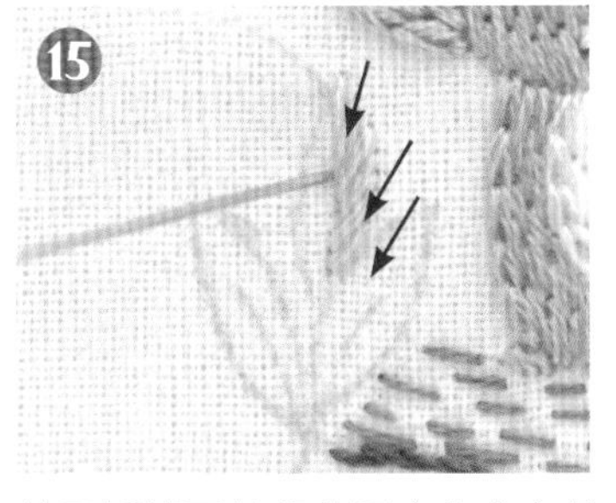

葉子採緞面繡朝著圖案的中心線運針。一邊留意繡線的角度，一邊繡半邊的葉面，即可清楚表現正中央的線。

最後，葉莖用輪廓繡，葉子即完成。

毛茸茸小貓熊

使用繡線

DMC3371、cosmo500、cosmo427、cosmo308
cosmo312、DMC301

除特別指定外，均使用2股線／○裡的數字是繡線股數／
除指定針法外，均用緞面繡

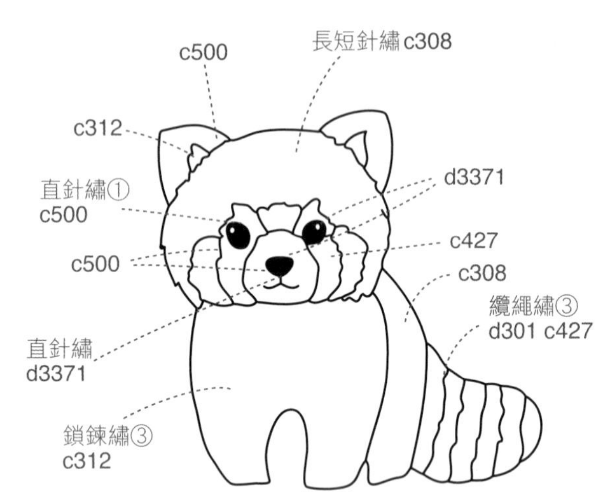

How to

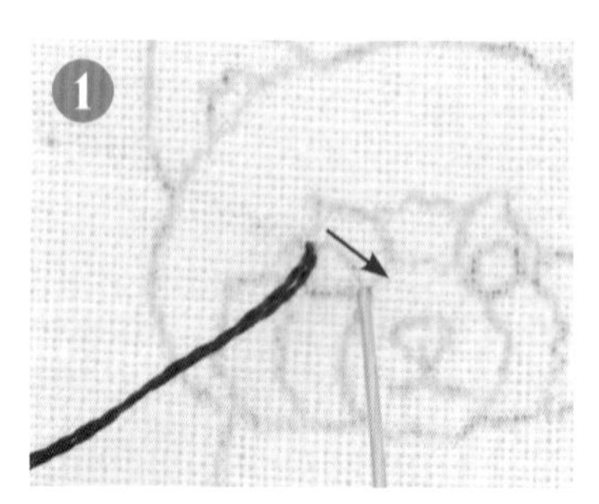

眼睛從外側往內側做緞面繡。另一隻眼睛也用同樣針法。

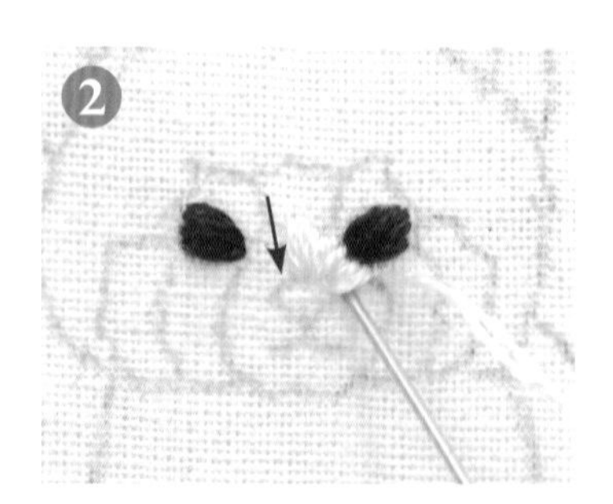

鼻子周圍從外側向內側做緞面繡。適時縮短針腳，中間就不會擠在一起。

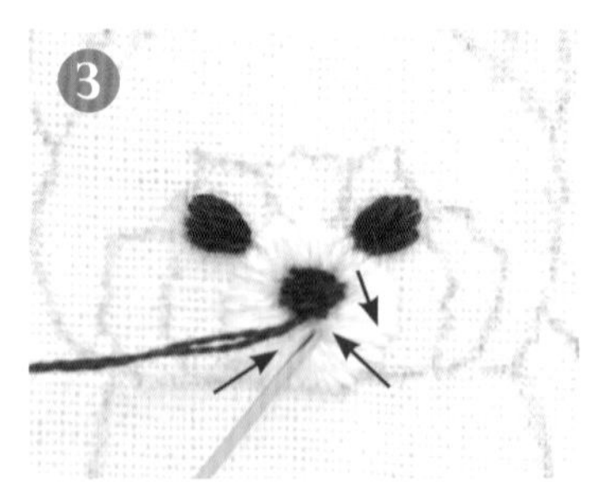

鼻頭做橫向緞面繡。鼻子下方、嘴巴的線條以直針繡從外側向中心運針。

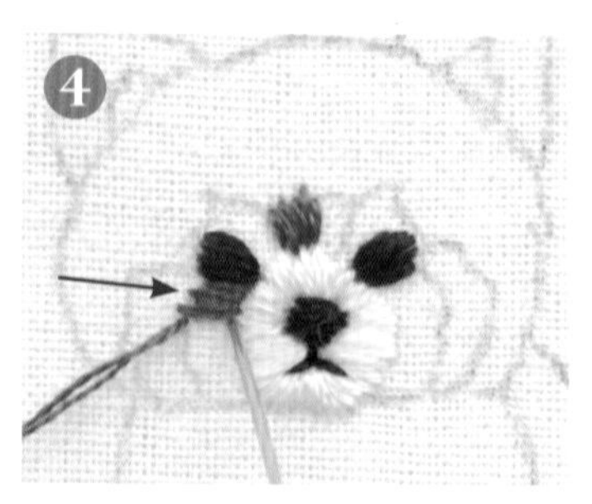

臉部的花紋以緞面繡從外側向內側繡。隨機調整針腳的長短，可以表現出毛茸茸的感覺。

下方繡完後，將針穿過背面的線，出針至正面。注意別影響到正面的刺繡。

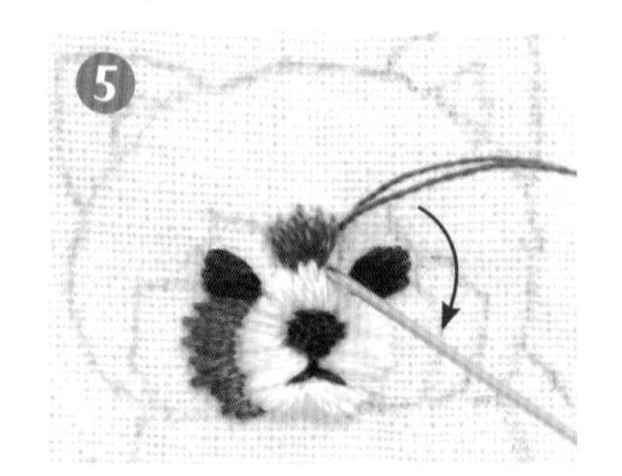

從正面出針的狀態，另一邊臉的花紋也做緞面繡。

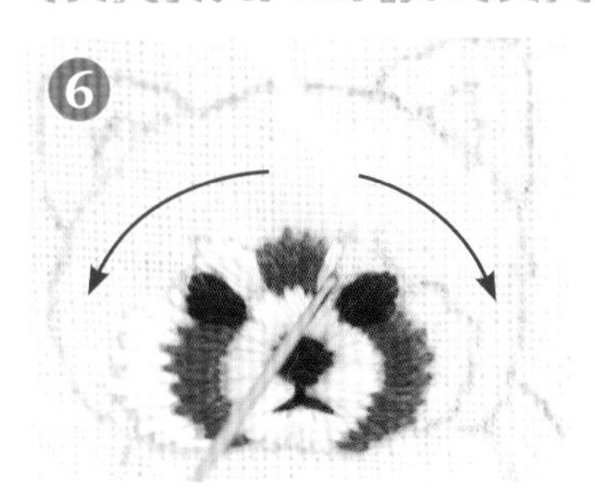

換線後臉部周圍花紋做緞面繡。繡到下方後，針穿過背面的線出針至正面，另半邊也一樣。

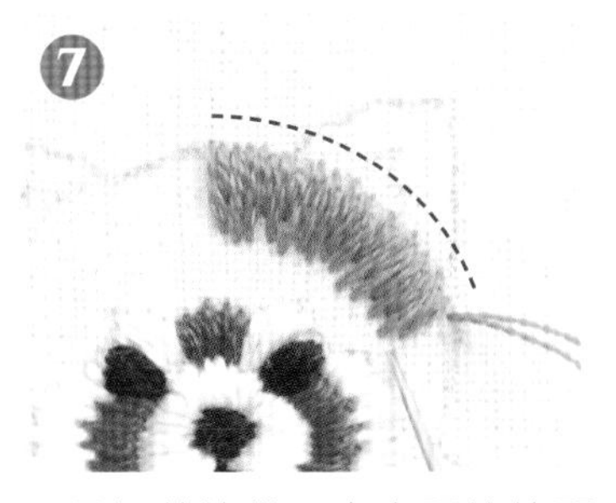

用長短針繡從正中央開始繡頭部。為了表現出毛茸茸的感覺，出針的位置不用太整齊也 OK 。

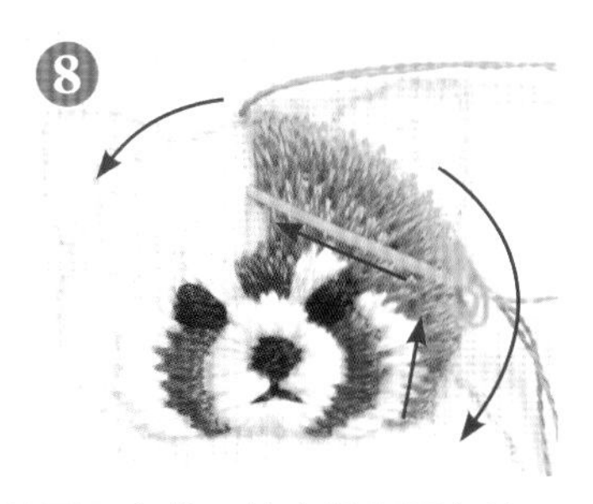

繡到下方後，線穿過背面出針，由下往上運針。繡到正中央時，針從頭上方出針。另半邊也一樣。

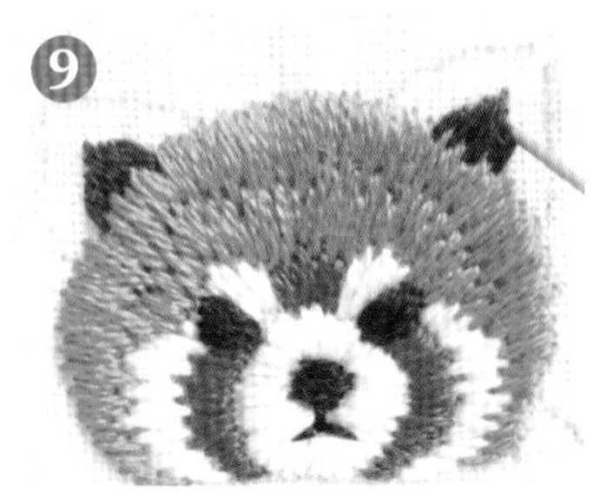

耳朵內部從外側向內側做緞面繡。接著換線，耳朵外側同樣做緞面繡。

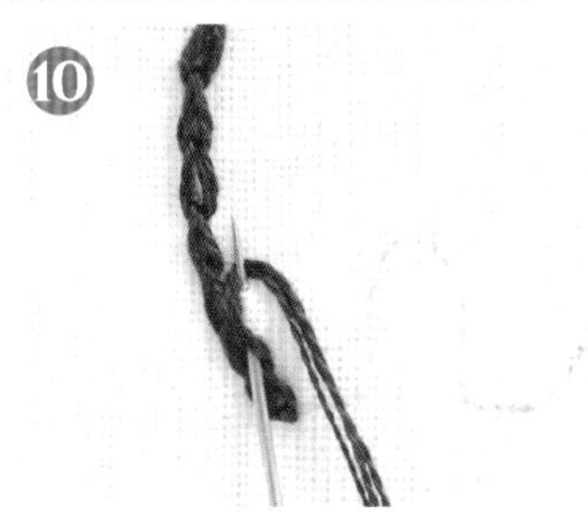

身體的部分，以3股線的鎖鍊繡由上往下運針。調整圖案的寬度時，針從前幾針鎖鍊繡的洞出針，繼續繡下去（請參照 P52）。

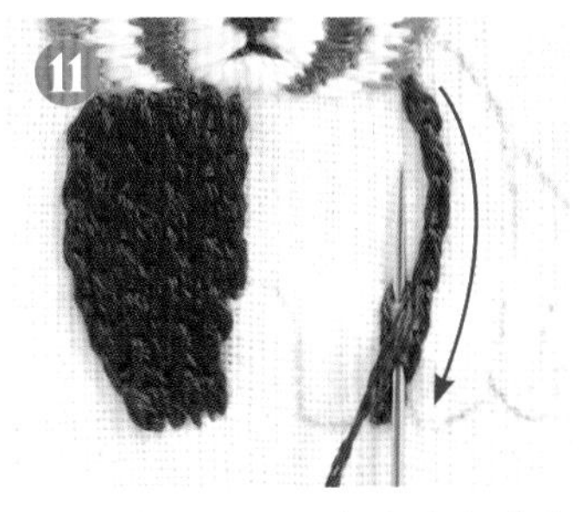

來到正中央時，另半邊的身體也是沿著圖案從外側向內繡鎖鍊繡。

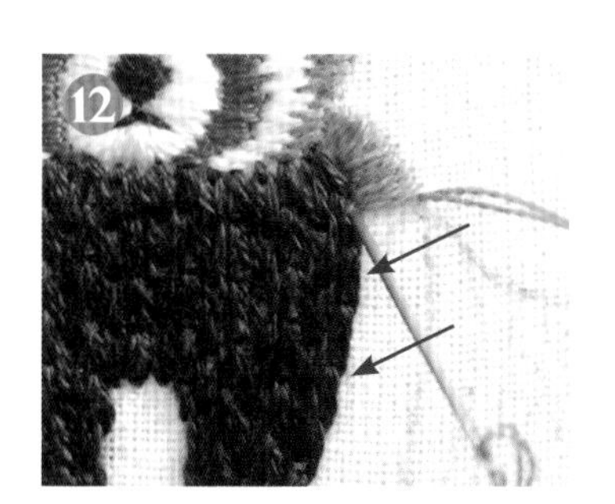

後面的身體做緞面繡。

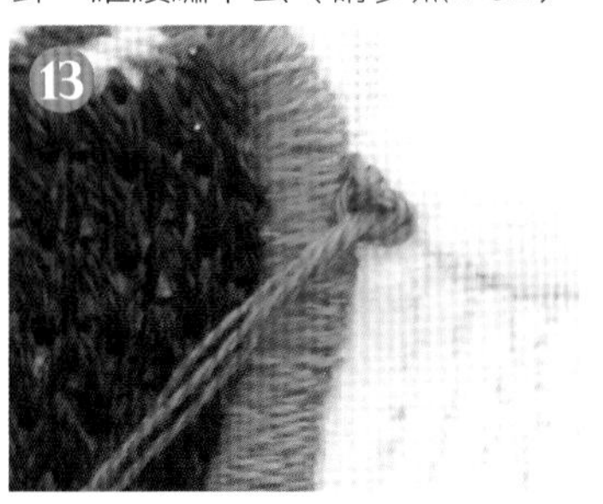

尾巴採3股線的纜繩繡（請參照 P25）。上圖是線挑起兩次的狀態。

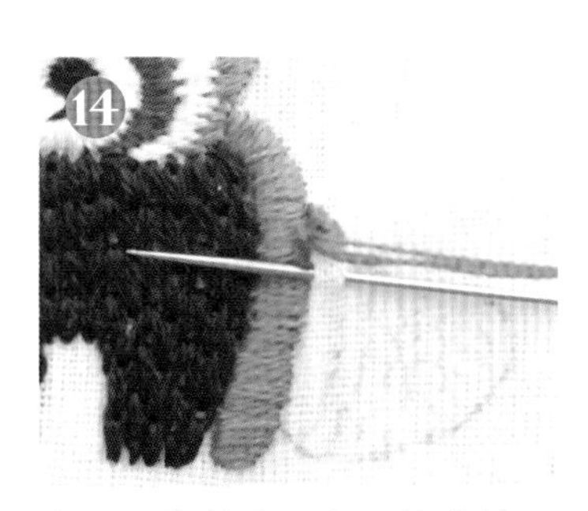

這裡不將針往下插，接著繡下去。線不要拉得太用力，一邊繡一邊慢慢調整。

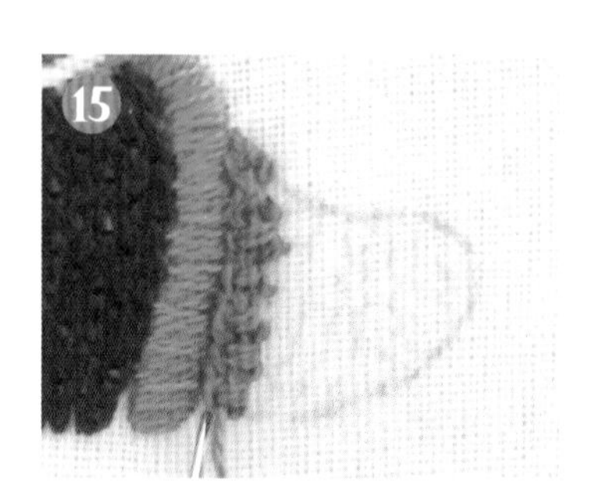

繡到下方後插針。線先不做處理，在離圖案稍遠處出針，先在此休線。

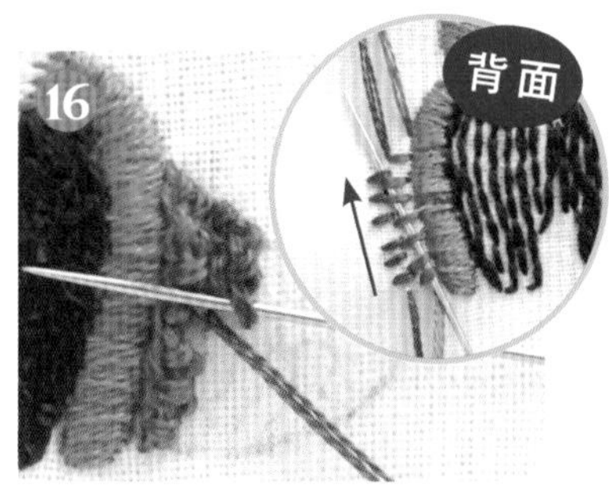

換其他顏色繡線，輪流做纜繩繡。換之前休線的顏色時，線穿過背面的線，出針至正面繡下去。

毛茸茸的蓬鬆尾巴繡完後，用1股線的直針繡點綴眼睛的光點，小熊貓完成。

華麗的紅鶴

使用繡線

紅鶴→ DMC844、cosmo500、DMC760、DMC3779、cosmo651、cosmo341、cosmo2221、DMC211、cosmo383
水面→ cosmo2251、cosmo252、DMC3849

除特別指定外，均使用 2 股線 / ○裡的數字是繡線股數 / 除指定針法外，均用緞面繡

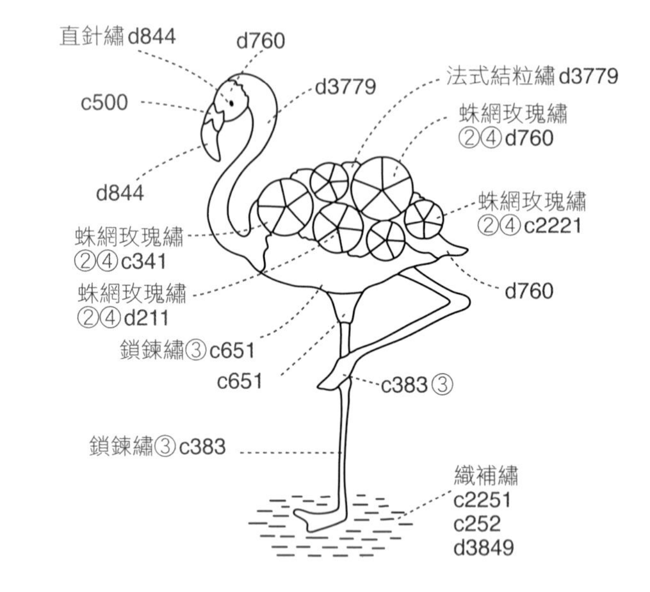

How to

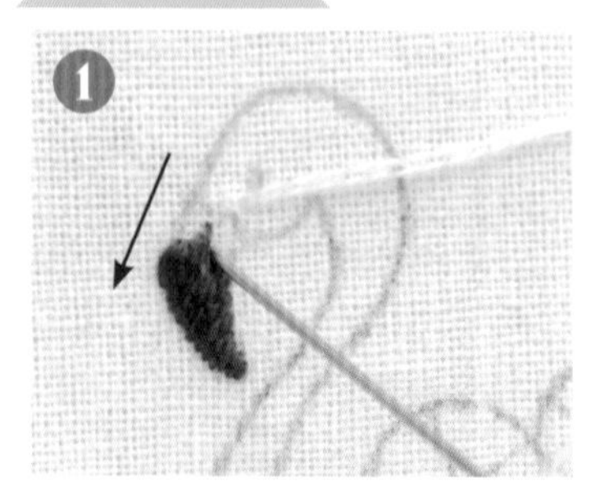

鳥喙繡斜向緞面繡。鳥喙上方也是以緞面繡斜向運針。

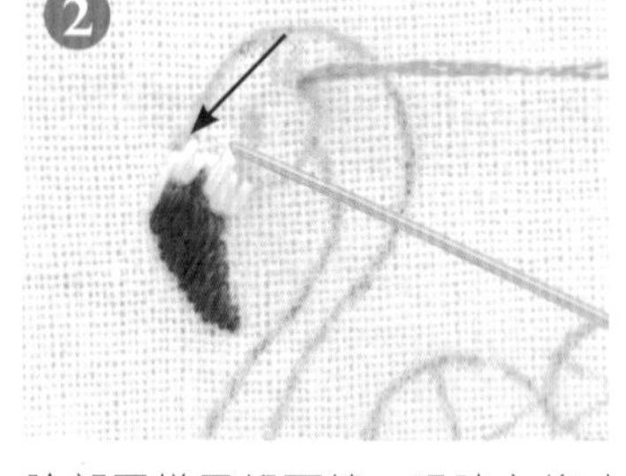

臉部同樣用緞面繡。眼睛之後才繡，可先直接填滿臉。

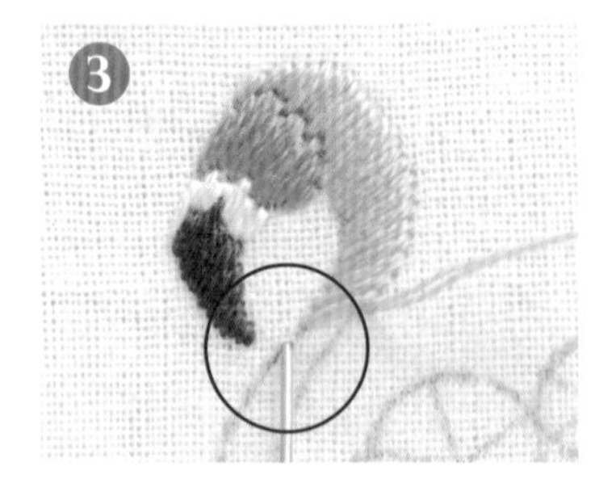

用緞面繡以同樣角度從頭繡到脖子。斜向繡緞面繡時，各針腳間留一點間隔，繡起來較漂亮。

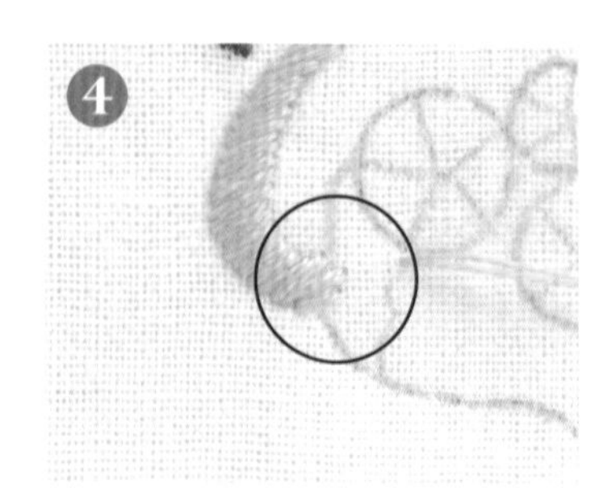

因為要與身體融合在一起，脖子最後幾針出針的位置可以不用太整齊。

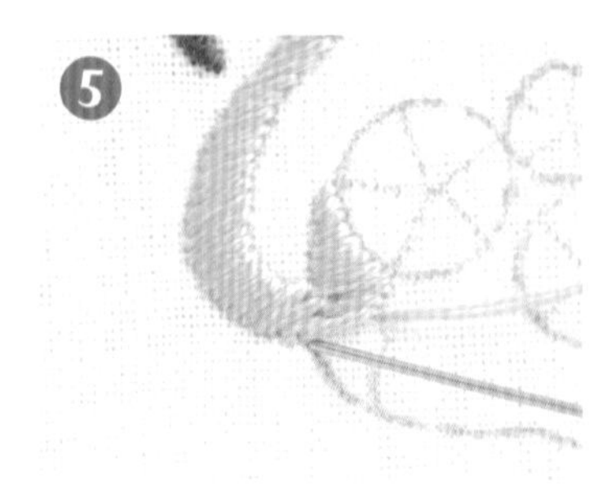

身體跟脖子的連接處也做緞面繡。在脖子根部入一針，讓連接處自然融合。

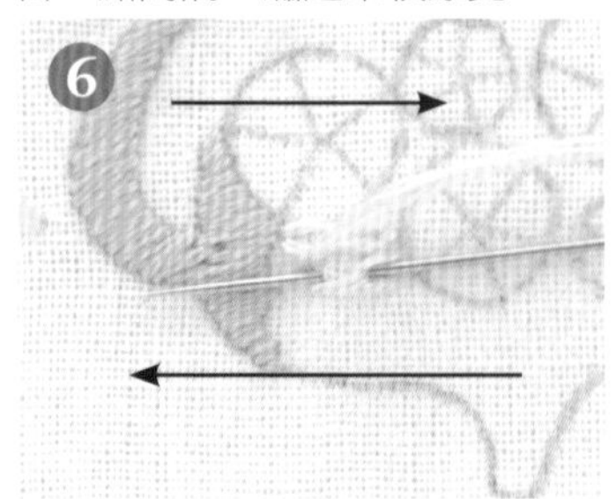

以3 股線的鎖鍊繡繡肚子，橫向往返運針。

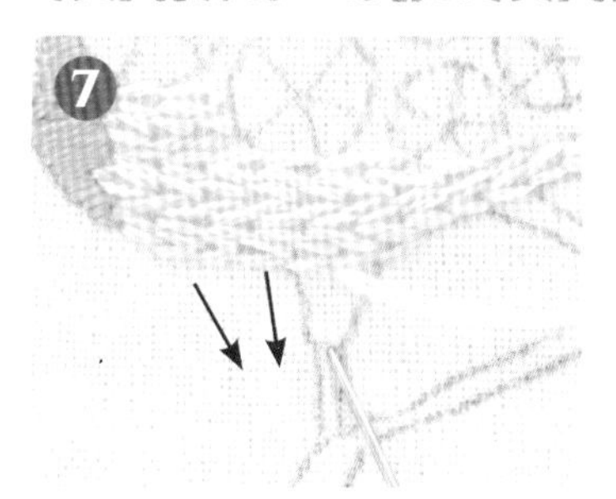

接著用3股線的縱向緞面繡，繡腳的根部。

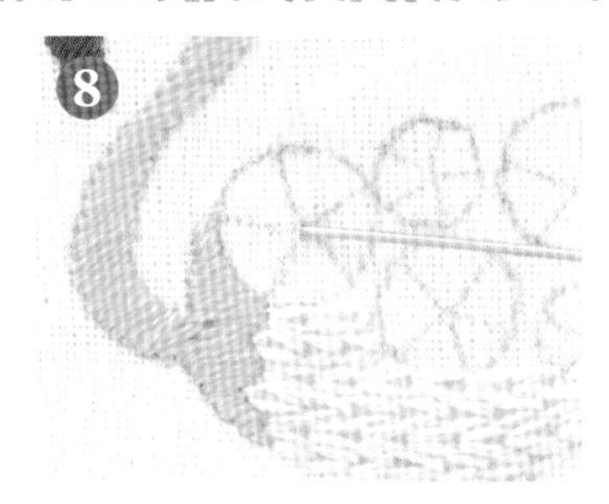

翅膀做蛛網玫瑰繡。先用2股線直針繡繡基礎線（請參照P30）。

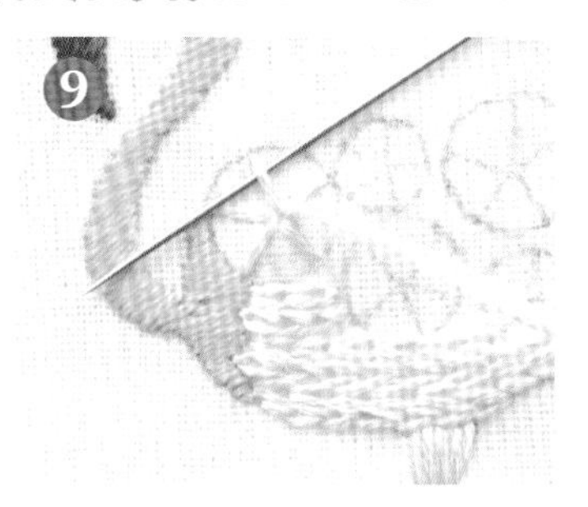

接著用4股線上下輪流穿過基礎線。線不要拉太緊，就能呈現出蓬鬆的感覺。

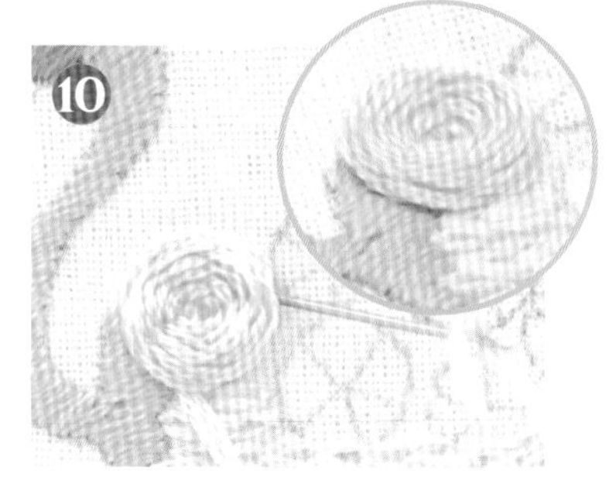

最後將針插入花瓣內側下方藏好。蓬鬆的感覺能讓翅膀更加立體。

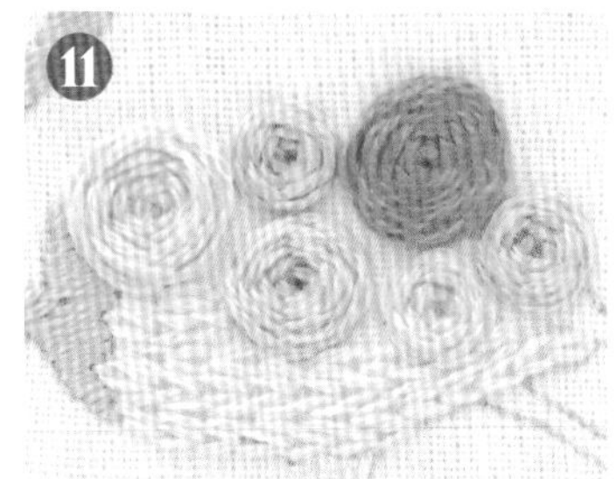

從同一個顏色開始繡，依序以蛛網玫瑰繡來表現翅膀。

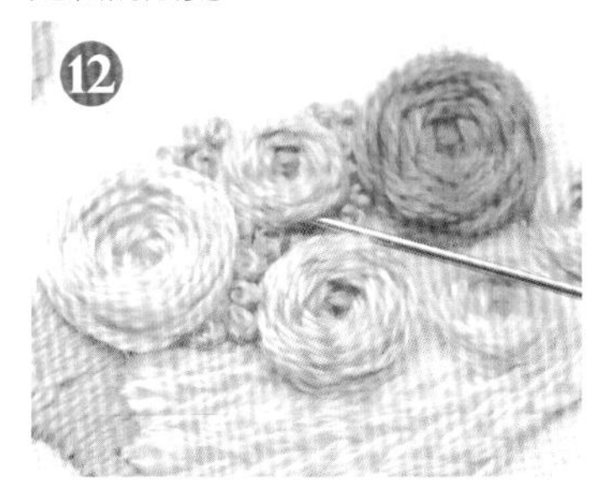

接著用法式結粒繡填滿縫隙。空間較小處可用針將玫瑰挑起做結粒繡。屁股的羽毛做緞面繡。

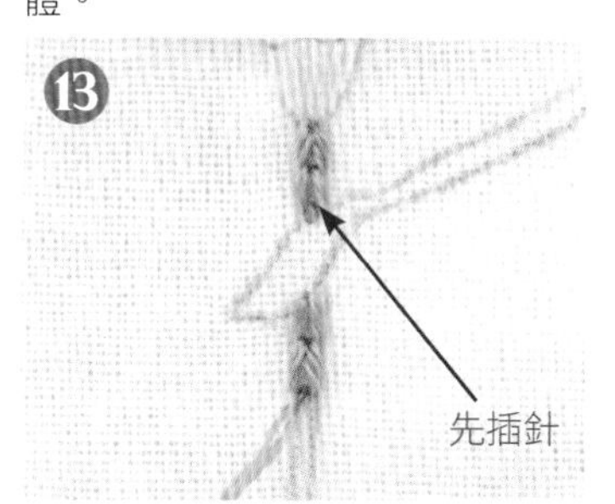

腳的部分使用3股線的鎖鍊繡。繡的時候先跳開前腳的腳掌。

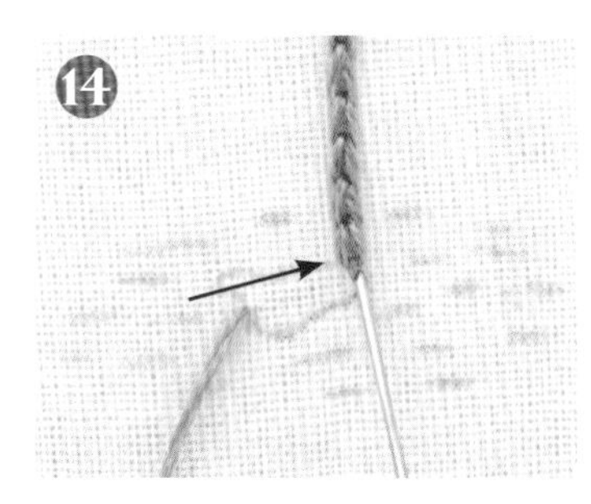

來到下方腳踝處入針，從腳尖出針，接著做緞面繡。

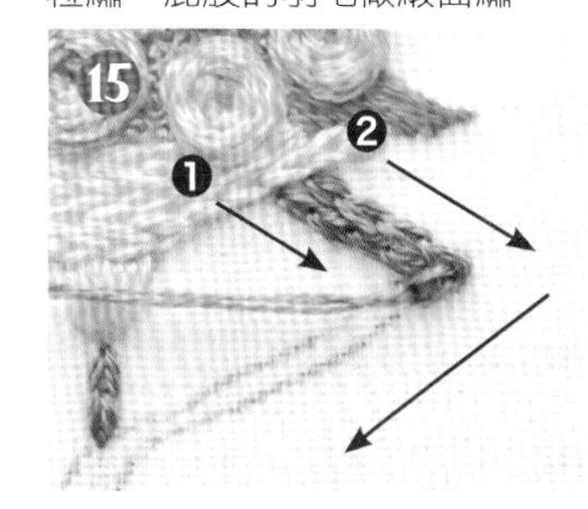

前腳先做兩排鎖鍊繡，第二排完成後，改變角度繡下半部的腳繡。腳掌同樣做緞面繡。

用水消筆在眼睛位置做記號，以直針繡繡眼睛，可繡1～2次調整眼睛的大小。

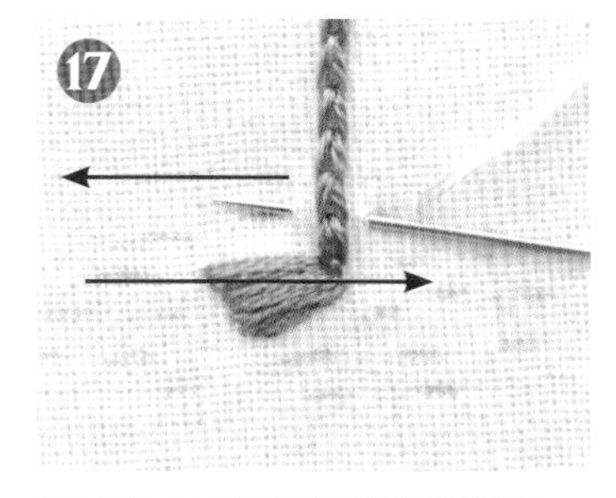

腳下的水面用織補繡往返運針。

每一排更換顏色來繡，即可表現出層次感。

●→ c2251、▲→ c252、■→ d3849

威武的獅子

使用繡線

獅子→ DMC712、DMC3371、DMC738、DMC841、cosmo369、cosmo2307、cosmo500
☆鬃毛→（cosmo369×1、cosmo308×1、DMC840×1）合起來3 股線
草→ cosmo684、cosmo318

除特別指定外，均使用2 股線 / ○裡的數字是繡線股數 / 除指定針法外，均用緞面繡

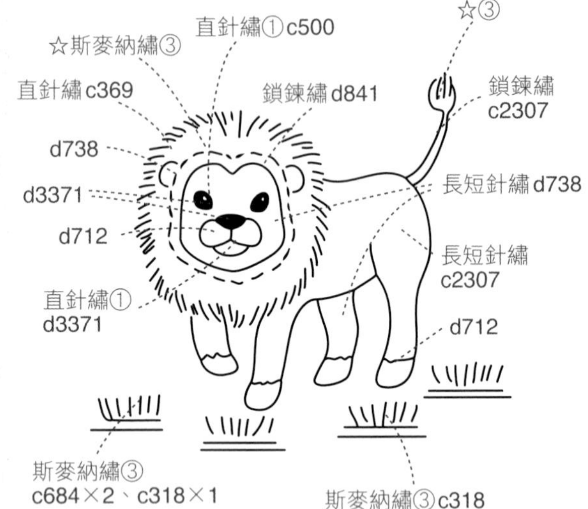

How to

鼻子下方與下巴做橫向緞面繡。

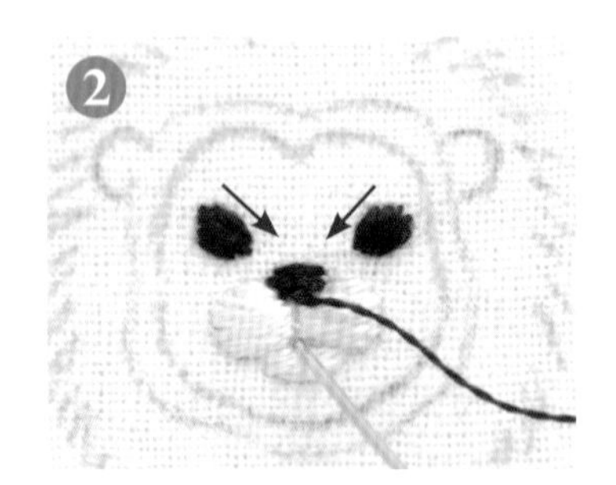

眼睛用斜向，鼻頭用橫向緞面繡，鼻子下方和嘴巴的線條用1股線的直針繡。

臉部做長短針繡。繡眼睛周圍時縮短針腳做調整。臉頰、下巴周圍是由外往中心運針。

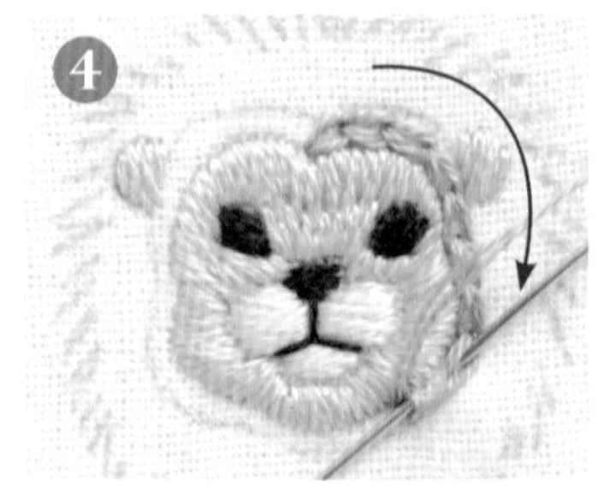

耳朵做緞面繡，臉部周圍用鎖鍊繡繡一圈。

以直針繡來繡鬃毛的外側，針腳長度可隨意調整。

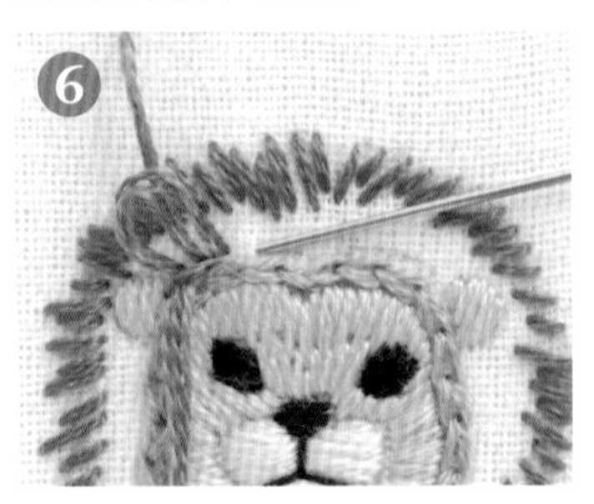

臉與鬃毛外側之間做斯麥納繡（請參照 P34）。做圈環時，不要拉得太用力。

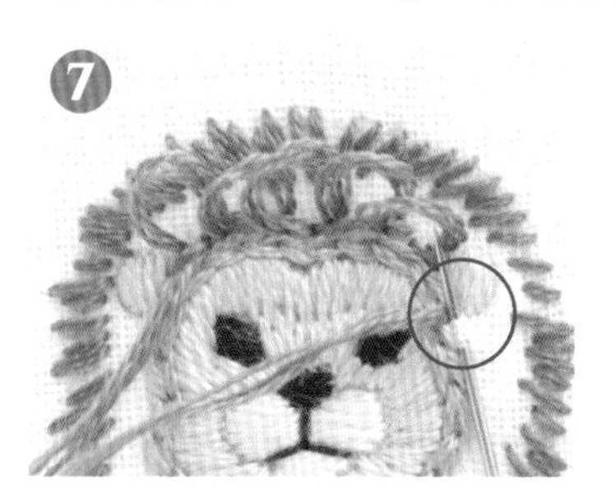

繡到耳朵時先入針，自耳朵的根部出針。挑起半針布拉緊線，接著繡斯麥納繡。

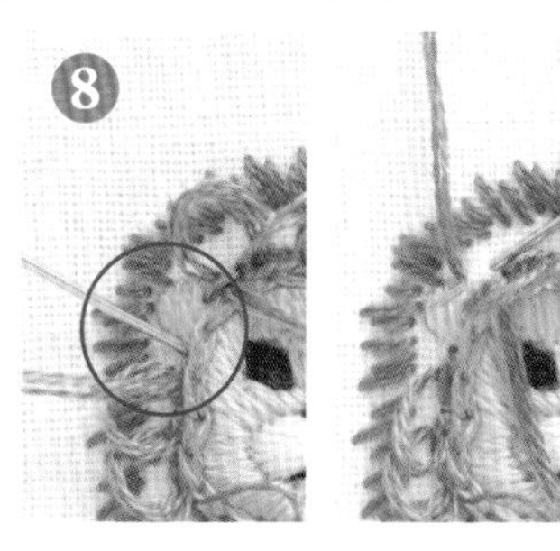

繡完一圈後先入針，與⑦同樣自耳朵的根部出針，挑起半針布拉緊線，接著繡第二排。

這是繡完3圈的狀態。第三圈會通過耳朵的外側。由於間隔較窄，壓住他排圈環較容易繡。

有縫隙的地方可追加斯麥納繡。用剪刀將圈環一個個剪開，小心不要剪到周圍的線。

這是剪完的狀態。立體感出來了。過長的線、起針線或止針線也要配合鬃毛的長度剪齊。

前腳到身體依序做長短針繡。肚子採橫向繡。大腿部分沿著圖案的線條來運針。

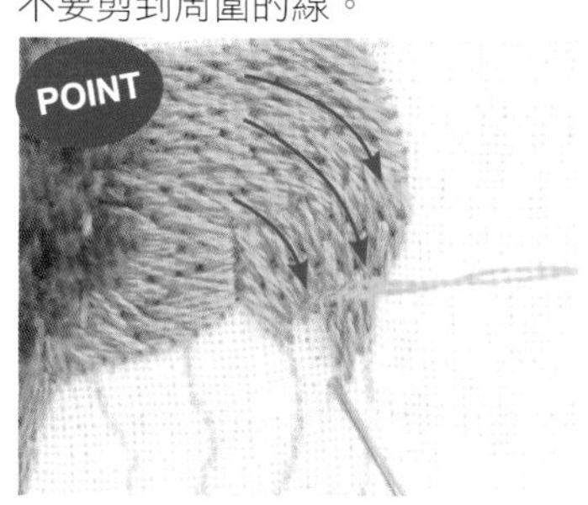

從屁股到腳的部分，由斜向往縱向，變換角度來運針。繡出弧狀的訣竅是縮短針腳的長度。

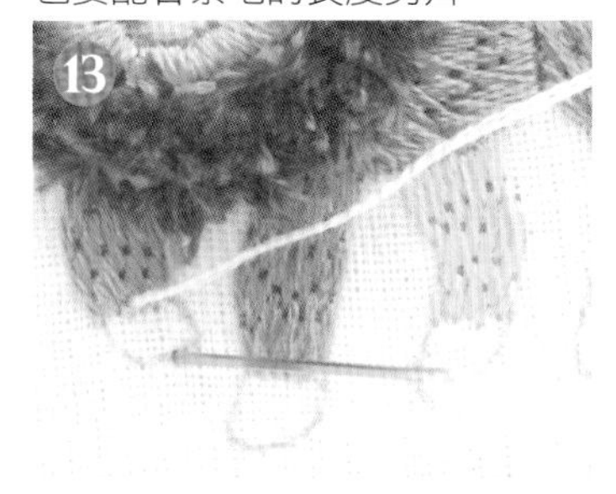

內側後腳換其他顏色的繡線。腳掌前端做緞面繡，與上方的長短針繡融合。

繡到腳尖時，繡線先穿過背面的線再運針。繡線直接拉過去繡的話，正面容易看到拉線的痕跡。

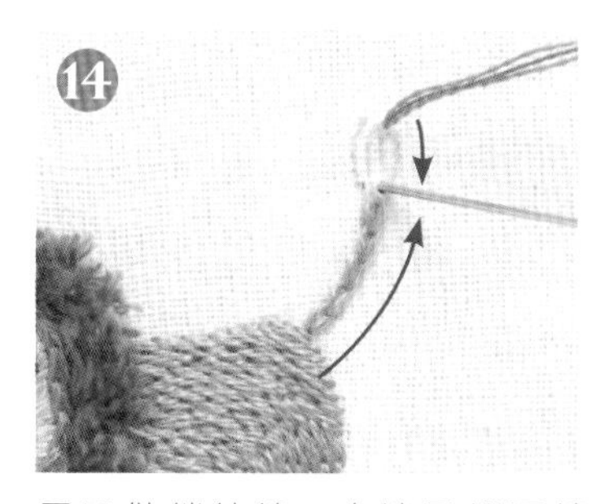

尾巴做鎖鍊繡，尖端用緞面繡（與鬃毛同樣用3股線）。最後在眼睛中央繡直針繡，加入光點。

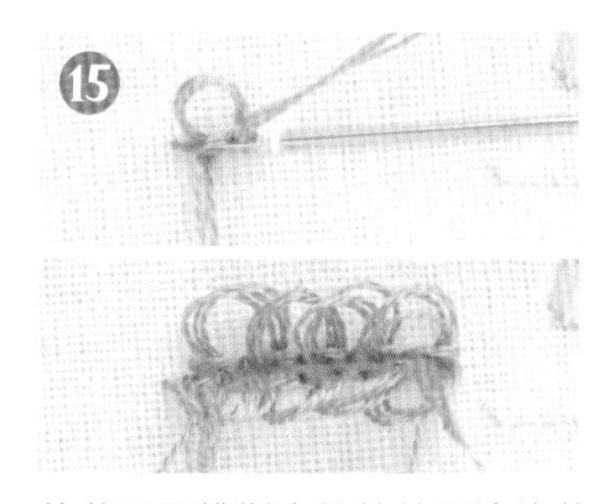

接著用兩排斯麥納繡繡腳邊的草（cosmo684×2、cosmo318×1，合起來3股線。）

剪掉圈環，將長度剪齊。從左邊起算第三排的草地使用 cosmo 318×3 的3股線。

溫柔大象

使用繡線

大象→ cosmo2151、OLYMPUS485、cosmo716、cosmo364、DMC3371
蘋果→ cosmo855、cosmo116、DMC839

除特別指定外，均使用2股線／○裡的數字是繡線股數／除指定針法外，均用織補繡

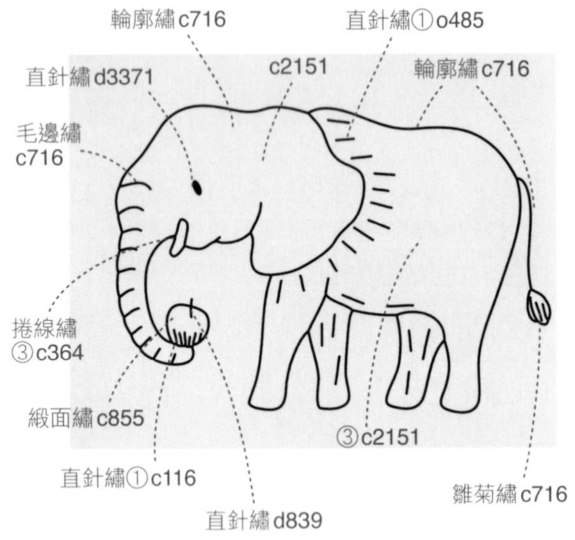

How to

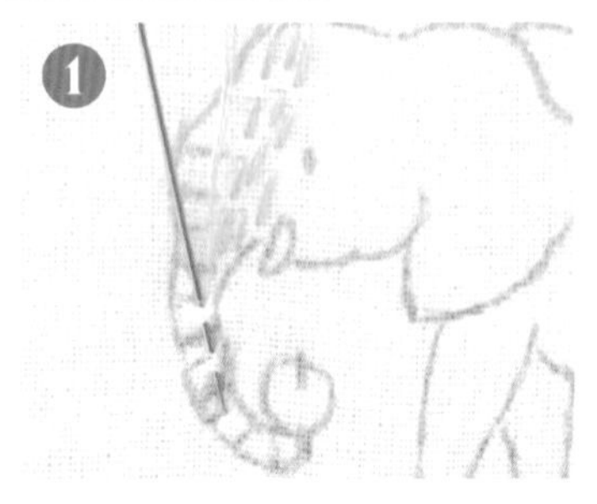

用織補繡往返運針繡臉部（請參照 P17）。針腳長度不整齊看起來比較自然。

跳線時一定要先穿過背面的線再出針到正面。

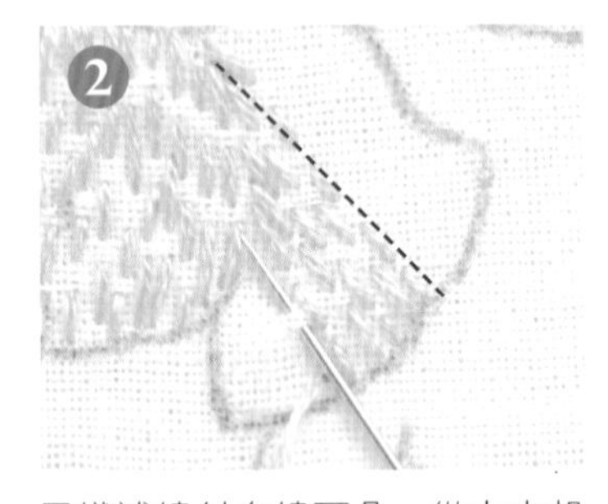

用織補繡斜向繡耳朵。從中央起針，角度配合第一排填滿整面。

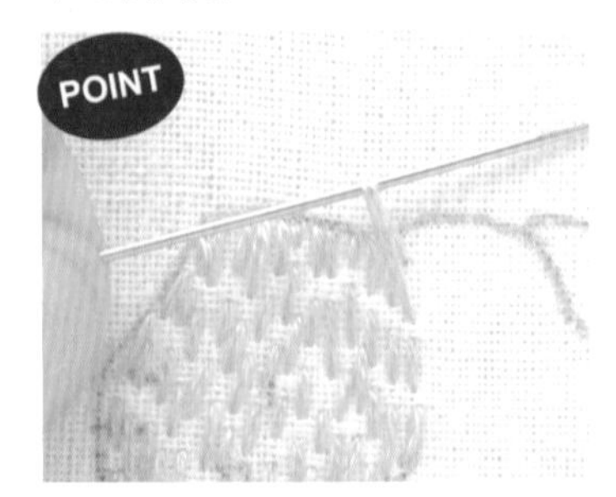

運針時線會扭轉，此時要理直再繡，繡線才有蓬鬆感。

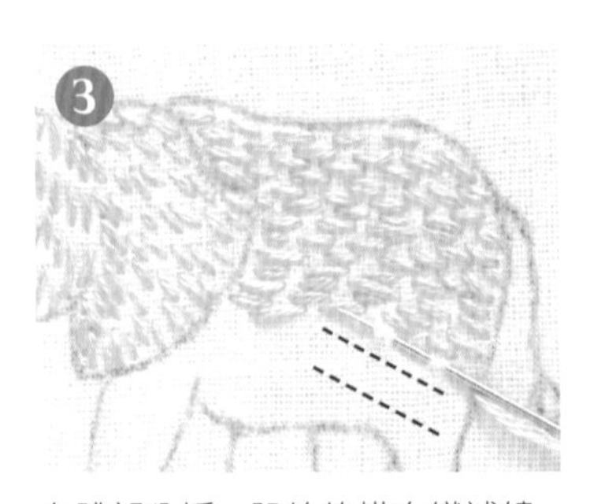

身體部分採3股線的橫向織補繡，配合背部的線條往返運針。繡到屁股附近時將角度慢慢往下。

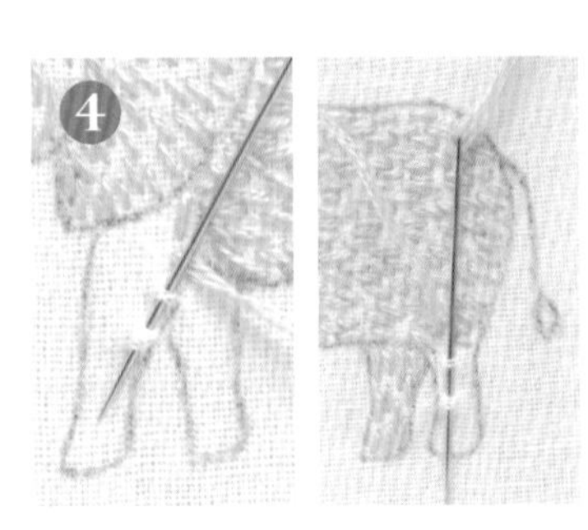

前腳用縱向織補繡，接著繼續繡後腳。

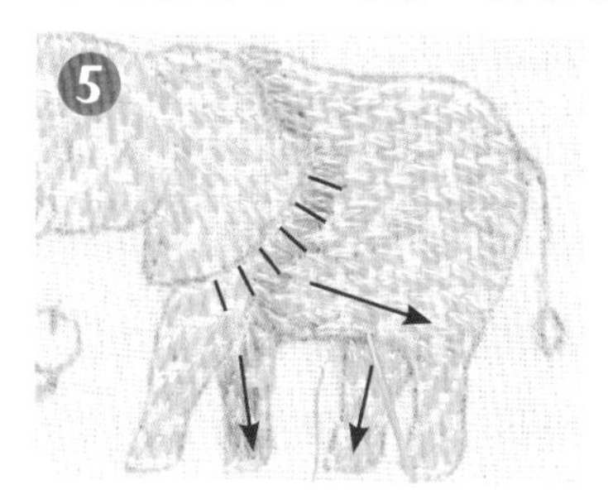
換繡線，用1股線的直針繡繡耳朵周圍、內側的前腳到肚子下方的線條，以及後腳的陰影。

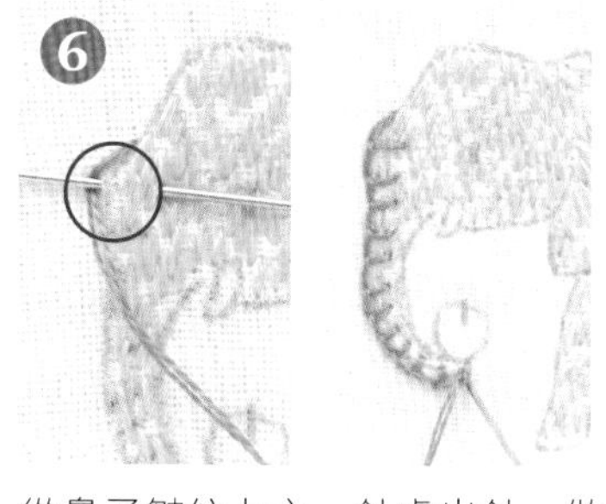
從鼻子皺紋上方一針處出針，做毛邊繡（請參照 P31）。最後在出針處附近入針。

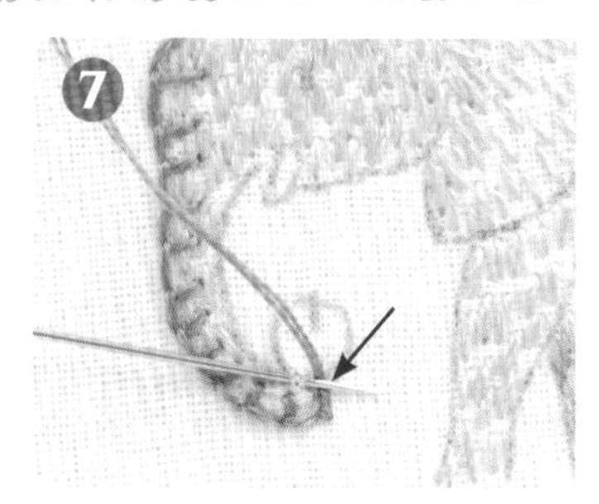
從邊角出針，以輪廓繡繡到象牙下方。

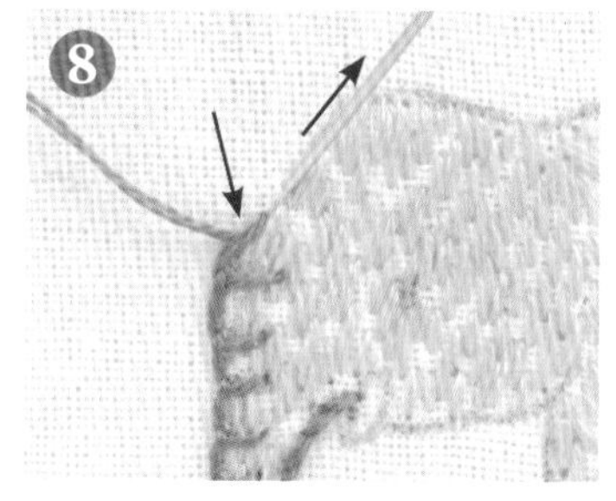
穿過背面的線，從鼻子毛邊繡起針的第一個針腳正中央出針，用輪廓繡繡頭部的輪廓。

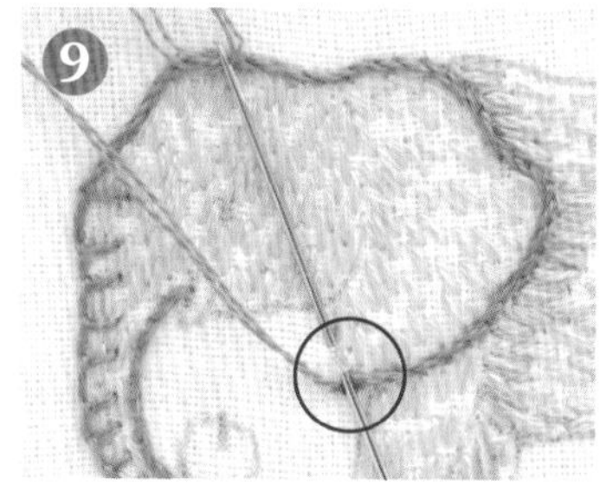
接著繡耳朵的輪廓，耳朵下方的邊角用「輪廓繡邊角的繡法」運針（請參照 P15）。

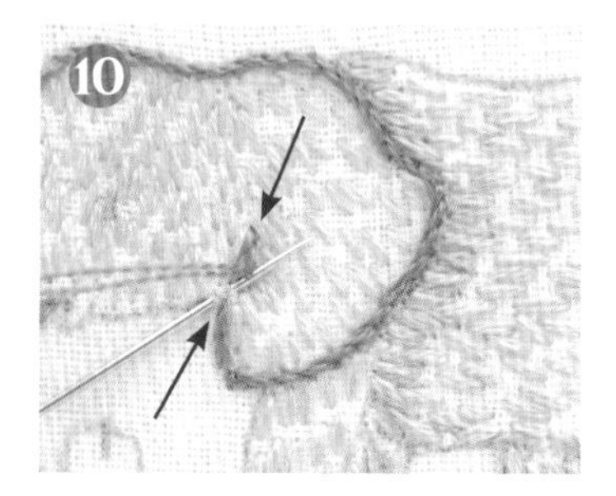
在耳朵的輪廓尾端入針，自下巴根部出針，繡至象牙前方。

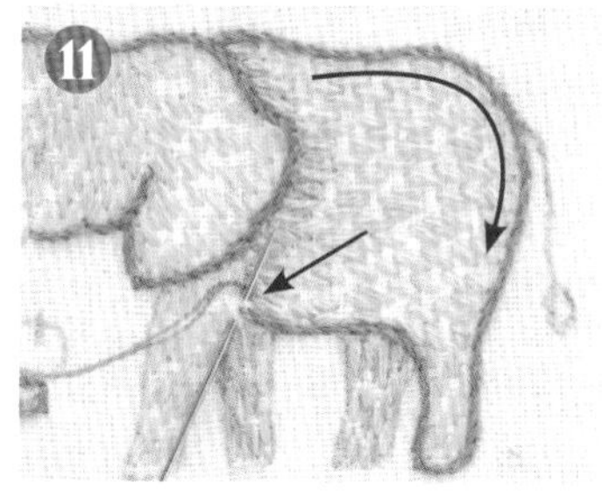
背部到腳的輪廓做輪廓繡。繡到肚子後入針，在前腳根部出針，繼續運針。

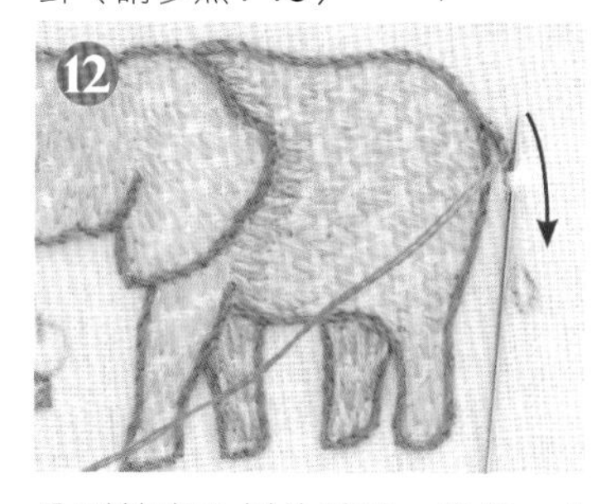
分別繡完內側的前腳、後腳，在尾巴根部出針，尾巴做輪廓繡。

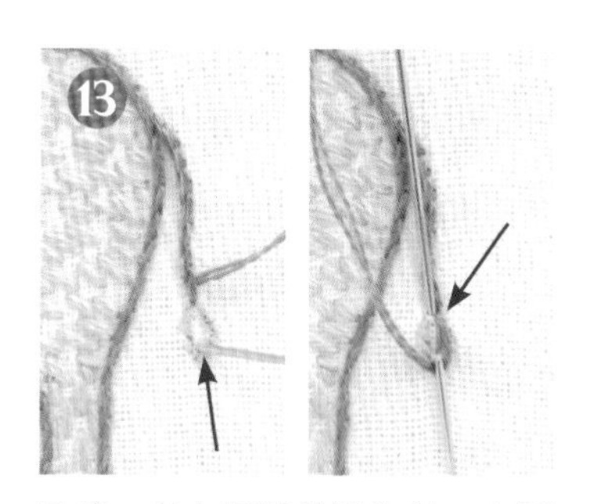
最後一針在尾巴前端入針，自尾巴前端的根部出針，做雛菊繡。

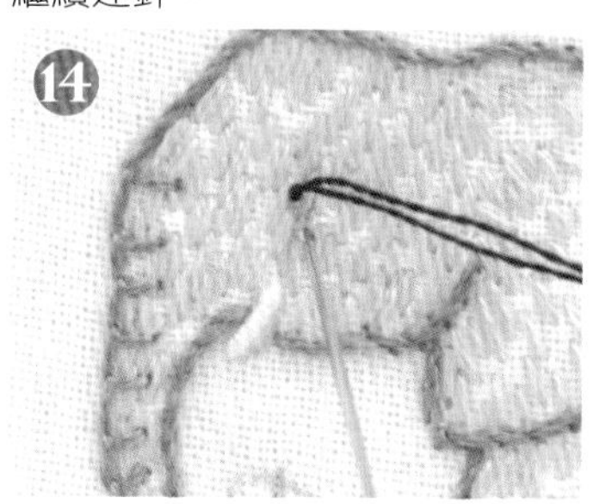
以3股線捲線繡（請參照 P28）繡象牙（在此捲6次），眼睛以直針繡繡1～2次，大象完成。

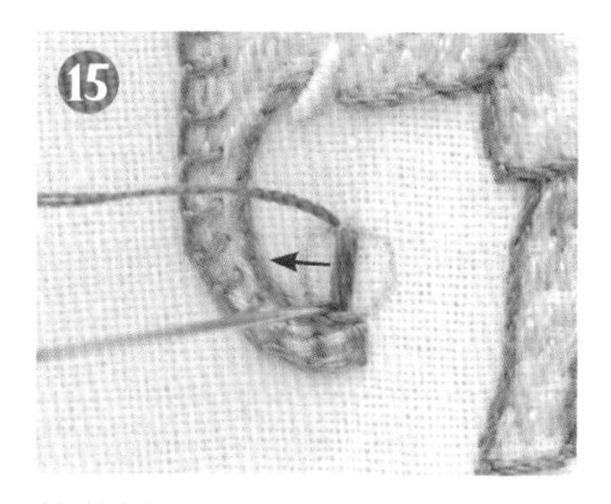
接著以緞面繡繡蘋果。從正中央開始運針，即可繡得很平均。

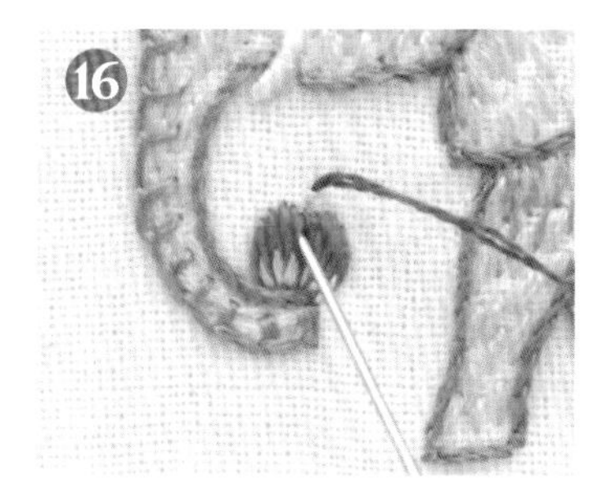
蘋果的下半部用1股線的直針繡，再換線繡蘋果的梗。

刺繡時的小叮嚀

■ 挑布運針（鎖鍊繡、輪廓繡等）時……

拿掉繡框或調鬆螺絲較容易繡。並不是非得使用繡框刺繡不可。找出適合自己的刺繡方式吧！

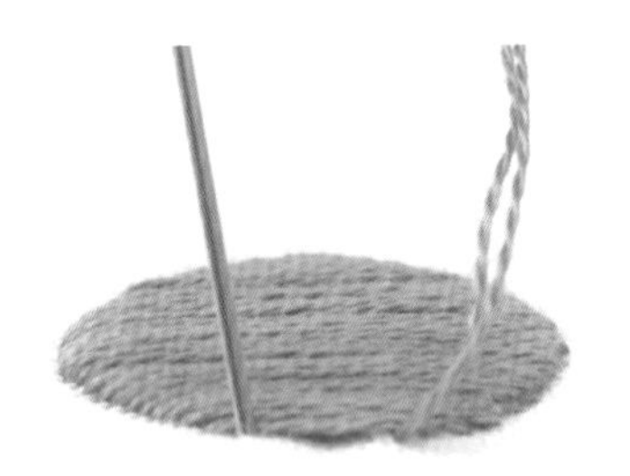

■ 繡緞面繡或長短針繡時……

繡針不要橫躺，垂直運針能呈現出蓬鬆感。
拉線時力道要輕、速度要慢。
拉得太用力，布或繡線容易起皺或卡住。

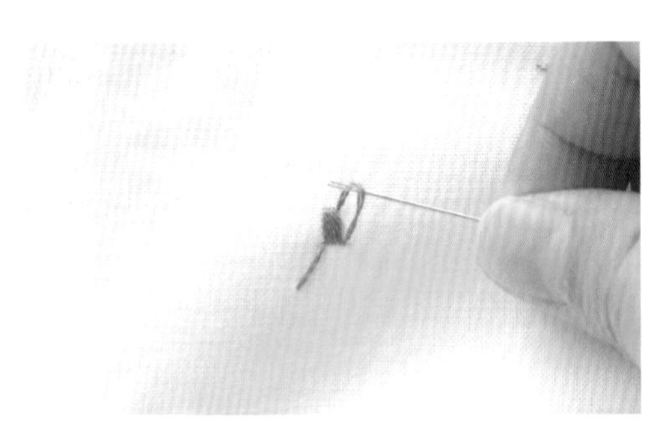

■ 抽掉線重繡時……

刺繡如果不太順利，有時需要抽掉線重繡。
建議這時使用針的頭部，仔細地將線慢慢挑起來。
重繡太多次繡線會變軟變細，此時最好換新繡線。

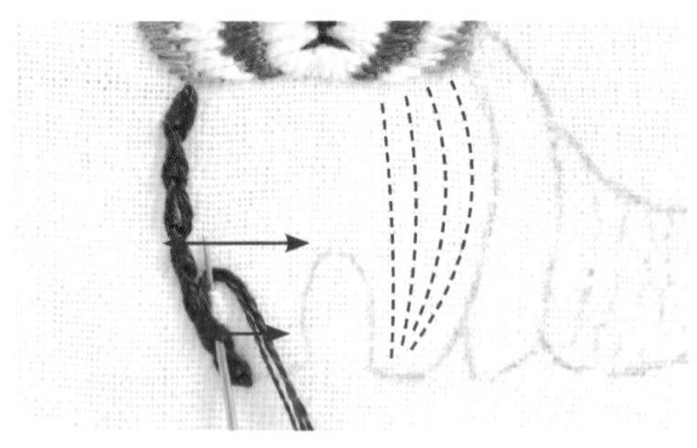

■「調整圖案的寬度」時……

例如，從動物的身體到腳，經常會有圖案寬度改變的狀況。繡完一排後，在隔壁出針繼續繡下去的話，最後的刺繡就會變得不整齊。
此時，先從前一行刺繡距離兩～三針處出針，再接著繡，調整一行的長度，最後圖案收束的部分會比較好看。
如果是鎖鏈繡，可以在前排第兩～三個圈環出針，接著開始繡，就能自然連接在一起。

■ 保管刺繡作品的訣竅

製作飾品時會使用到膠水等接著劑，要盡量避免水洗或弄濕。
刺繡起毛的狀況明顯時，可用噴霧器輕噴再墊上布，以中溫的熨斗熨燙，即可抑止起毛的狀況。
繡在手帕或襯衫上時，盡可能不要用洗衣機洗，輕柔的手洗比較適合。

牧場的動物們

粉紅小豬

使用繡線

豬→ cosmo351、cosmo381、cosmo652、DMC840、DMC3371
花→ cosmo700、DMC3827　草原→ DMC3022、DMC524

除特別指定外，均使用2股線／○裡的數字是繡線股數／除指定針法外，均用緞面繡

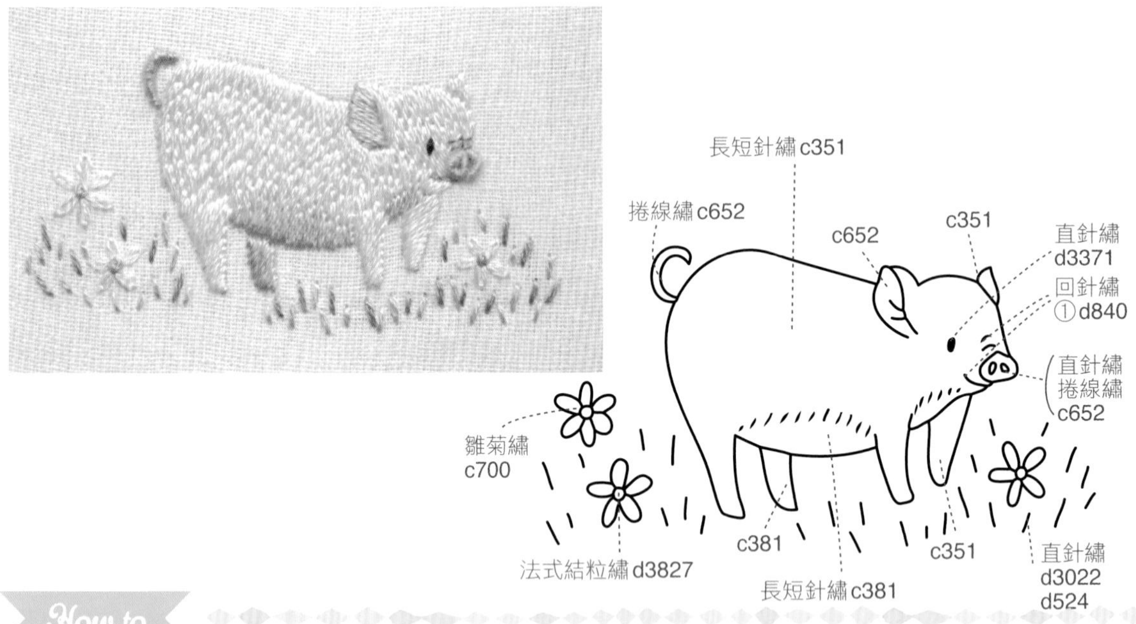

How to

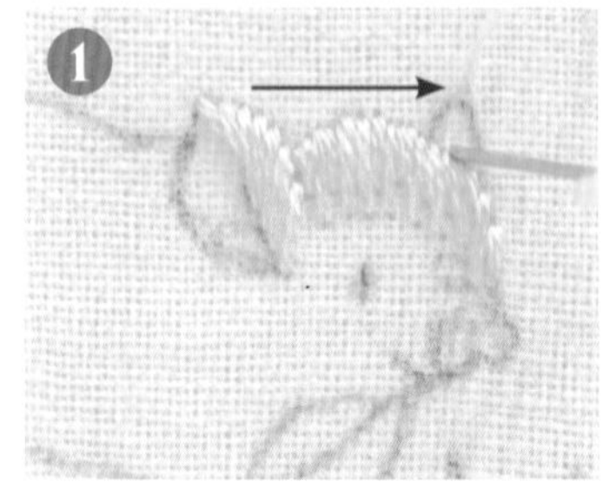

從耳朵尖端沿著圖案繡緞面繡。臉部做長短針繡，內側耳朵做緞面繡。

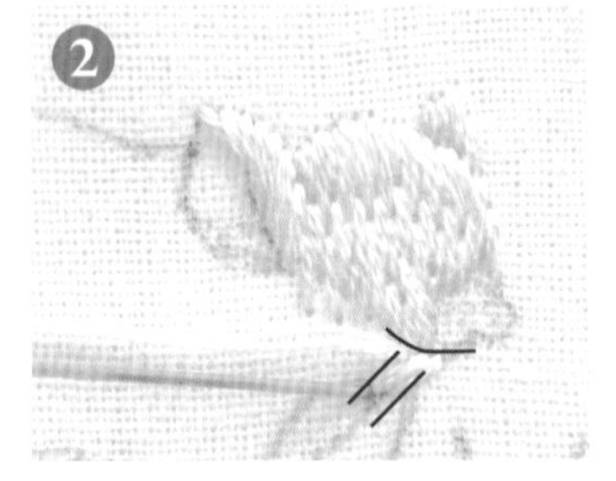

接著用長短針繡從上方開始繡臉部，嘴角上半部依圖案運針，斜向繡下巴。

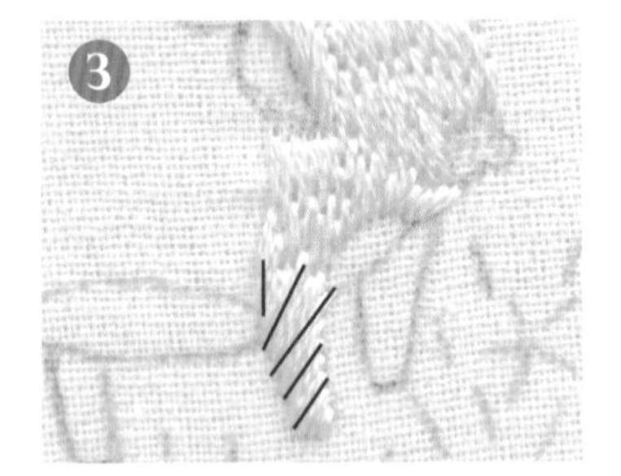

繼續以長短針繡運針，接近腳時換成緞面繡。注意不是橫向運針，以斜向繡緞面繡，就能繡出身體自然的流線感。

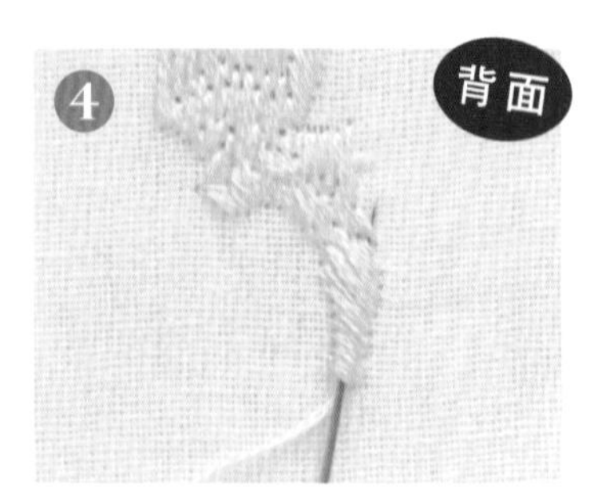

繡到腳尖後，針穿過背面的線再出針至正面。

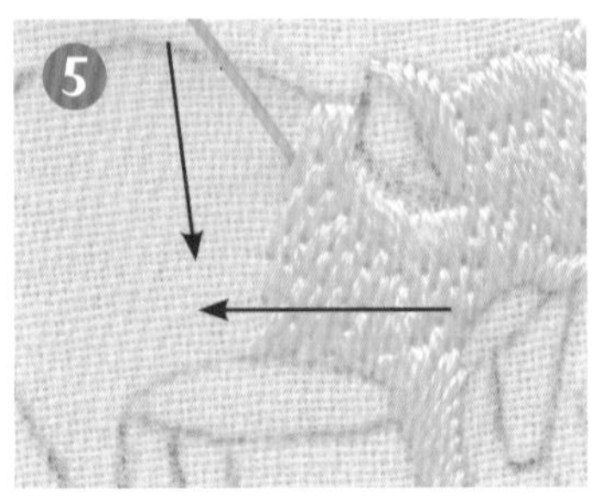

繼續用長短針繡繡身體。無論是從上方填滿或從右方填滿都OK。

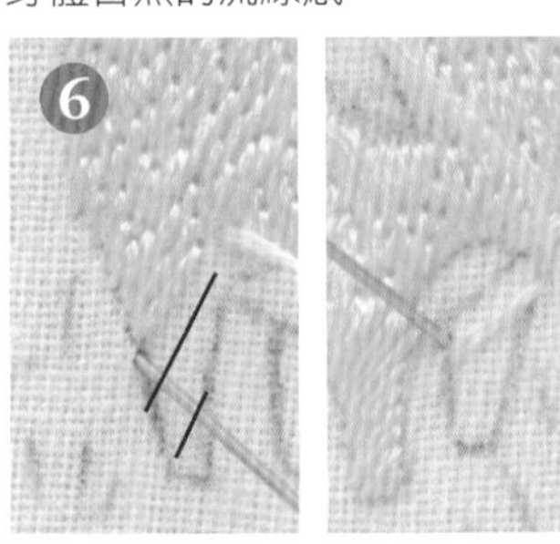

繡到後腳時，改以緞面繡，內側的前腳也做緞面繡。

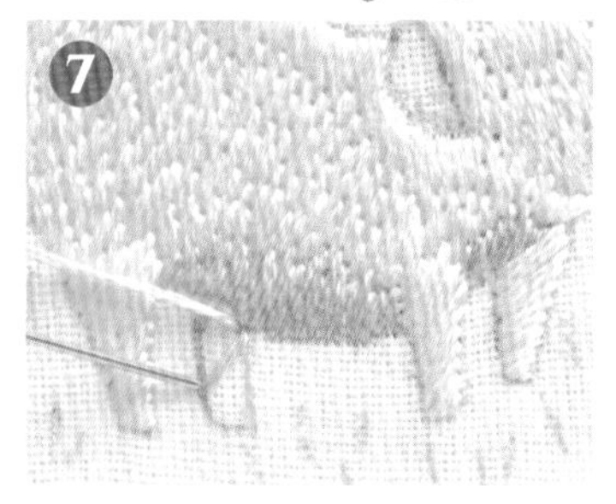

換繡線，以長短針繡自然連接身體下半部和上半部，後腳做緞面繡。

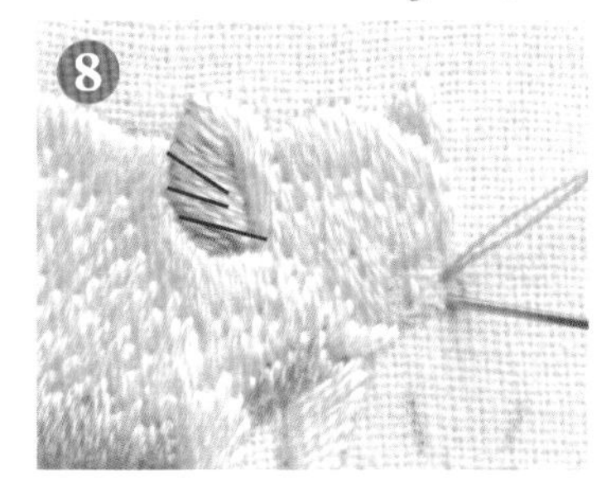

在耳朵內側做緞面繡，由外側往內側的中心線運針。兩個鼻孔繡直針繡。

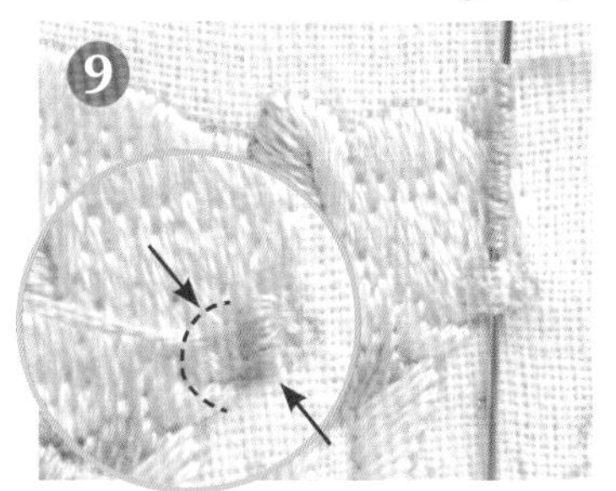

在鼻子中心偏左處由下往上挑布，做捲線繡。插在下方的針別拉得太用力。接著在鼻子外側正中央出針。

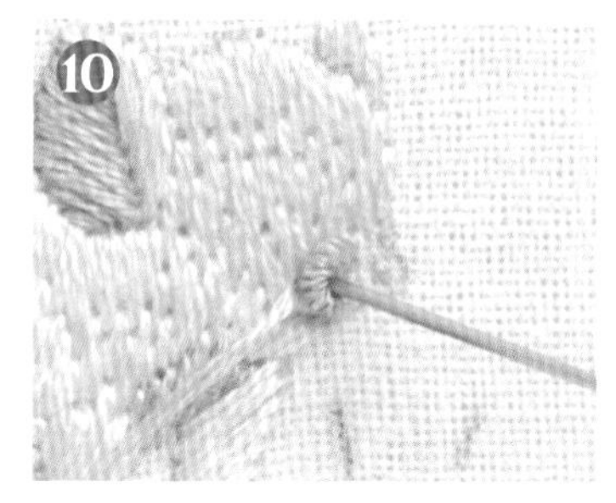

繡完鼻子正中央後，繡針將捲線繡靠左側固定，此時將針慢慢插下。

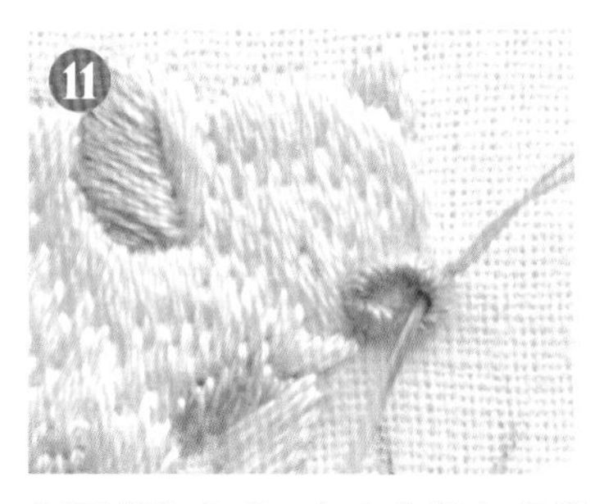

以同樣的方式，在中心偏右處繡捲線繡，靠右側固定。

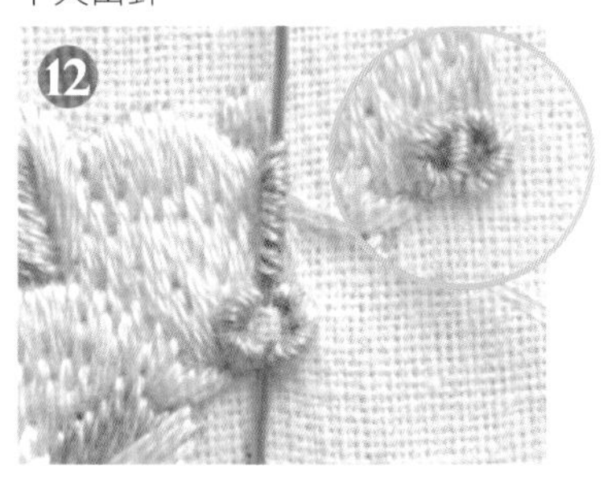

正中央也做捲線繡，鼻子即完成。

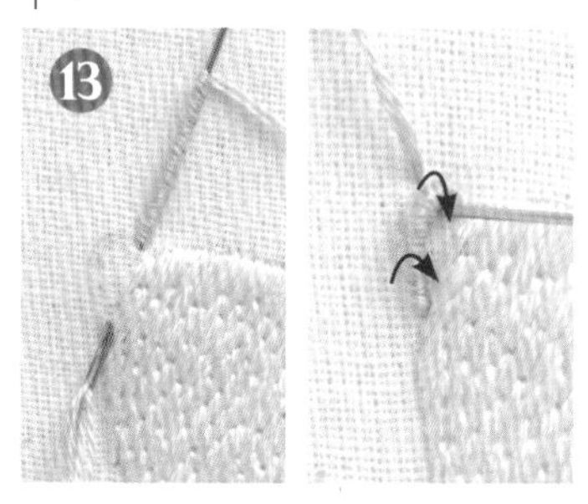

繡針在尾巴根部入針，朝尾巴尖端做3股線的捲線繡。沿著圖案的弧形在兩處固定。

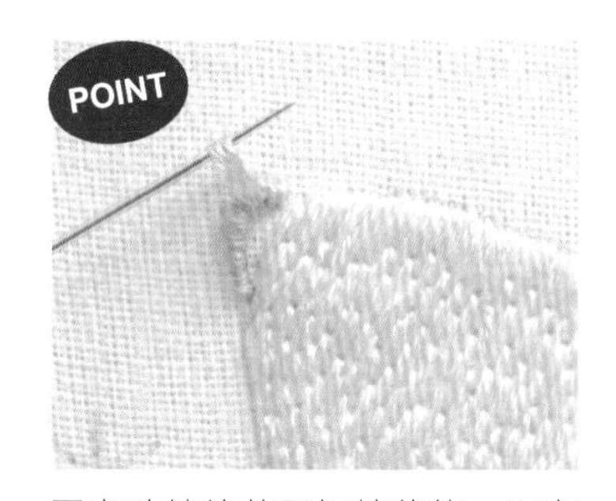

固定時繡線若呈扭轉狀態，固定線會太明顯，一定要先理直繡線再固定。

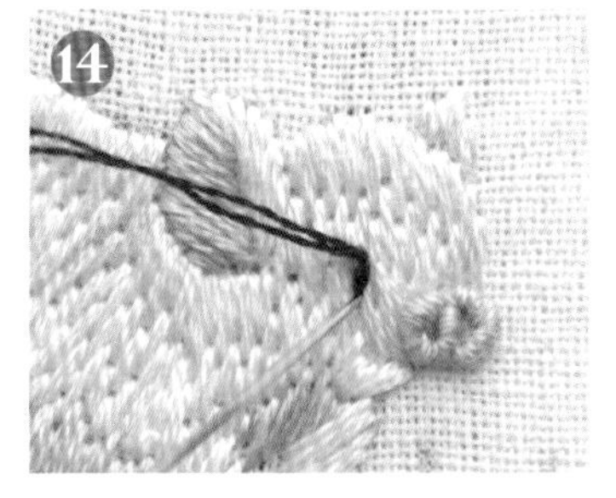

眼睛和鼻子的皺摺用水消筆做記號，眼睛用直針繡繡1～2次，調整大小。

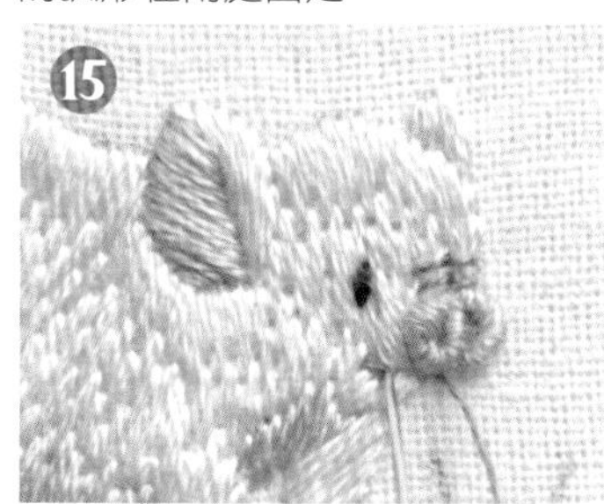

鼻子上的皺紋用1股線做回針繡，嘴巴也同樣做1股線的回針繡。小豬完成。

花瓣用雛菊繡，對角的花瓣為一組，依序繡好。中心做法式結粒繡（捲2次）後，垂直入針。

最後的草皮做直針繡，針腳長度不用太整齊。草皮的部分不用太執著於圖案也 OK 。

棉花糖小羊

使用繡線

羊→ DMC948、DMC841、DMC839、DMC BLANC、DMC3371
毛線球→ DMC BLANC、DMC3827

除特別指定外，均使用2股線／○裡的數字是繡線股數／除指定針法外，均用緞面繡

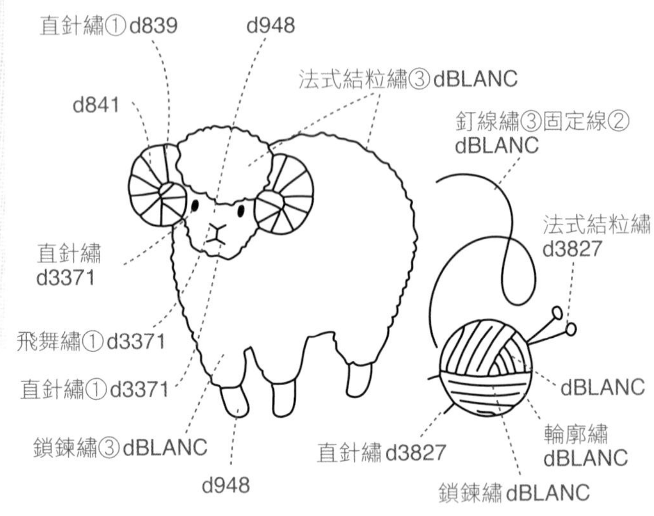

How to

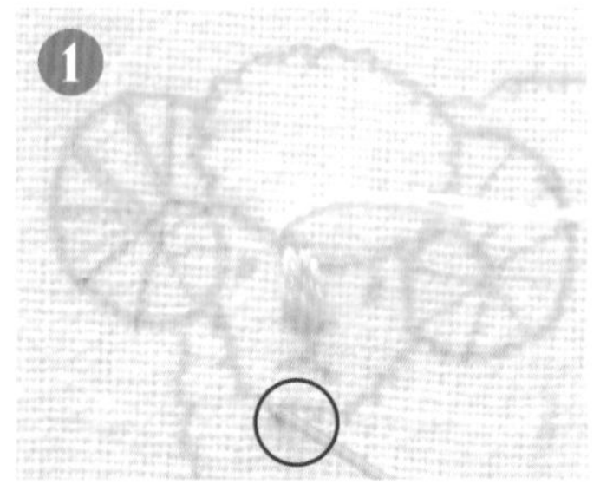

臉部繡緞面繡。從正中央出針，在鼻子的圖案上入針。繡完鼻子後，針直接到下巴的位置，繼續做緞面繡。

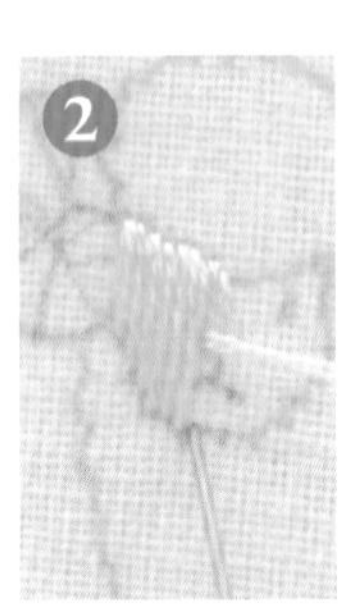

繡完半邊臉後，穿過背面的線從鼻子下方出針，繼續做緞面繡。鼻子下方繡完後，將針拿到上方，另半邊臉同樣做緞面繡。

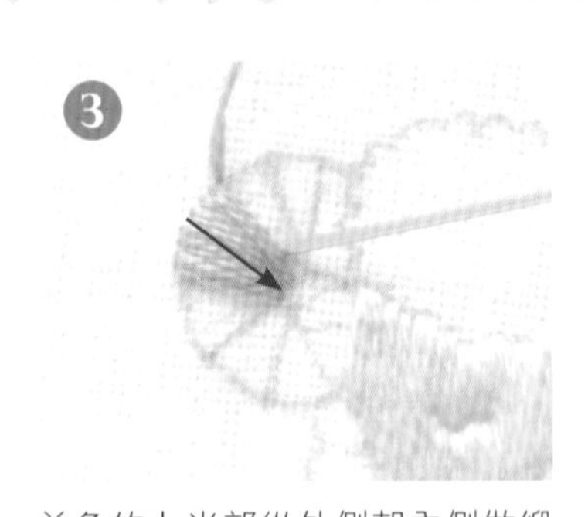

羊角的上半部從外側朝內側做緞面繡。適當縮短針腳，線就不會擠在中間。

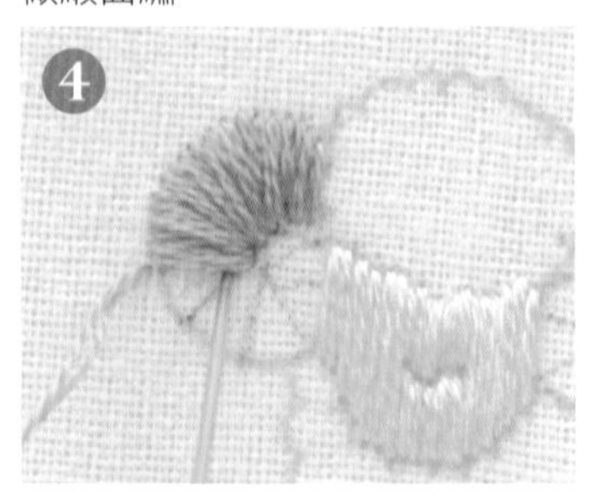

上半部繡完後，穿過背面的線，繼續繡下半部。由於圖案會愈來愈窄，運針時要縮短針腳的長度。

用水消筆畫上羊角的紋路，以1股線的直針繡由外側往中心運針。另一邊的羊角也以同樣方式繡。

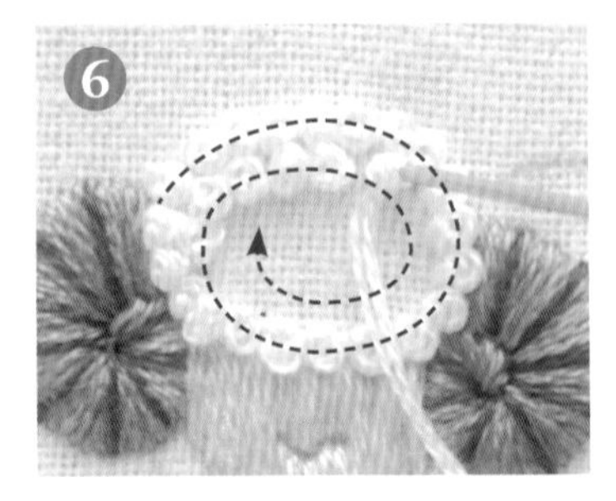

頭部以3股線做法式結粒繡。從圖案外側一圈圈地朝內側繡，就可順利填滿。

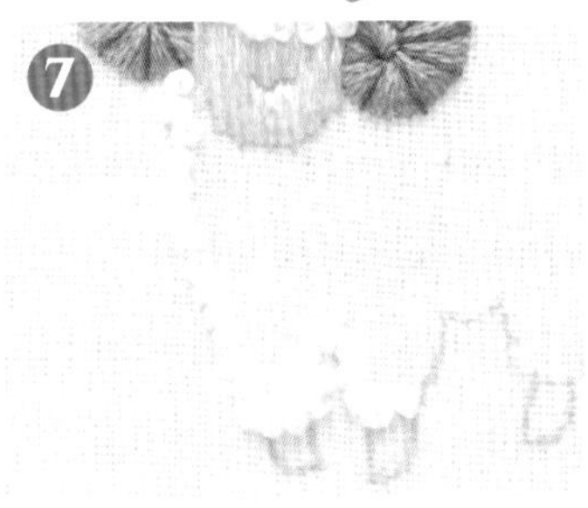

身體輪廓同樣用3股線的法式結粒繡。繞著圖案線條繡到背部。

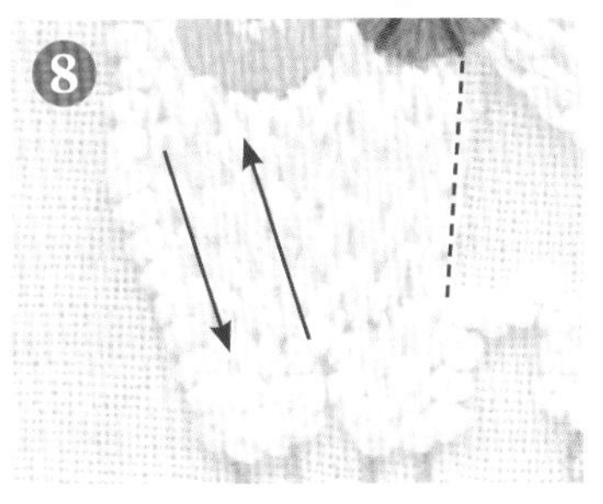

用3股線的鎖鍊繡填滿身體。上下往返運針，繡完兩隻前腳。

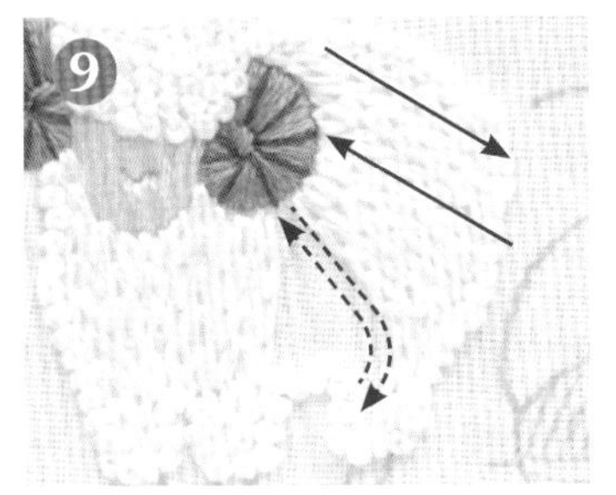

後半邊身體換角度，要以斜向運針。接近後腳時，做圓弧狀一直繡到腳。

剩下的部分由於寬度不同，需要調整每行的長度。針穿過隔壁鎖鍊繡的圈環，於出線處入針。

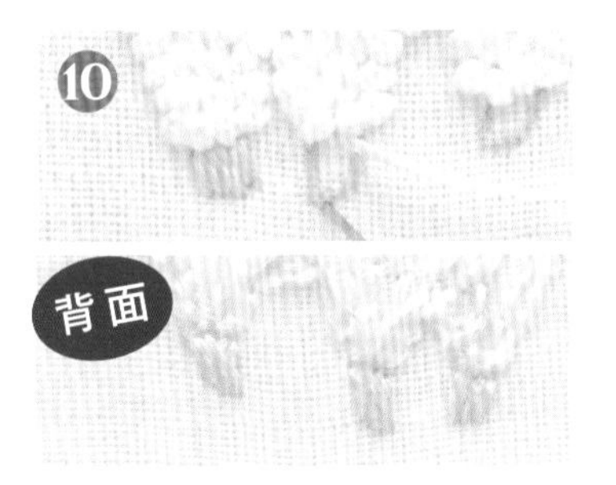

以縱向的緞面繡繡腳蹄。不要直接拉線到另一隻腳蹄，先穿過背面的線再繼續繡。

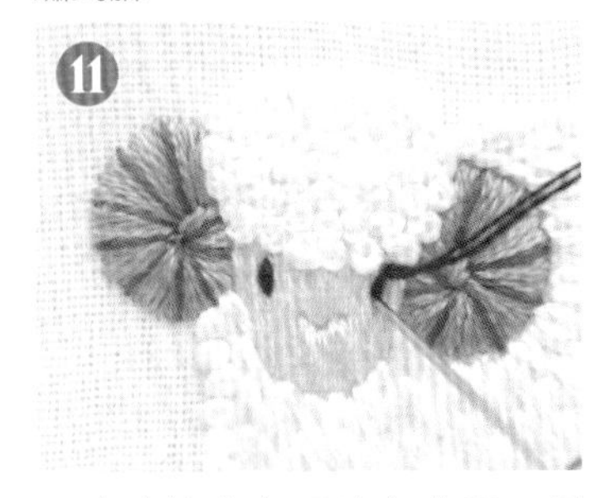

用水消筆畫上眼睛和嘴巴，用1～2次直針繡，來調整眼睛的大小。

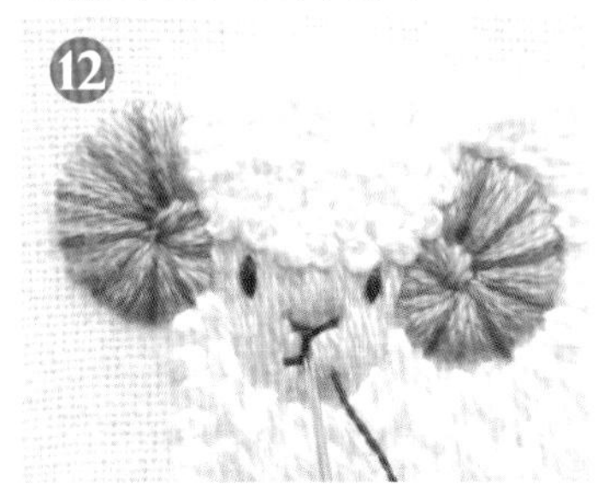

鼻子做1股線的飛舞繡（請參照P26）。嘴巴線條從外側往內側分別做直針繡。

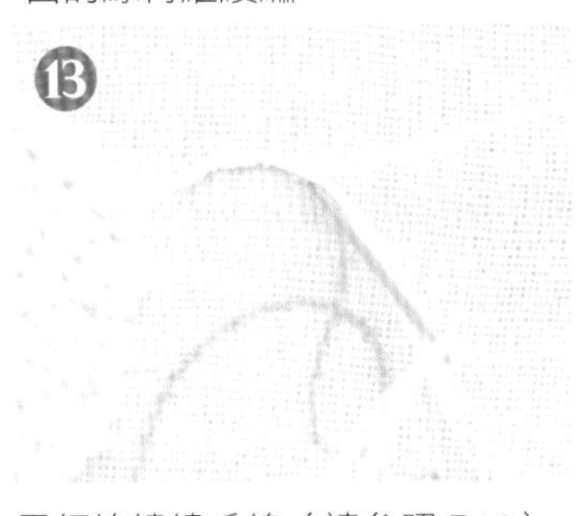

用釘線繡繡毛線（請參照P18）。每間隔5mm做記號，毛線用3股線，固定線用2股線。

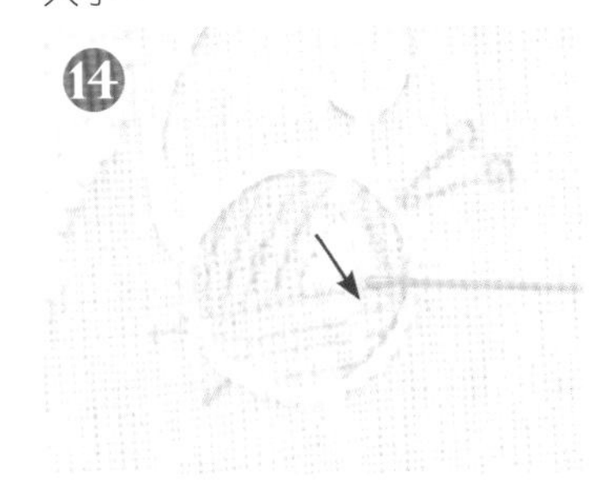

毛線球的輪廓做輪廓繡，中間最小的部分用緞面繡，線的流向如圖。

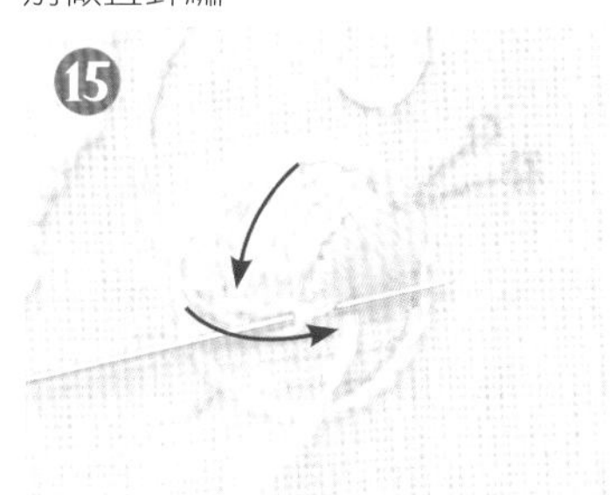

旁邊部分用鎖鍊繡往返繡，避免每一行的間距太擠。毛線球下半部同樣做鎖鍊繡，線的流向如圖。

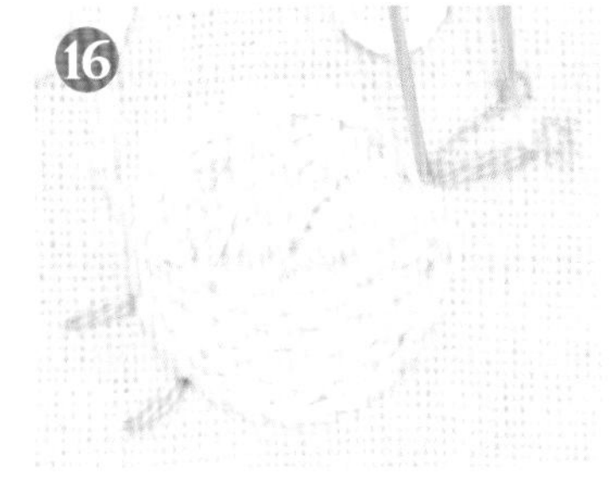

棒針用直針繡，分別從外側往毛線球的方向運針。穿過背面的線於正面出針，上方的棒針同樣也做直針繡。

最後用法式結粒繡繡每根棒針的頭，毛線球完成。

母雞帶小雞

使用繡線

雞→ cosmo500、cosmo364、cosmo211、cosmo855、
cosmo2702、DMC840、DMC3371

雛雞→ cosmo700、cosmo2702、DMC3371

除特別指定外，均使用2股線／○裡的數字是繡線股數／除指定針法外，均用緞面繡

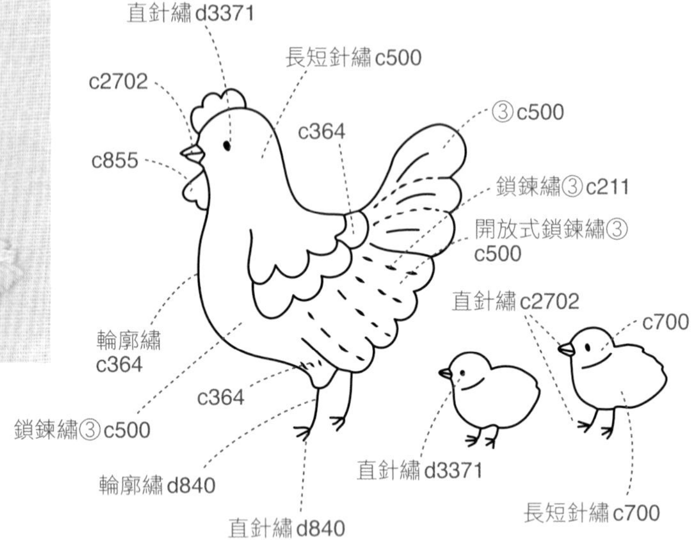

How to

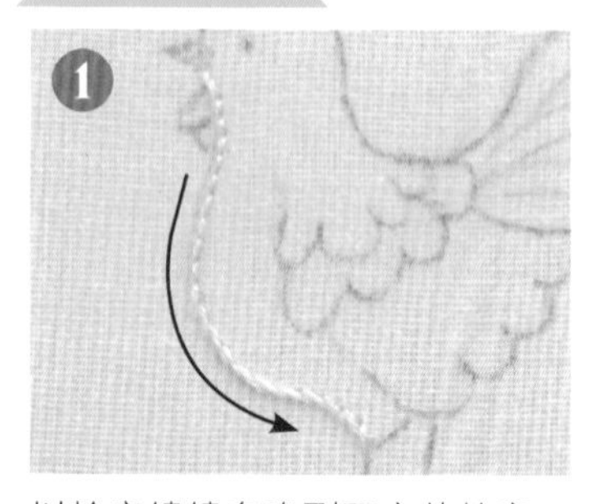

以輪廓繡繡鳥喙到下方的輪廓。繡到腳的根部後入針。

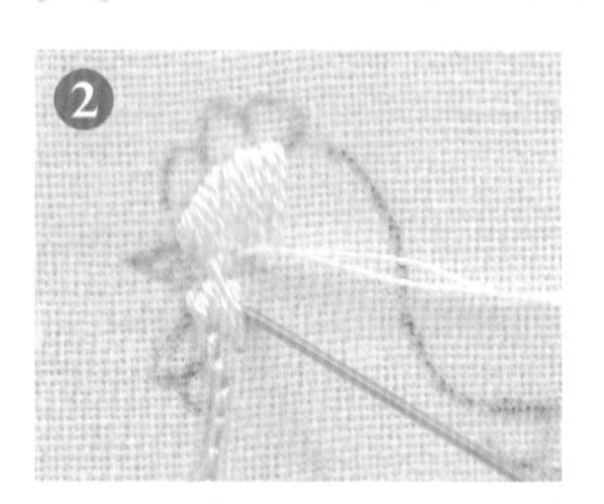

從頭部正中央以長短針繡繡臉部。調整針腳的長度，注意不要繡到鳥喙。

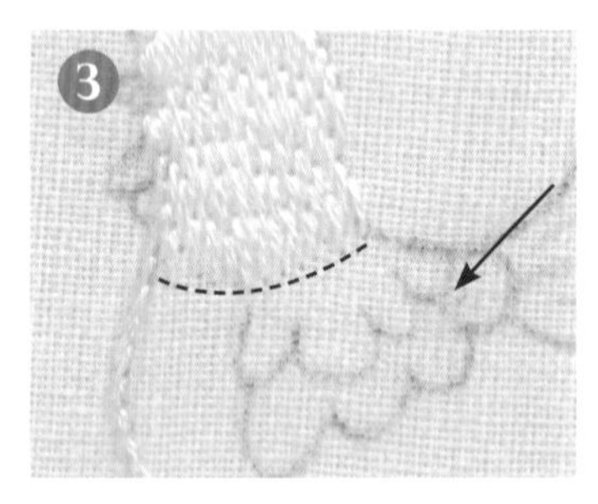

繡到脖子根部附近，接著改用緞面繡繡翅膀的羽毛。繡針從羽毛前端出針。

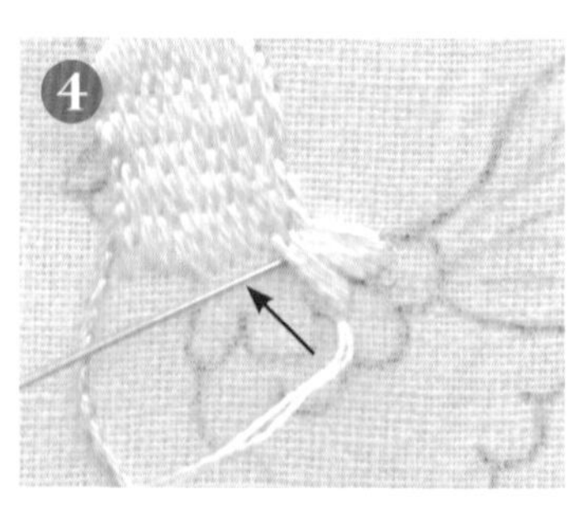

分別從正中央一段段繡的話，羽毛可以繡得很平均。運針時注意要與臉部的長短針繡融合。

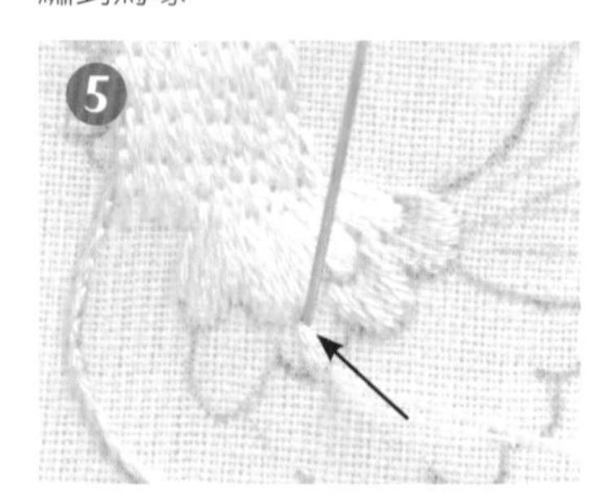

第二段同樣從羽毛前端的正中央出針，以緞面繡一段段繡好。

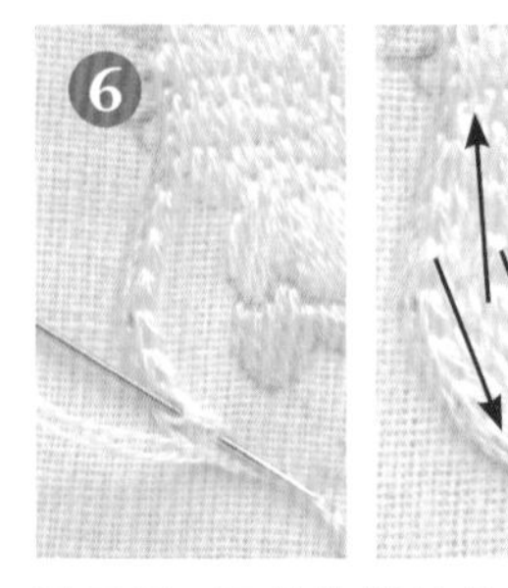

肚子用3股線的鎖鍊繡，上下往返運針。由於圖案的寬度會改變，以出針的位置來調整。反覆運針，腿部留下一些空間。

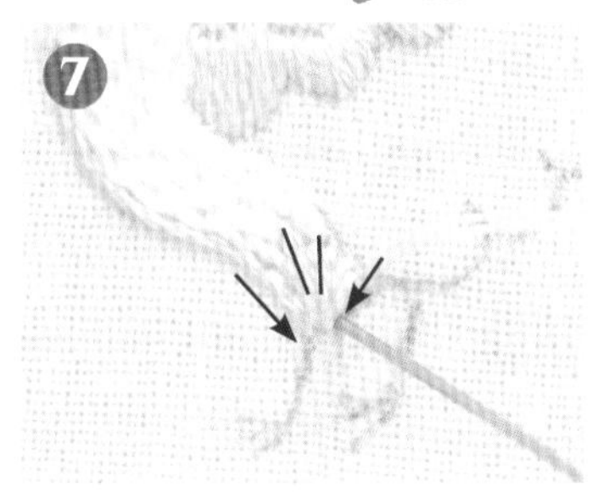

腿部以緞面繡從上方朝根部運針。

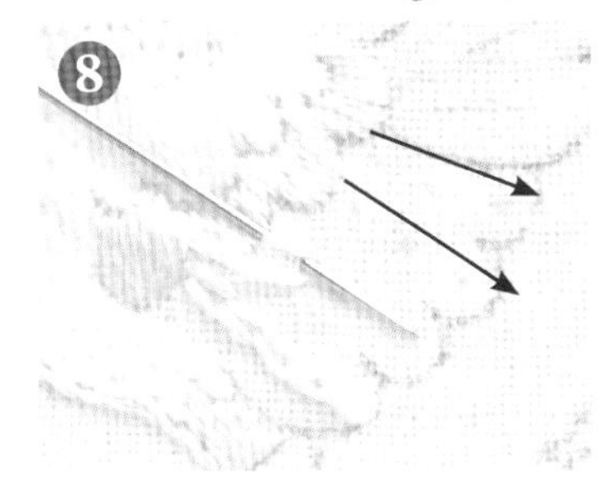

接著繡第三段羽毛。分別沿著羽毛正中央的圖案，以3股線的鎖鍊繡往相同方向運針。

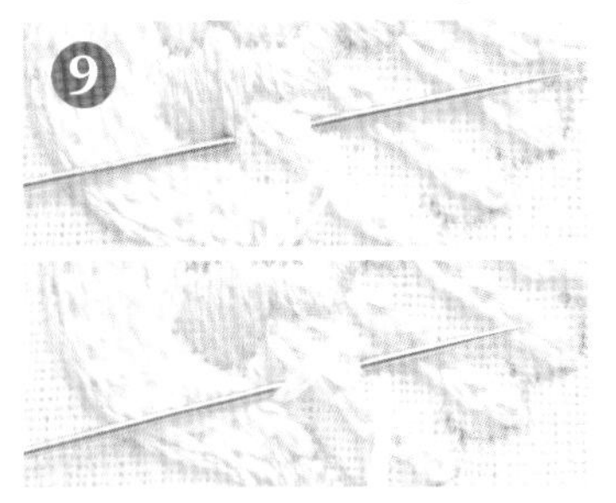

鎖鍊繡上方以3股線的開放式鎖鍊繡運針（請參照P20）。配合羽毛的寬度斜向入針。

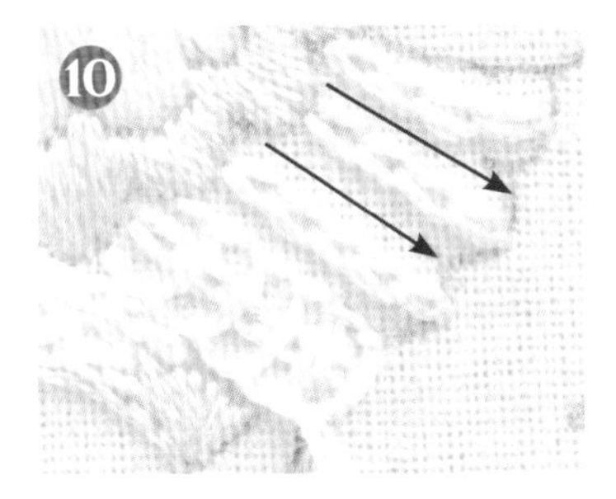

繡到羽毛前端後分別固定，穿過背面的線從正面出針，下一片羽毛也以相同方向運針。

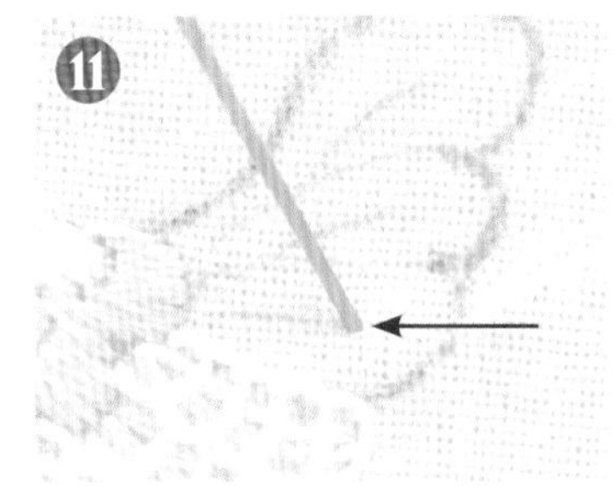

接著以3股線的緞面繡繡尾羽。先從羽毛前端的中心出針，朝中心線的方向入針。

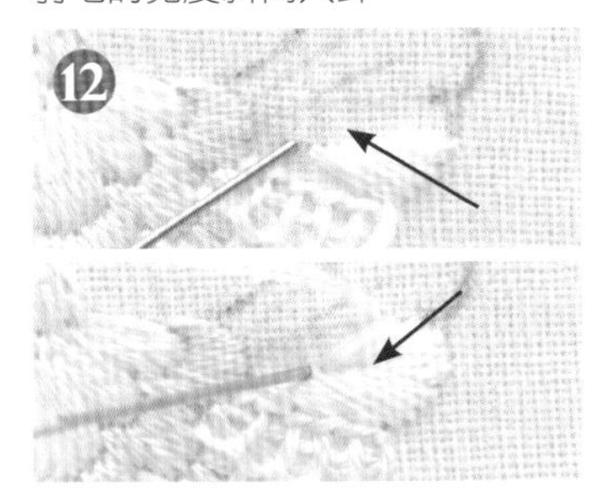

沿著羽毛的弧形由外向中心線做緞面繡。另一邊也一樣。邊繡邊理直繡線，即可呈現立體感。

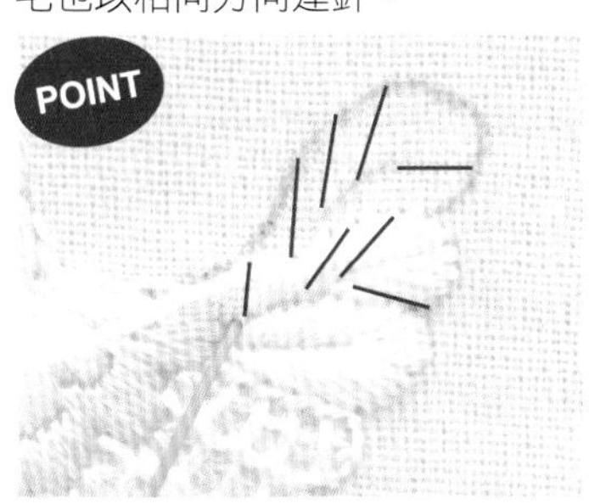

繡第二段與第三段的羽毛時，在下方正中央附近插針。上方以緞面繡繡至根部。

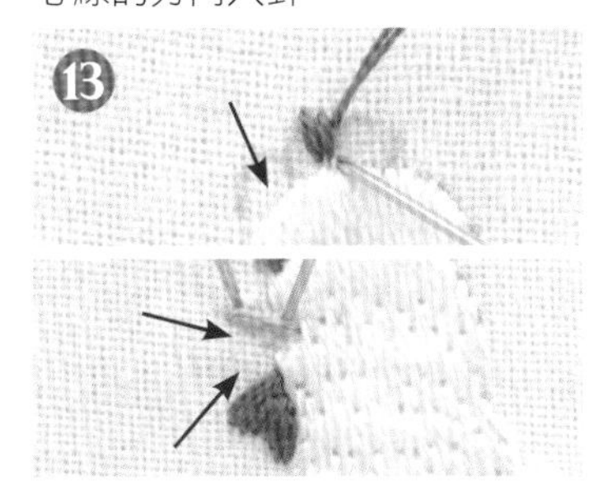

雞冠用緞面繡由上往下繡，鳥喙下方的肉髯也做緞面繡。鳥喙做橫向緞面繡。

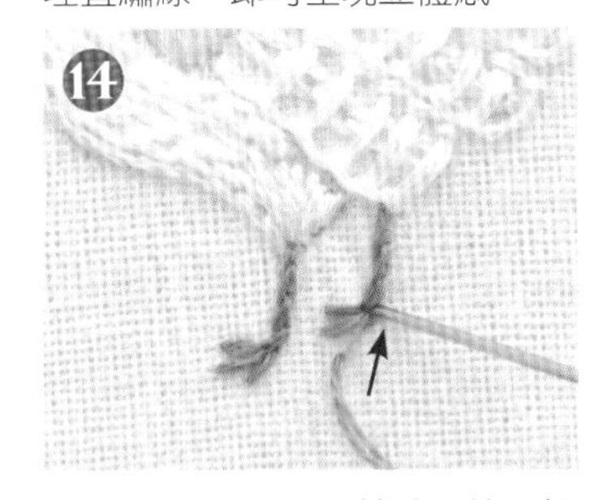

由於雞的腳很短，所以用針腳較短的輪廓繡。腳尖用1股線的直針繡一根根從爪尖往腳跟運針。

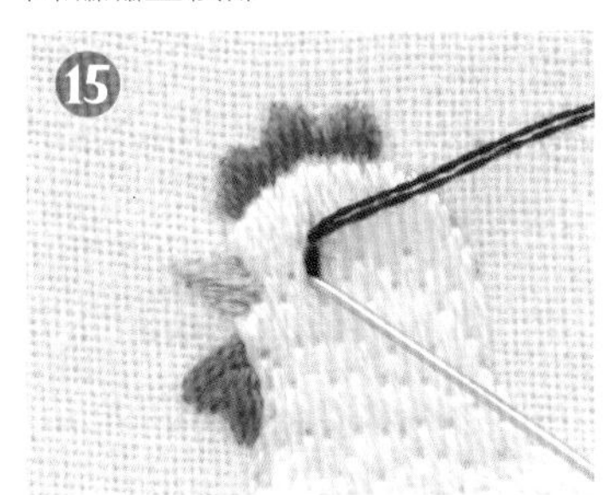

用水消筆畫眼睛，再以直針繡繡1～2次調整眼睛的大小，母雞完成。

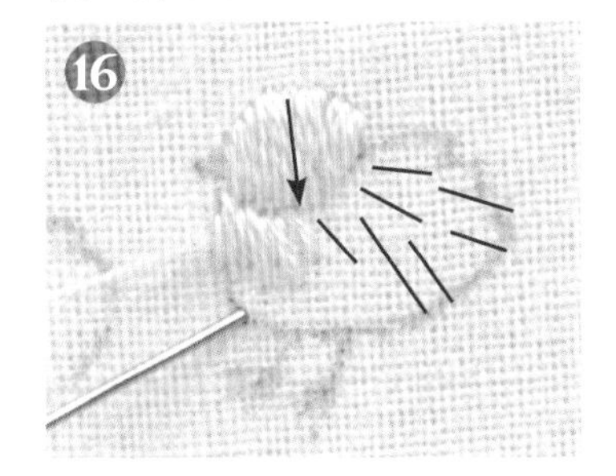

小雞的臉是由上往下，從正中央繡緞面繡。身體以長短針繡從脖子呈放射狀運針。

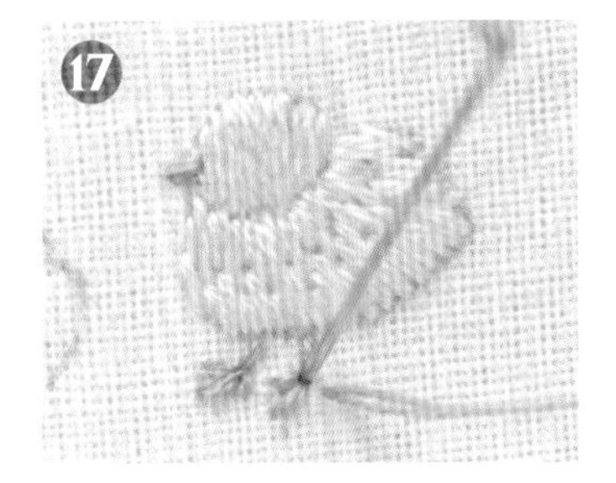

鳥喙、腳、腳尖分別做直針繡，眼睛用直針繡繡1～2次，小雞完成。

黑白乳牛

使用繡線

牛→ cosmo600、cosmo895、cosmo714、DMC951、DMC839
柵欄、草→ cosmo151、cosmo714、cosmo117

除特別指定外，均使用2股線／○裡的數字是繡線股數／除指定針法外，均用緞面繡

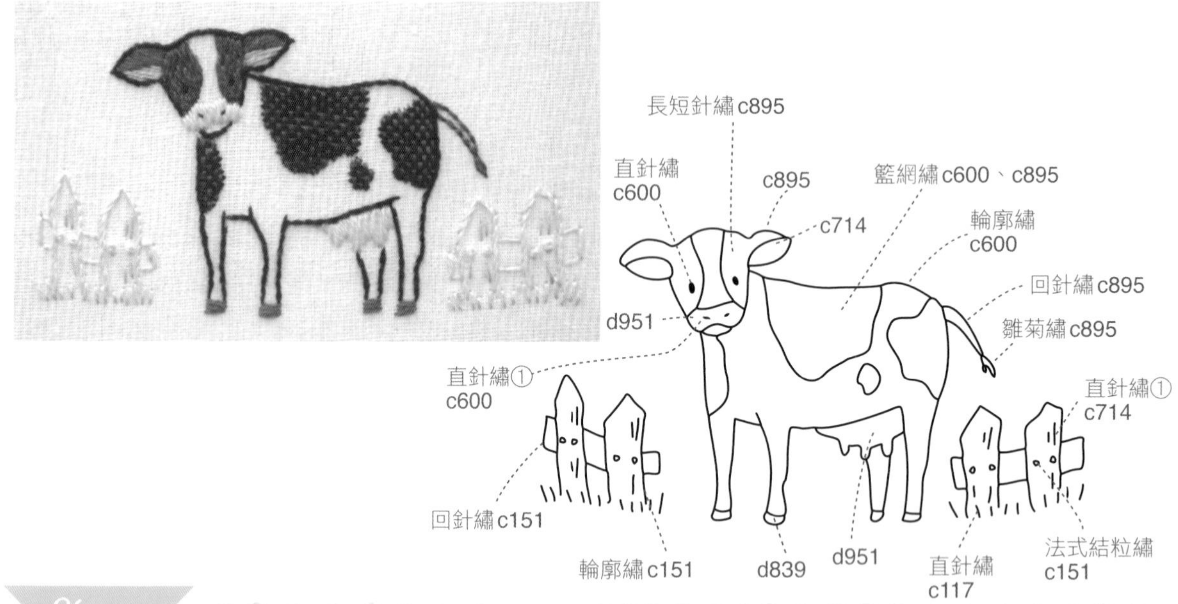

How to

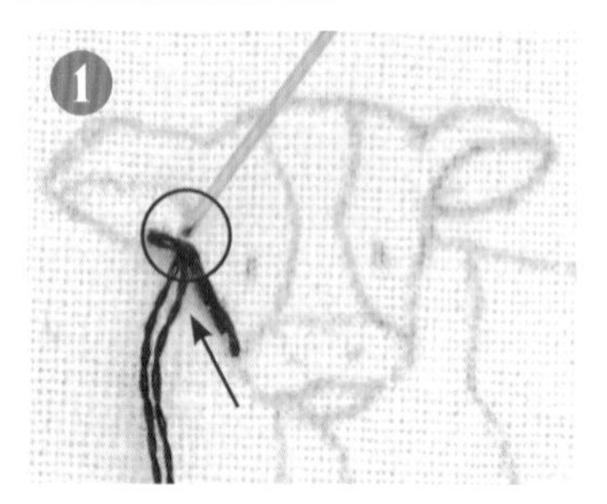

以輪廓繡繡臉部到身體的輪廓。耳朵根部和前端使用輪廓繡的邊角繡法（請參照 P15）。

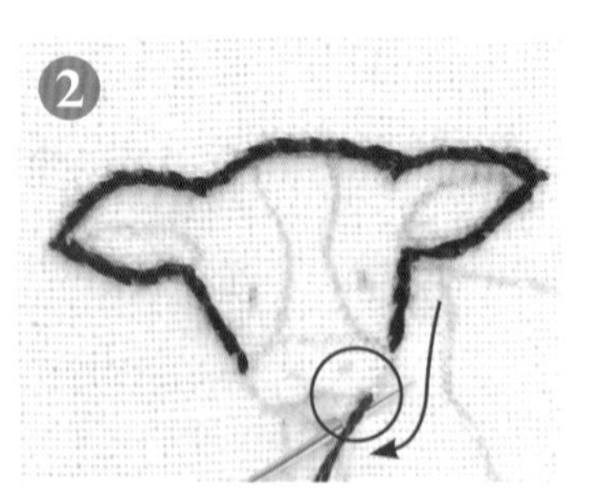

避開鼻子入針，從下巴出針後，接著繡輪廓繡。

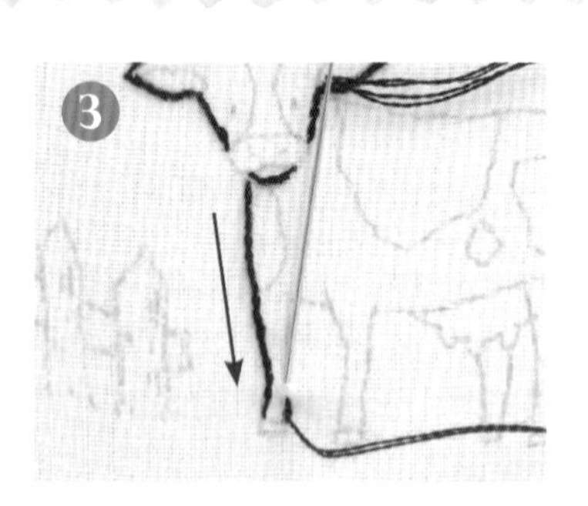

接著繡身體與腳的輪廓，腳蹄處跳過一針。

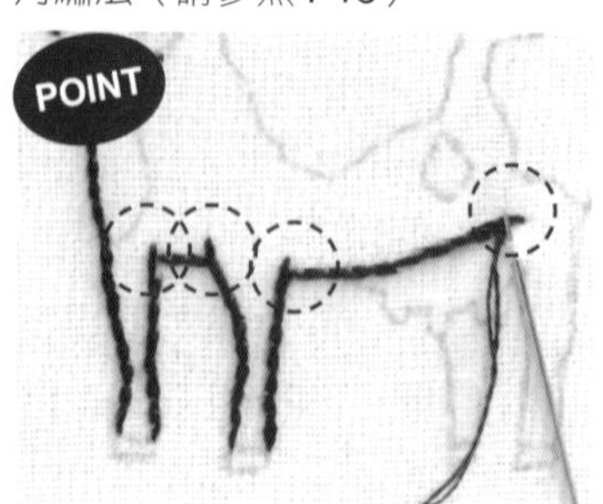

大腿根部照著圖案繡，可先插針後，再接著繡。

繞著背部繡一圈後，內側的後腳也做輪廓繡。

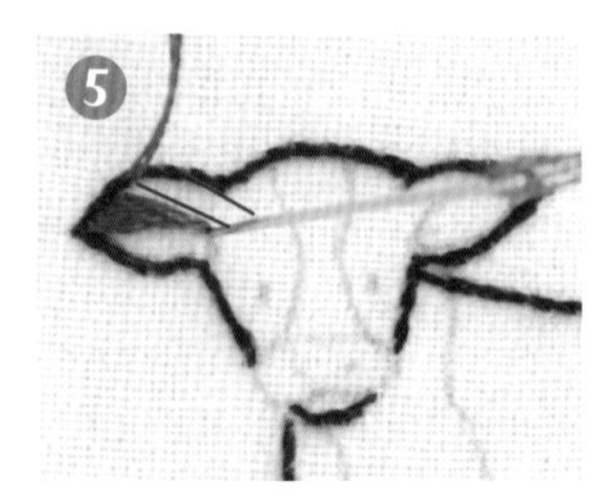

接著耳朵做緞面繡。沿著形狀從耳朵前端斜向運針。

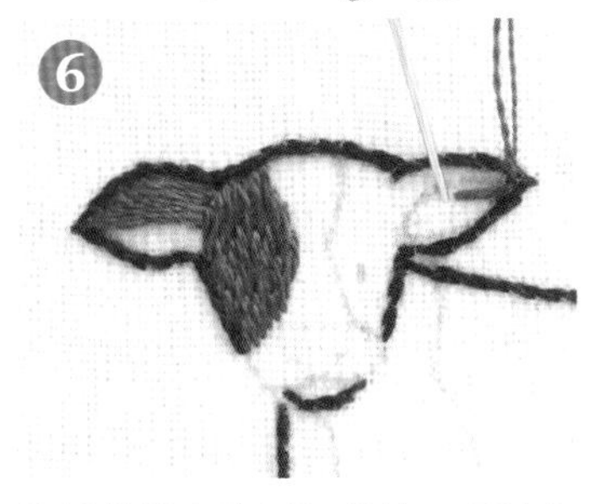

臉部做縱向的長短針繡。眼睛之後再繡上，所以先直接填滿。另半邊也以同樣方式繡。

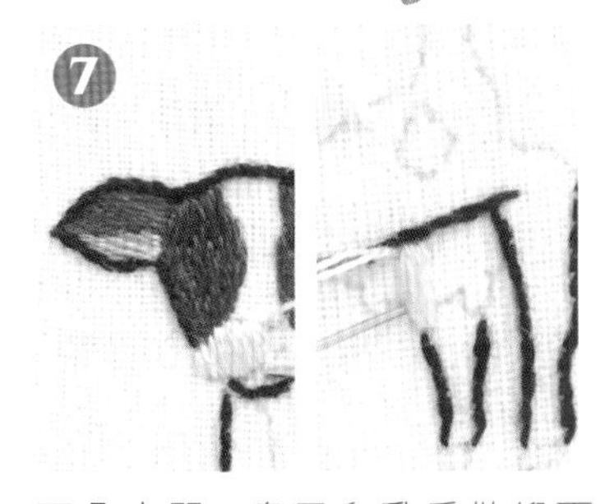

耳朵中間、鼻子和乳房做緞面繡。鼻子和乳房先從正中央繡，就能繡得很平均。

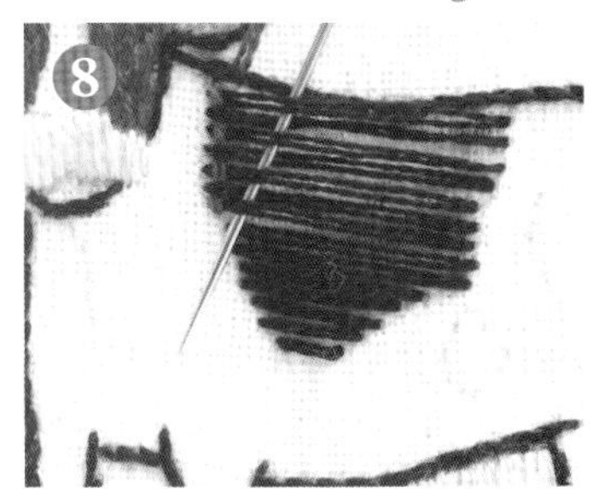

乳牛身體的花紋做籃網繡（請參照 P33）。橫線：cosmo600、縱線：cosmo895。橫向經線繡完之後，縱向一行行上下交互穿針。

由於使用兩種顏色的繡線，所以看得見網目，運針時適時用繡針調整網目。

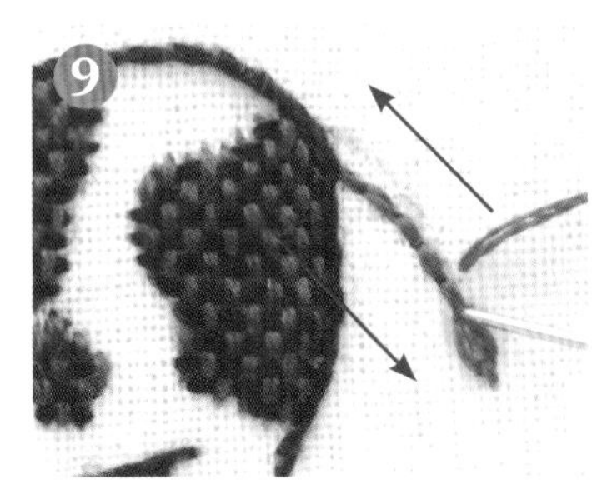

其他花紋同樣以籃網繡運針，尾巴的針法順序是回針繡→雛菊繡→回針繡。

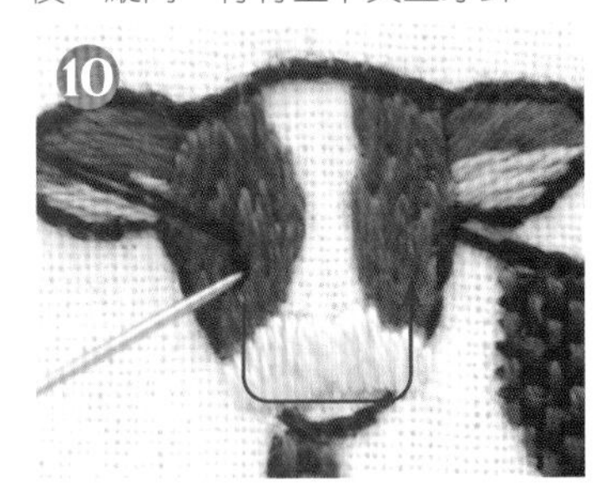

先在眼睛和鼻子做記號，使用直針繡。繡另一隻眼睛時，先穿過背面鼻子的線，不要直接橫穿過去。鼻子使用 1 股線。

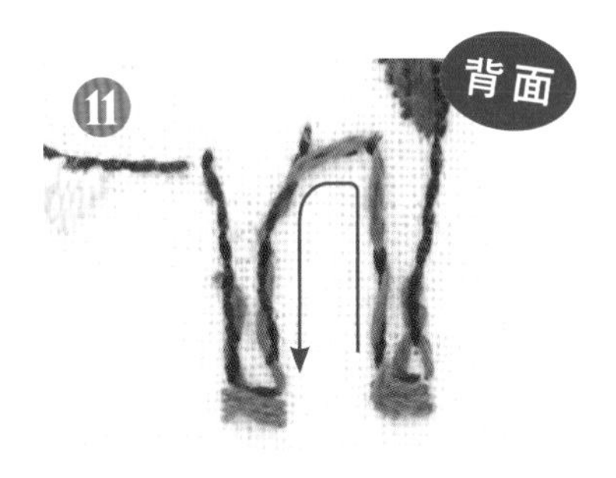

腳蹄使用橫向的緞面繡。繡下一隻腳時，繡線要先穿過背面的線，正面才不會露出破綻。

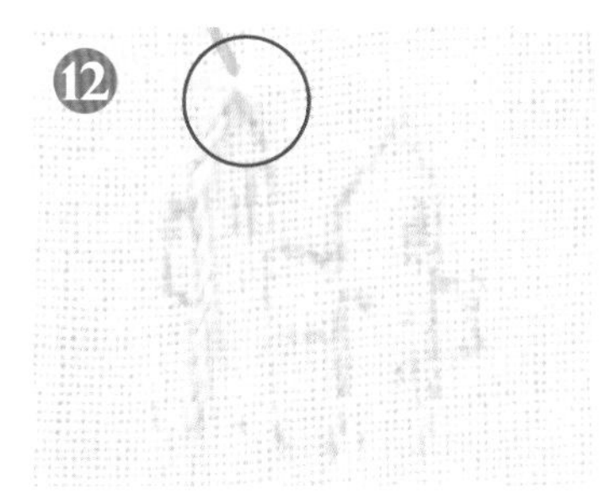

接著用輪廓繡繡柵欄。柵欄頂部用「邊角的繡法」來運針（請參照 P15）。

橫板做回針繡，固定縱板和橫板的地方做法式結粒繡。

木紋做 1 股線的直針繡。

最後以直針繡繡草地。後方的柵欄也用同樣繡法，完成。

琳琅滿目的繡線

除了本書所使用的「25號繡線」外，還有其他各式各樣的繡線。這裡介紹法式刺繡中常用的各種繡線。此外，同一個圖案以相同針法刺繡，也能表現出不同繡線的特徵。
（花瓣→雛菊繡、中心→法式結粒繡、莖→輪廓繡、葉子→緞面繡）

■ 漸層、段染線（25號）

顏色自然變化的漸層繡線，不用換線即可變換顏色。通常與25號繡線的使用方法相同。
★使用繡線：DMC4020 3股線

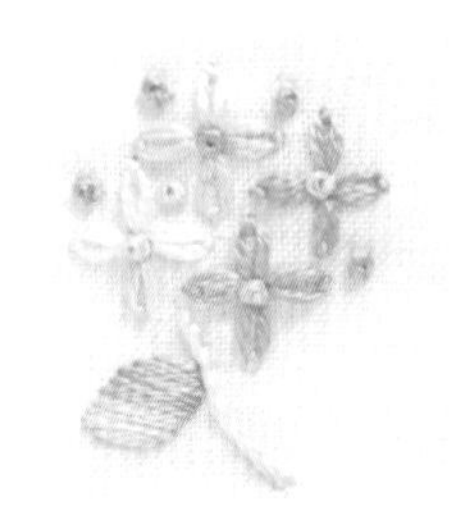

■ 金銀線、金蔥線（25號）

閃亮亮的繡線。通常和25號繡線一樣6股線捻在一起，使用時抽出需要的股數來用。
★使用繡線：DMC E334、DMC E168 均為3股線

■ 5號繡線

比25號繡線粗，是具分量感的繡線。由於不容易分開，大多使用1股線。特徵是具有鮮豔的光澤。
★使用繡線：DMC 3325、DMC 407 均為1股線

■ 羊毛線

纖細的毛線，也有刺繡專用或編織專用的毛線。繡一針即可表現出溫暖蓬鬆的感覺。
★使用繡線：APPLETONS 563
小巻 Café Dem 金蔥 102 均為1股線

■ 緞帶繡

緞帶繡的專用緞帶，寬約4～8mm。其特徵是皺摺感和光澤，可表現出立體感。
★使用緞帶：MOKUBA NO.1547_30、
MOKUBA NO.1540_102 均為1股線

家庭寵物們

圓滾滾倉鼠

使用繡線

DMC3371、cosmo651、cosmo151、cosmo714、cosmo369、DMC BLANC

除特別指定外，均使用2股線／○裡的數字是繡線股數／除指定針法外，均用緞面繡

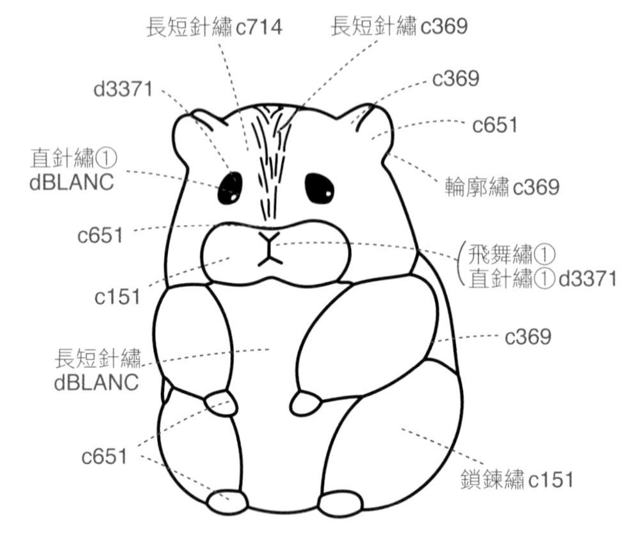

How to

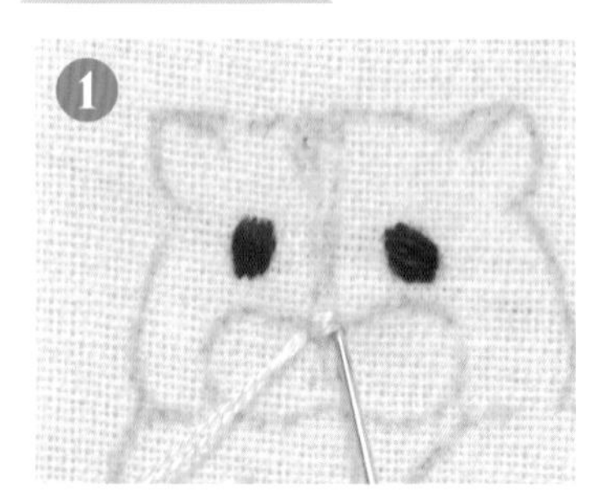

斜向從內往外以緞面繡繡眼睛，鼻頭做橫向緞面繡。

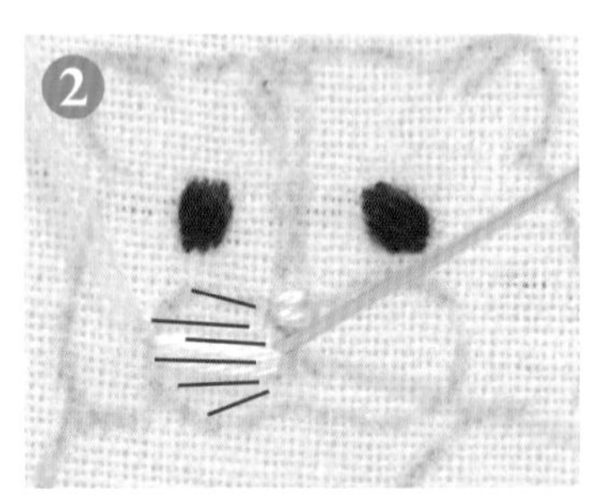

由外往內以緞面繡繡鼻子下方的隆起處。運針時角度微斜且偶爾縮短針腳，即可繡出漂亮的圓形。

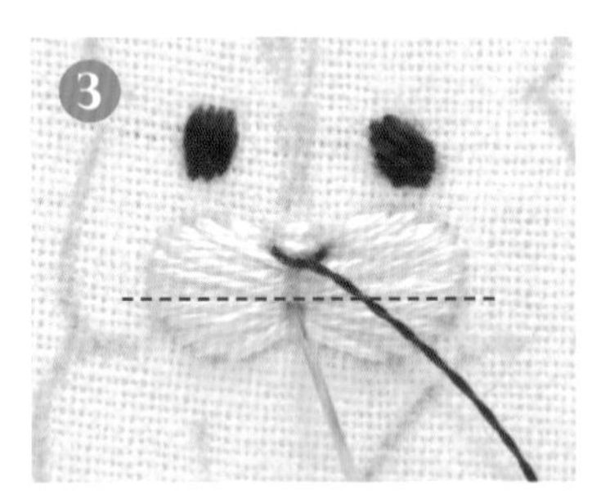

鼻子的線條用1股線的飛舞繡。在隆起處正中央稍微下面處入針。

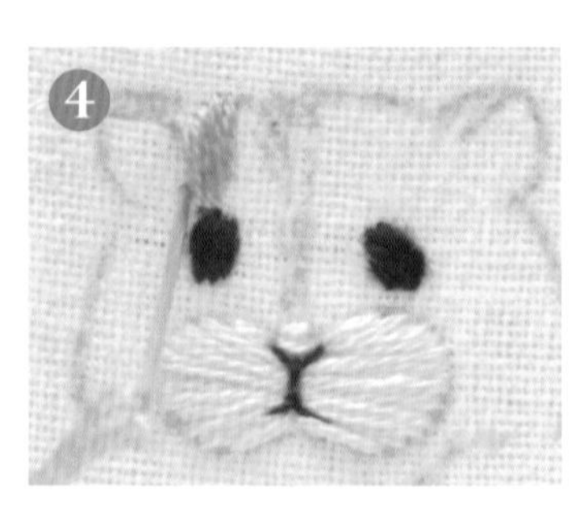

嘴巴線條用直針繡，臉用長短針繡。

繡眼睛下方或鼻子隆起處的周圍時，可適時地縮短針腳。

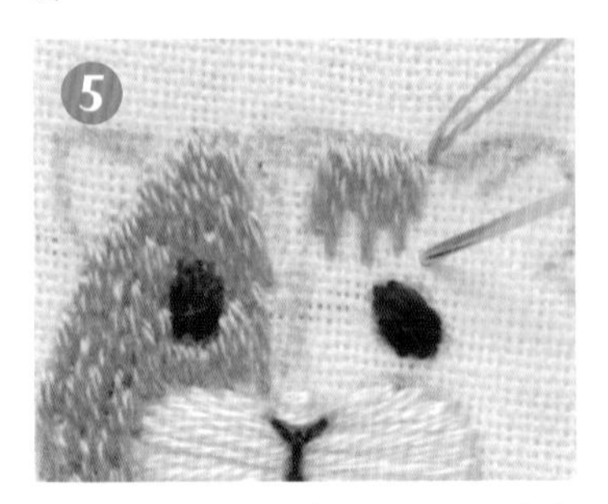

避開臉正中央的花紋，另一邊也同樣做長短針繡。

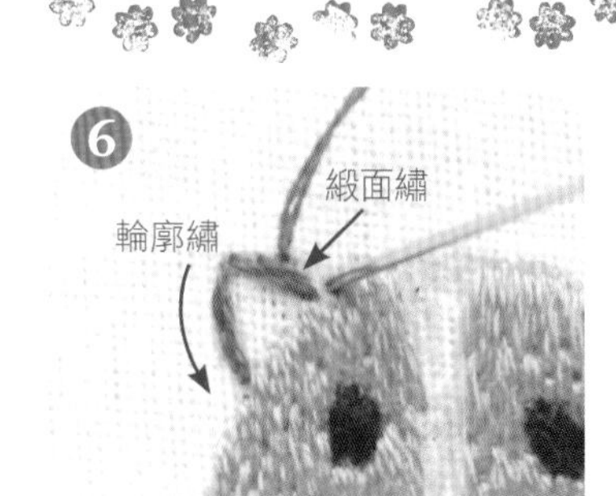

從耳朵前端以輪廓繡繡完耳朵外側後，將繡針返回耳朵前端，接著以緞面繡來繡耳朵內側。

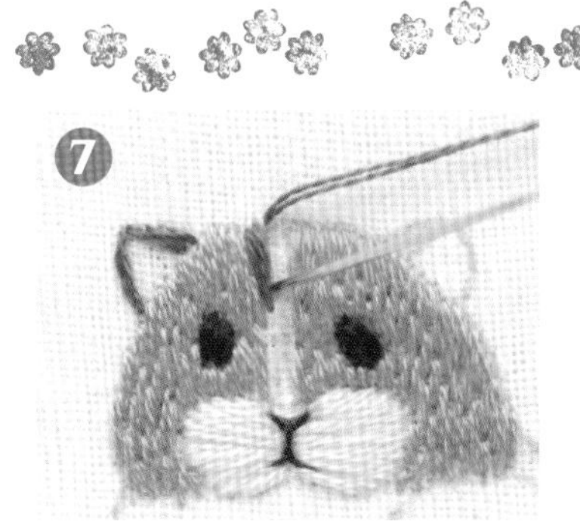

接著穿過背面的線從正面出針，以長短針繡繡臉的花紋。

臉的花紋繡完後，將針穿過背面的線，另一邊耳朵也同樣做輪廓繡、緞面繡。

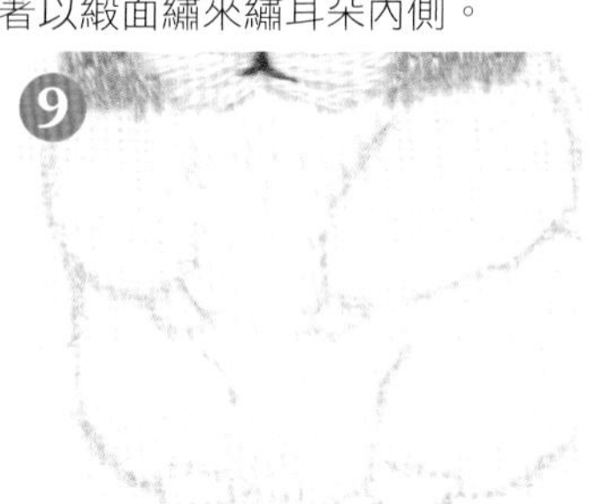

肚子做長短針繡。依圖所示跳過手不繡，運針時適當縮短針腳，做細部調整。

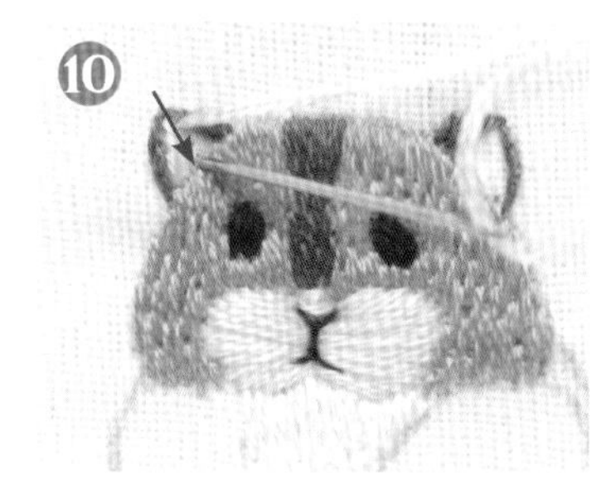

耳朵中間做緞面繡。

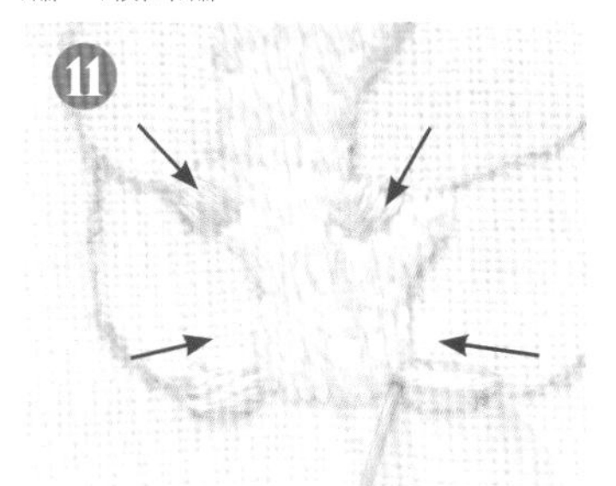

使用同色繡線，以緞面繡斜向自手腕繡手的部分，腳則做橫向的緞面繡。

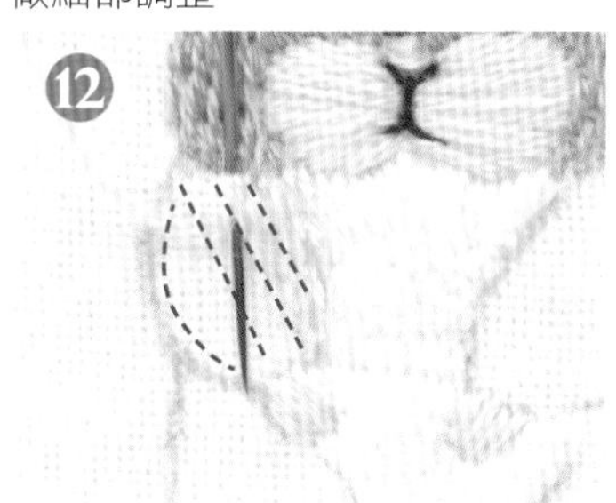

手臂做鎖鍊繡，運針時注意從肩膀到手腕的線流要自然。

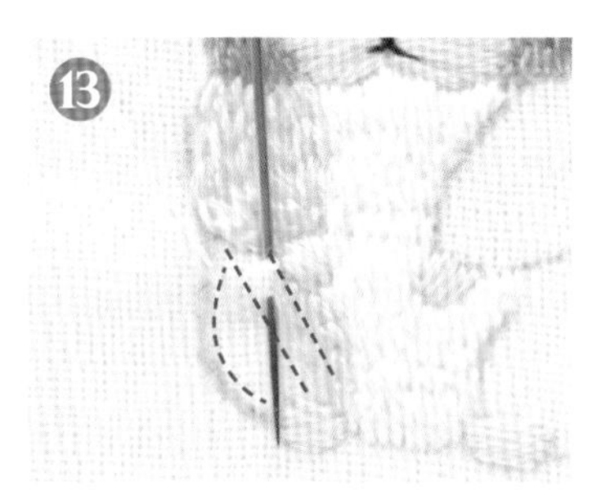

腳部也做鎖鍊繡，運針時注意從腰部到腳踝的線流要自然。

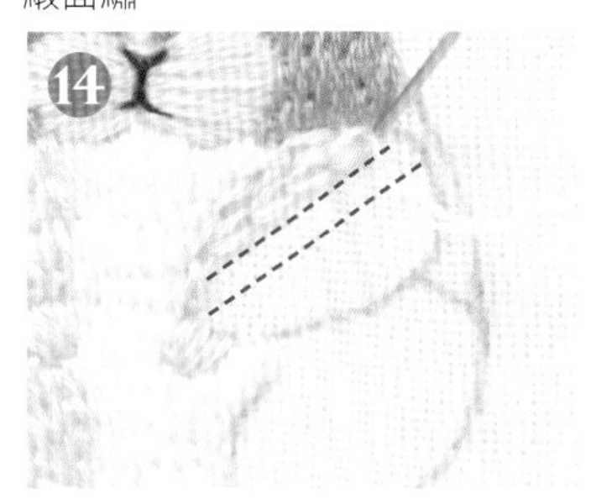

另一邊手臂同樣做鎖鍊繡，運針時注意從肩膀到手腕的線流。

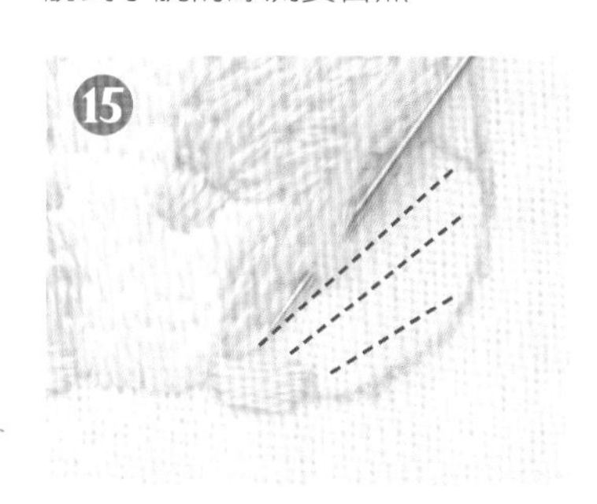

從腰部到腳踝，外側沿著身體輪廓來運針。

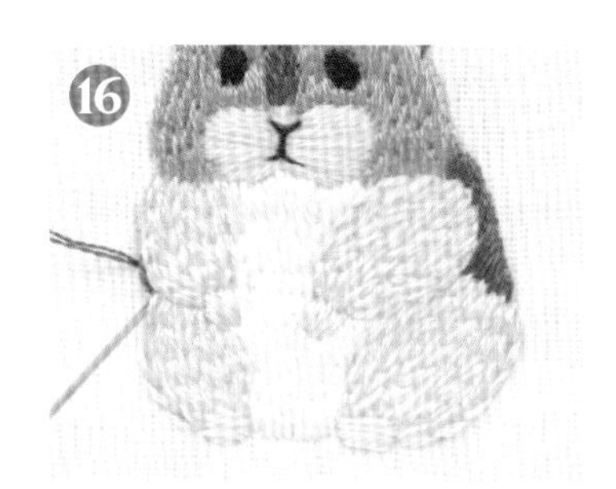

背部的毛做緞面繡，從外側往內側運針。另一邊也仔細做緞面繡。

最後，在眼睛下方用 1 股線的直針繡繡入光點，倉鼠完成。

傲嬌貓咪

使用繡線

DMC3371、DMC BLANC、cosmo715、DMC839、cosmo651

除特別指定外，均使用2股線／○裡的數字是繡線股數／除指定針法外，均用緞面繡

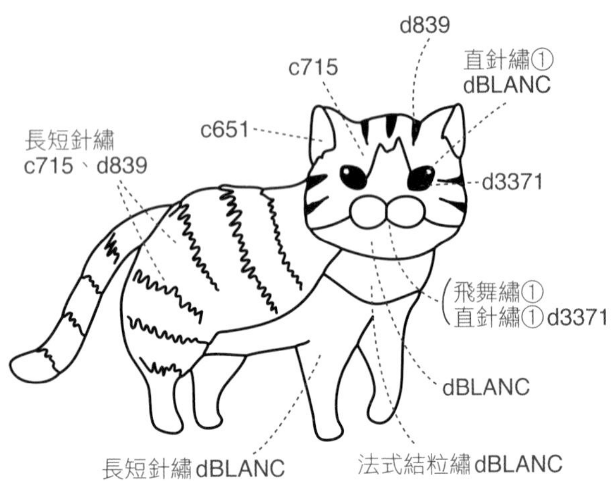

How to

眼睛從外側向內側斜向繡、鼻子下方的隆起處從外側向內側繡、額頭由上往下繡，三個部分均使用緞面繡。

頭部、臉從外向內做緞面繡。花紋先跳過不繡。

繡到下方後，將針穿過背面的線，從耳朵出針。

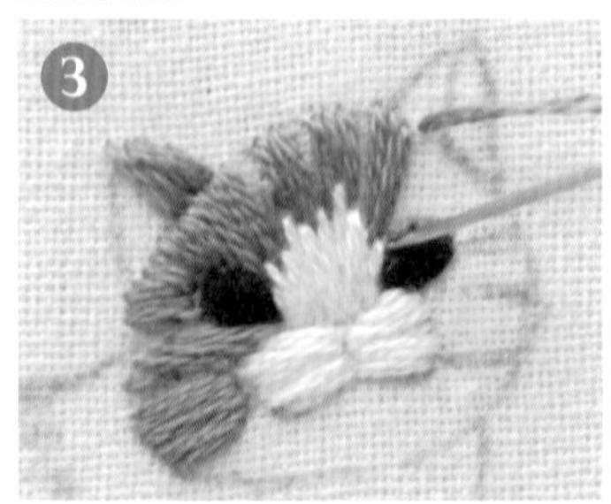

用緞面繡繡完耳朵後，穿過背面的線，另半邊的臉也以相同針法繡，花紋先跳過不繡。

另一邊的耳朵也做緞面繡。

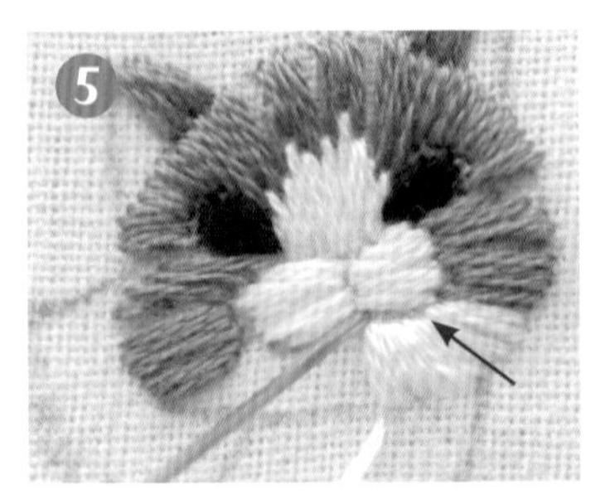

接著，下巴周圍從由往內做緞面繡。偶爾縮短針腳，注意內側不要太擠。

鼻子用1股線的飛舞繡（請參照P26），嘴巴線條由外向內繡直針繡。

臉部周圍的花紋從外側往內側做緞面繡。

耳朵內部分別做緞面繡。

下巴下方的胸口做法式結粒繡（捲2次）。

身體用兩種顏色的繡線做長短針繡，參照圖案來繡。

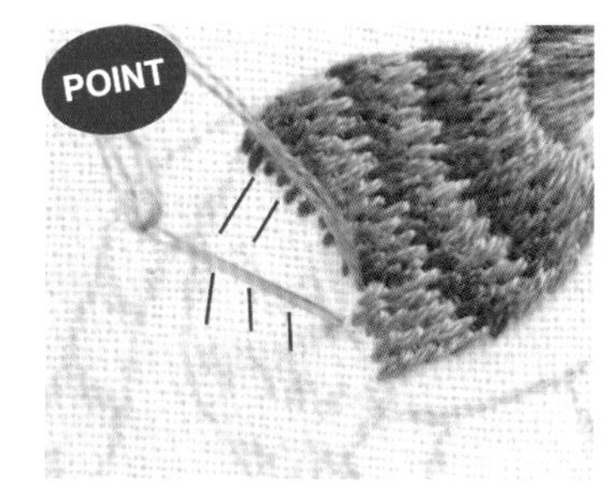

接近後腳時，運針的角度要愈來愈斜。

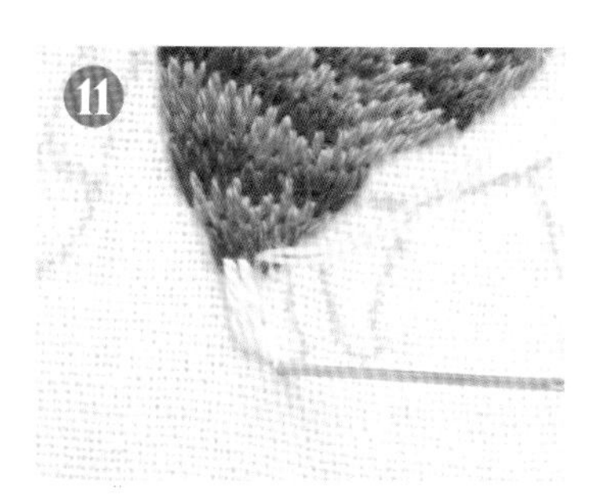

腳部換繡線，直接繡到下方。

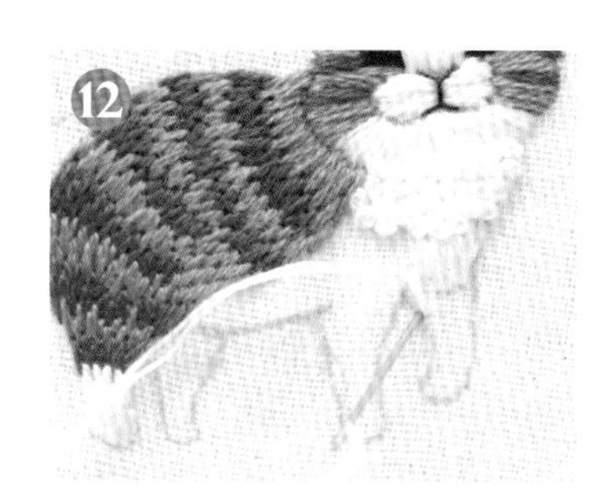

前腳做長短針繡。

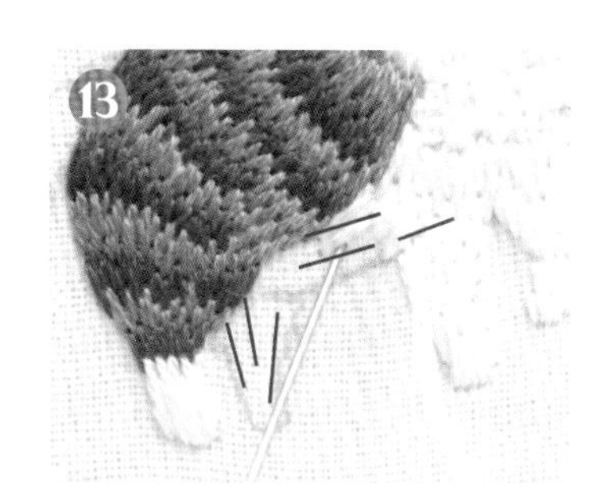

肚子將線流改成橫向，內側的後腳則是縱向運針。

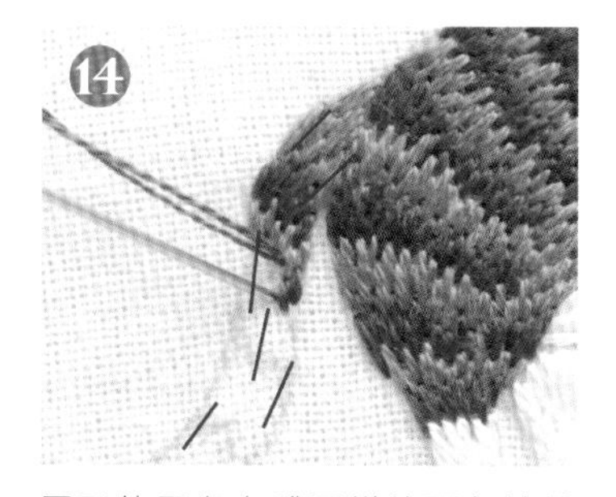

尾巴使用與身體同樣的兩色繡線做長短針繡，照著圖案一邊調整花紋的角度，繡出流動的感覺。

最後用1股線的直針繡仔細繡出眼中的光點，貓咪完成。

可愛屁屁柴犬

使用繡線

DMC3371、DMC BLANC、cosmo2307、DMC712、DMC738、cosmo308

除特別指定外，均使用 2 股線 /O 的數字是繡線股數 / 除指定針法外，均用長短針繡

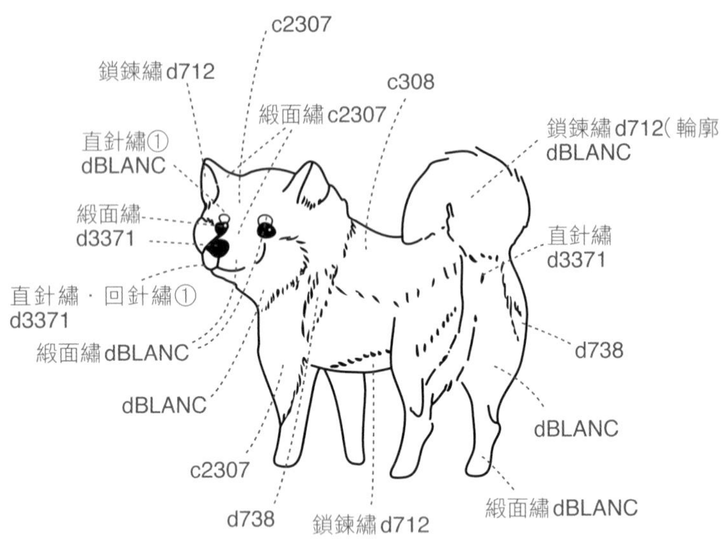

How to

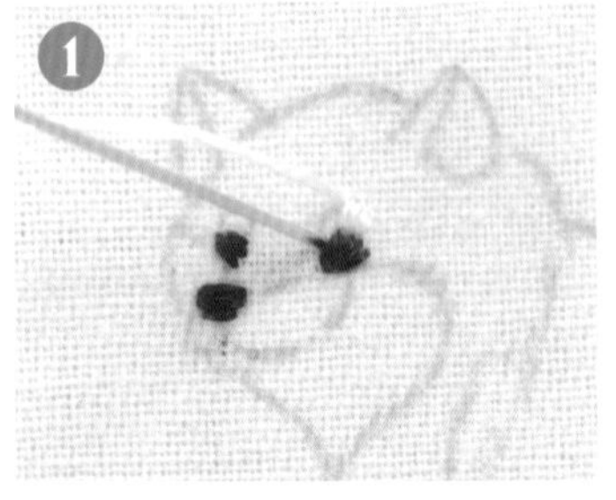

眼睛用緞面繡斜向由外往內繡，鼻子做橫向緞面繡。眼睛上方花紋也用緞面繡。因為左右眼都很細緻，所以要縮短針腳。

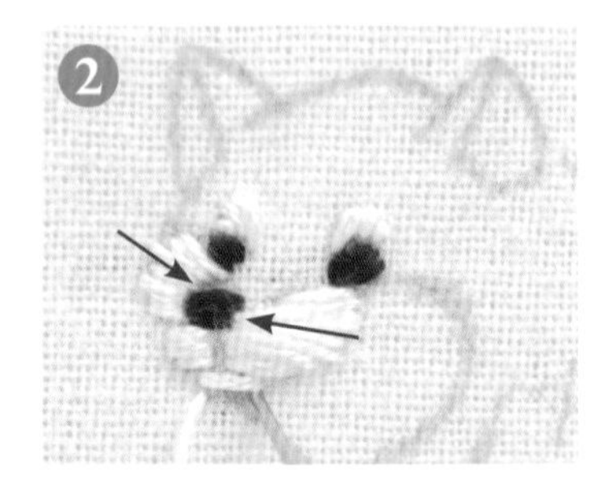

內側的臉頰由外往內做緞面繡，鼻子下方也做緞面繡。另一邊的鼻子下方同樣由外往內繡。下巴部分做橫向緞面繡。

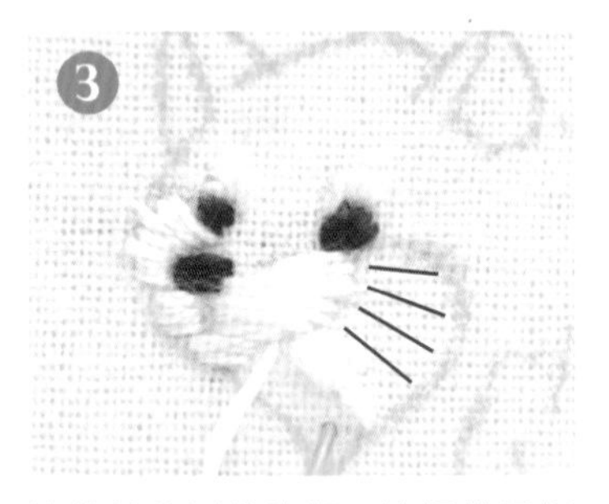

接著繡外側的臉頰。這裡使用從中心往外側呈放射狀的長短針繡。

用 1 股線的直針繡繡鼻子下方的線條，嘴巴線條用回針繡。最後一針繡成嘴角上揚會很可愛。

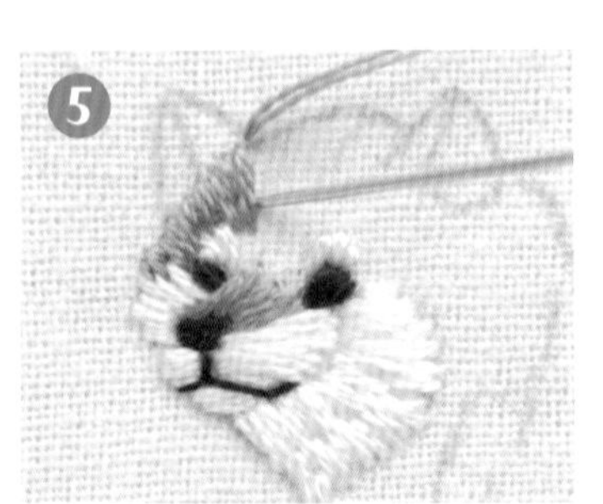

鼻子上方做斜向緞面繡。為了與頭部自然地連在一起，出針的位置不整齊也 OK 。接著頭部繡長短針繡。

兩隻耳朵繡緞面繡，眼睛的周圍用長短針繡好後，先休針。

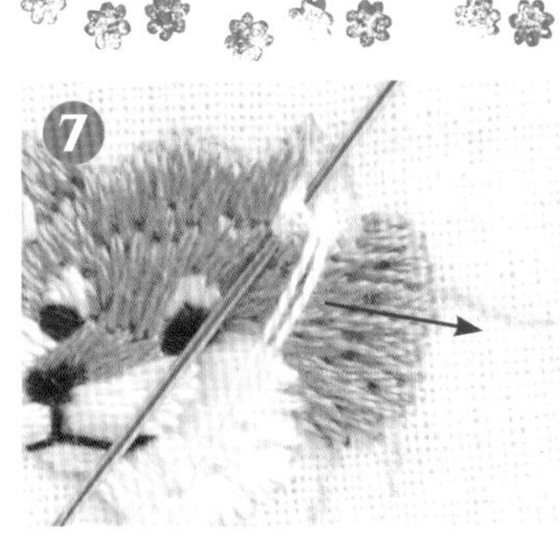

側臉的部分使用由內往外、呈放射狀的長短針繡。耳朵內部做鎖鍊繡往返運針。

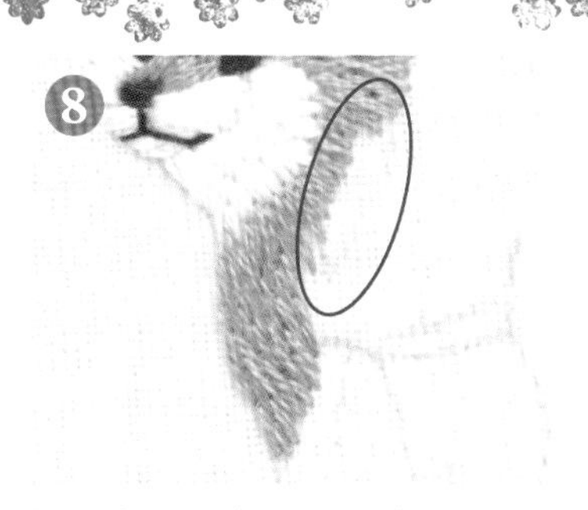

接下來，一邊留意身體、腳的茶色部分的毛流，用長短針繡運針。◯內的花紋先跳過不繡。

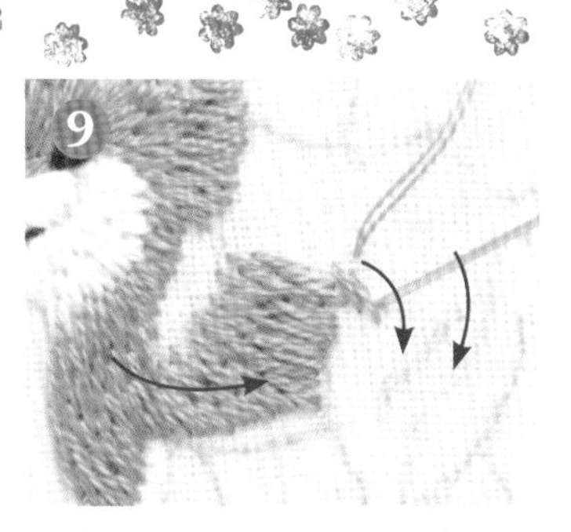

身體部分微微橫向運針。大腿線條依照圖案，屁股到後腳由縱向改成微斜的長短針繡。

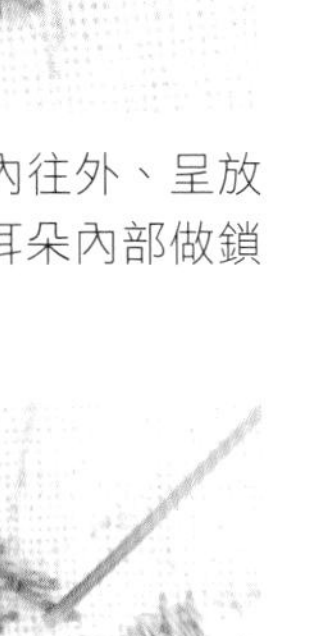

換繡線，背部用長短針繡，注意往屁股的毛流。

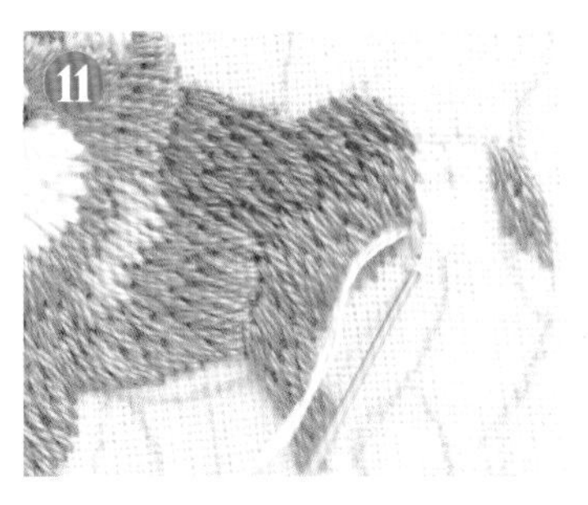

填滿肩膀的花紋後，用長短針繡來繡屁股的毛，運針時與上方自然連接。另一邊也一樣。

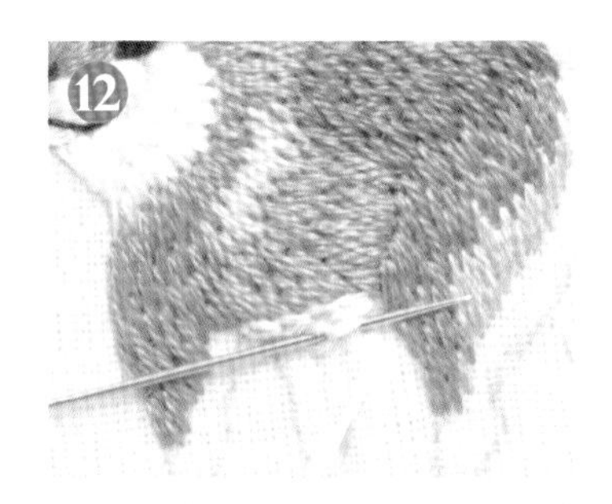

肚子以橫向鎖鍊繡往返運針。利用第二段的起針位置調整寬度。

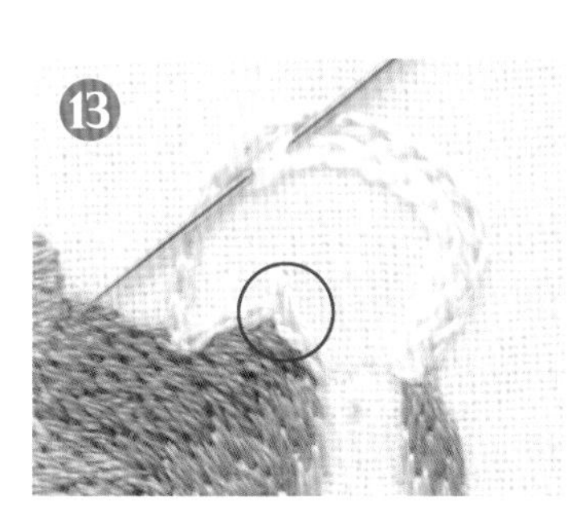

尾巴的輪廓做鎖鍊繡。改變角度時，繡針從鎖鍊繡的圈環出針，再接著繡下去。

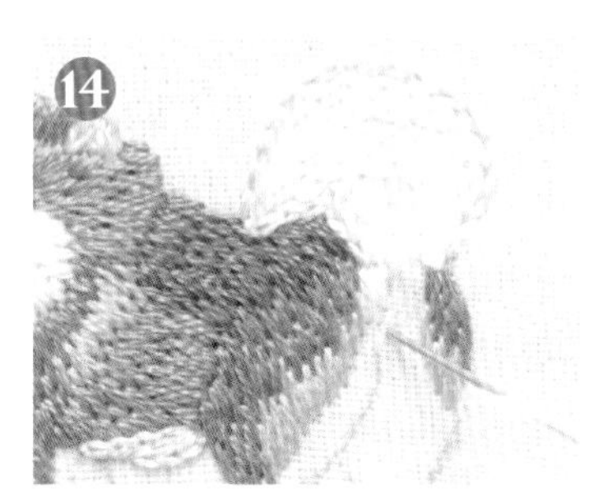

接著換繡線的顏色，尾巴中間用鎖鍊繡往返運針。屁股的毛做長短針繡。

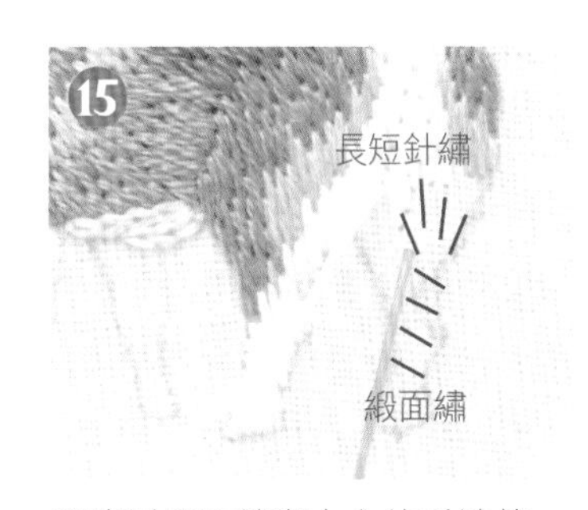

腳邊以緞面繡與上方的毛連接，另一邊同樣以長短針繡與緞面繡來運針。

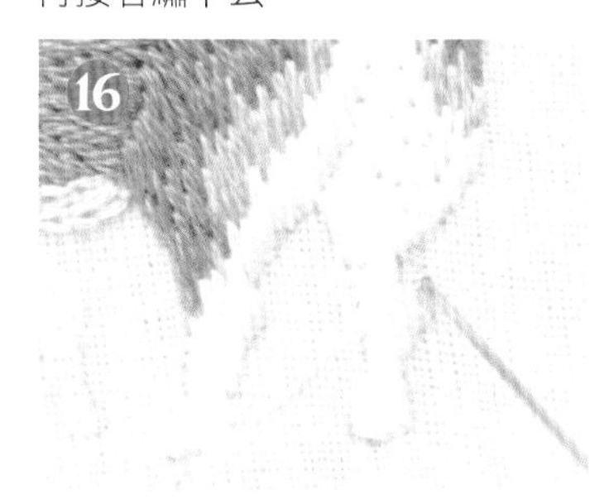

接著換繡線，用緞面繡繡花紋。

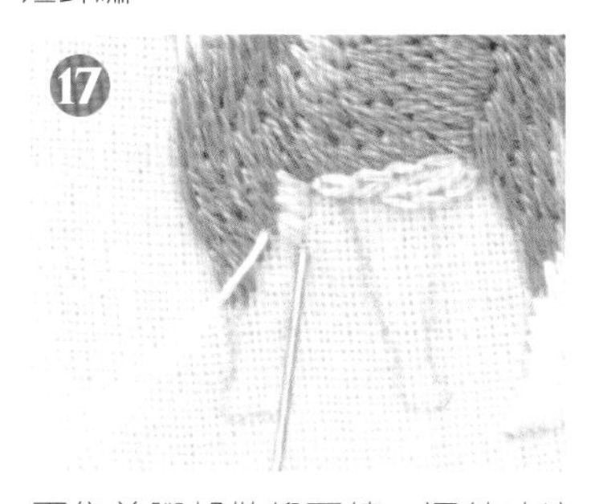

兩隻前腳都做緞面繡。運針時注意與上方的毛自然連接。

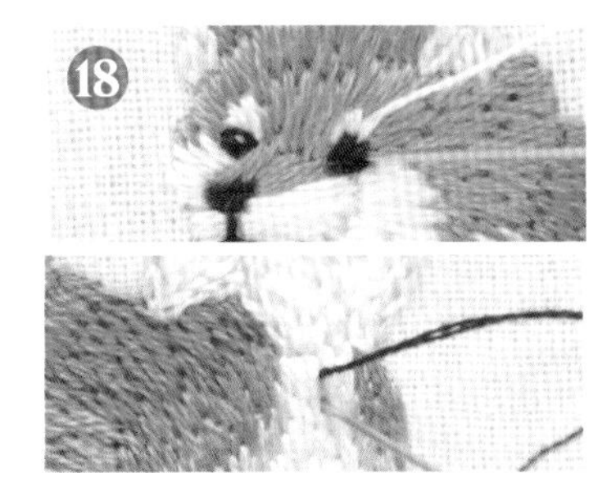

用1股線的直針繡仔細地繡眼睛裡的光點，屁眼做直針繡。柴犬完成。

靈動的鸚鵡

使用繡線

鸚鵡→ cosmo102、cosmo701、cosmo700、DMC3755、cosmo117
cosmo323、DMC3781、DMC3371
棲木→ cosmo305、cosmo152A

除特別指定外，均使用2股線／○裡的數字是繡線股數／除指定針法外，均用緞面繡

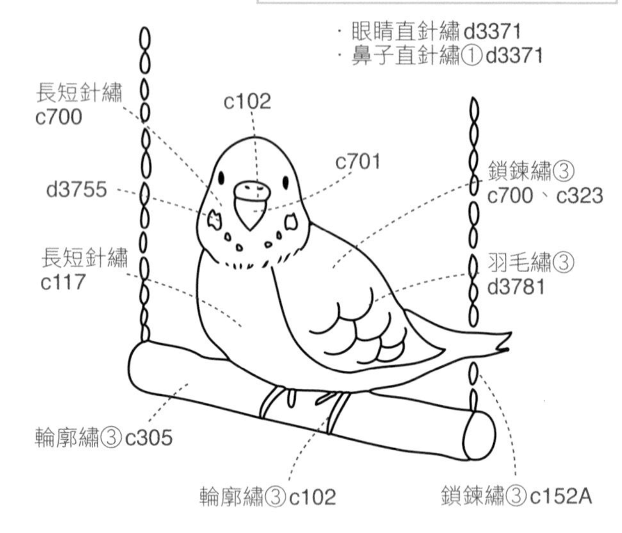

How to

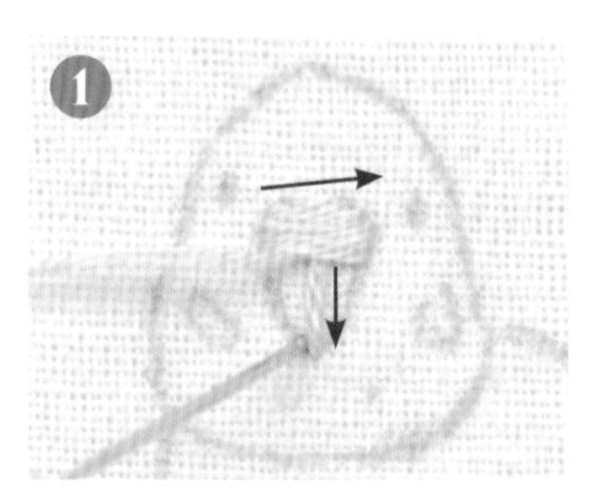

鼻子做橫向緞面繡，接著鳥喙做縱向緞面繡。

大的花紋先跳過不繡，以長短針繡繡臉。起始繡、頭部到鼻子的距離較短，所以用緞面繡。

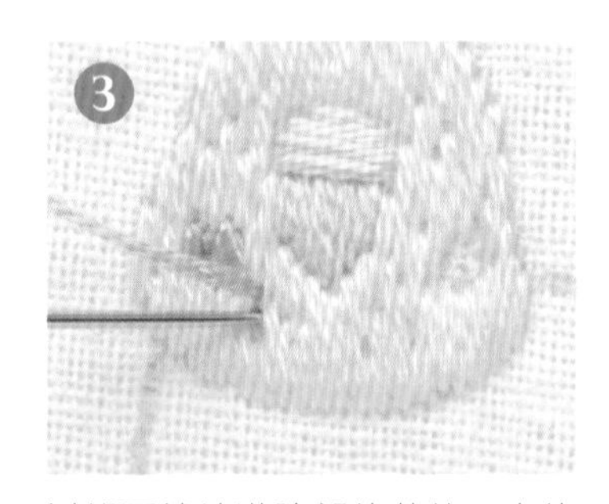

以緞面繡填滿臉部的花紋。小的花紋先用水消筆做記號，再做緞面繡。

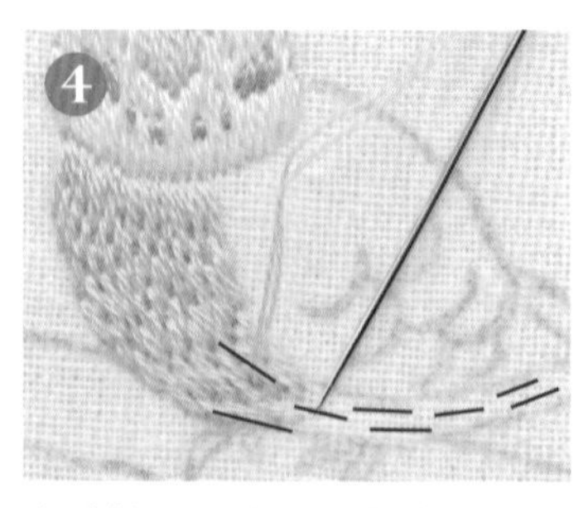

身體做長短針繡。繡到下方時沿著身體的曲線改變角度，縮短針腳就能繡出漂亮的弧狀。

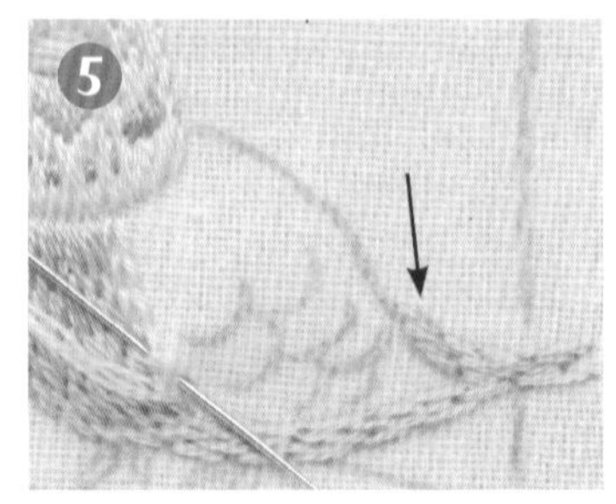

繡到尾巴的羽毛後，背部繼續做長短針繡，接著用3股線的鎖鍊繡來繡翅膀的輪廓。

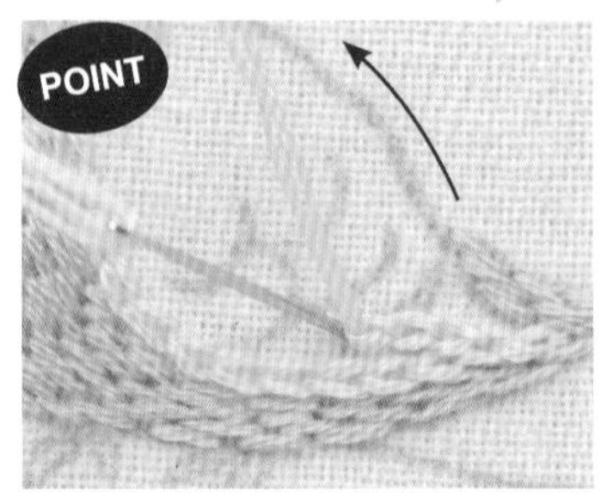

翅膀的前端繡到約三分之一時，往返運針用黃色填滿翅膀的前端。接著繼續繡翅膀的輪廓。

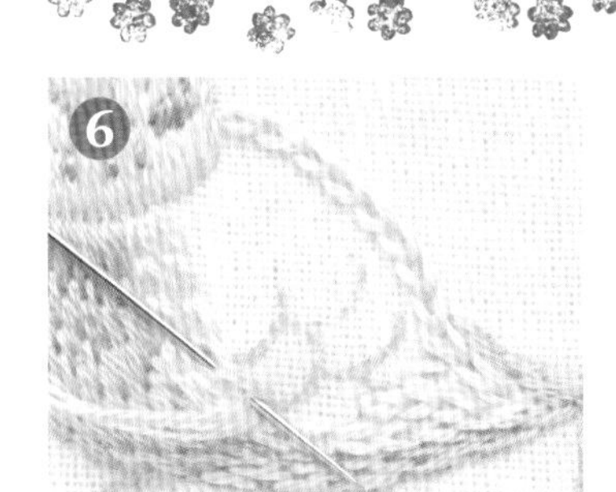

換繡線，沿著輪廓以3股線的鎖鍊繡填滿中間。

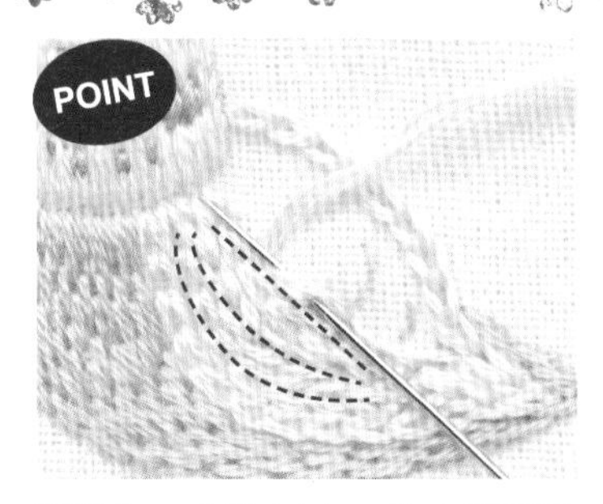

調整每一行的長度，角度從弧狀慢慢變換成直線。最後再次沿著輪廓運針。

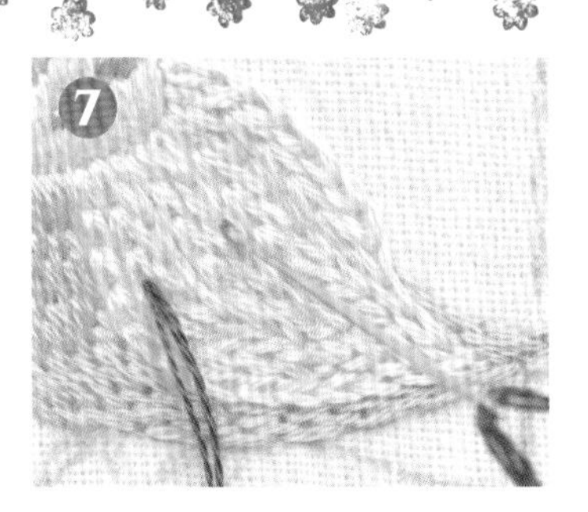

翅膀上的花紋用3股線的羽毛繡（請參照 P27）。事先用水消筆做記號，比較容易繡。

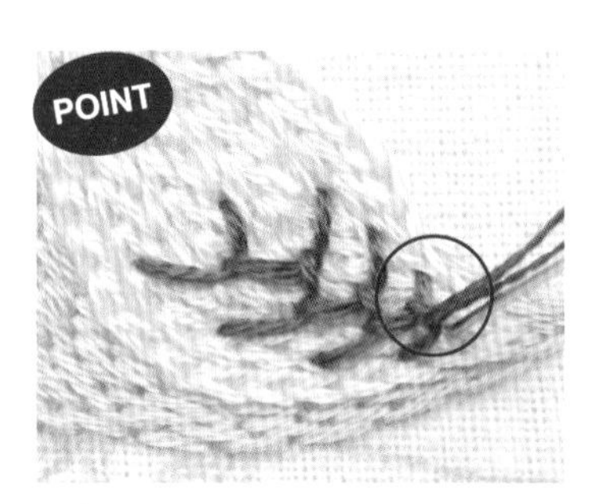

因為這裡很難挑起布來繡，所以改用一針針上下出針的方式來繡。最後在出針處附近入針。

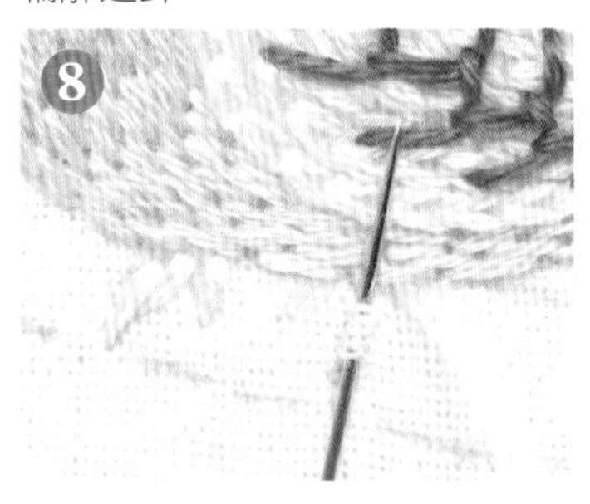

接著用針腳較長的3股線輪廓繡來繡腳爪。

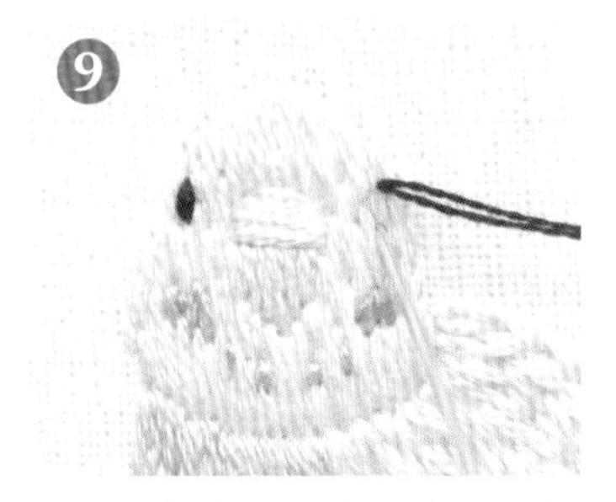

用水消筆畫上眼睛和鼻子的記號，用直針繡繡1～2次來調整眼睛的大小。

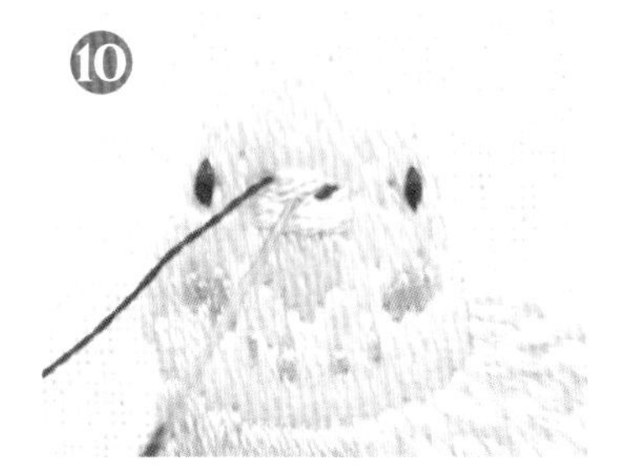

接著用1股線的直針繡，由外向內斜向繡鼻孔。

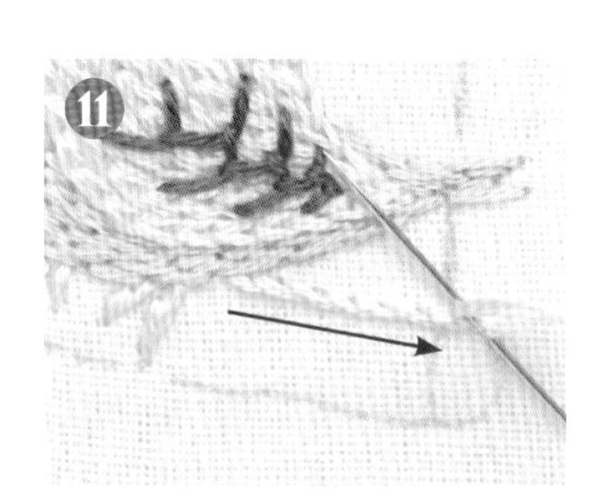

棲木的輪廓以3股線的輪廓繡運針。

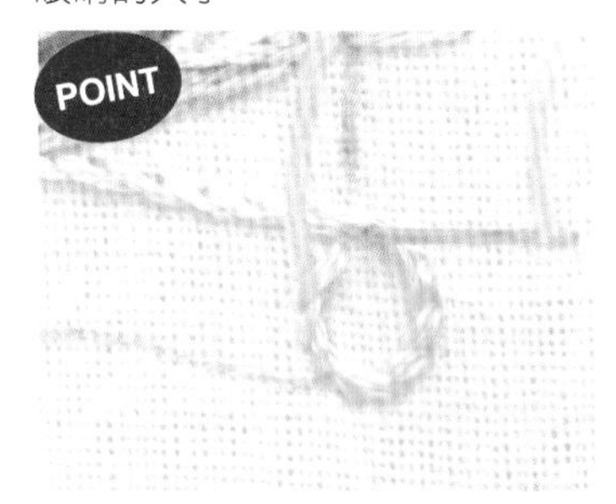

依照圖案畫圓。針腳縮短就能繡出漂亮的圓形。

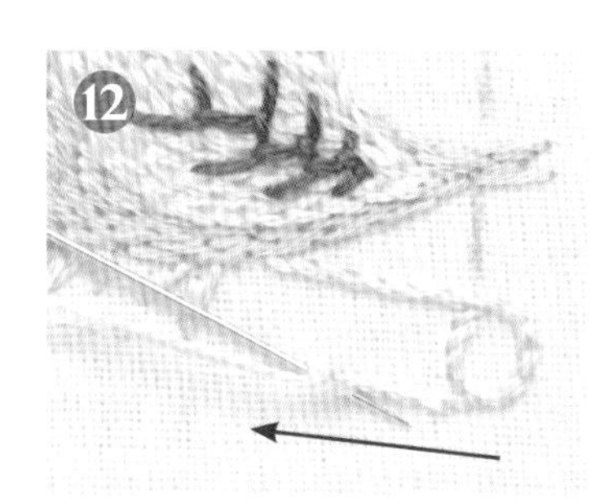

接著從下方的線條開始繡到最後。用180度角拿繡框比較容易繡。

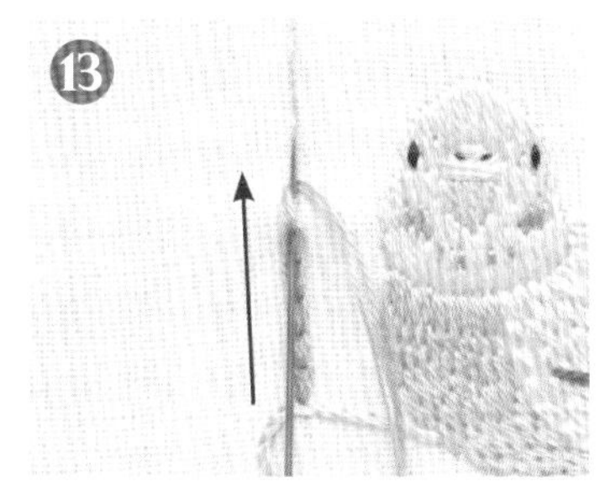

用3股線的鎖鍊繡來繡棲木上的鍊子。

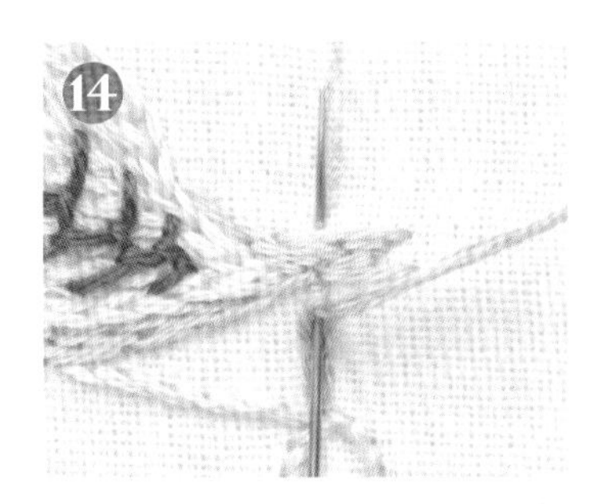

尾巴部分的鍊子是一口氣挑起布，以鎖鏈繡蓋過尾巴，繡到上方後，鸚鵡完成。

日本櫻文鳥

使用繡線

櫻文鳥→ DMC3712、cosmo101、DMC BLANC、cosmo600、OLYMPUS485、DMC841、DMC3779
棲木→ DMC368

除特別指定外，均使用2股線／○裡的數字是繡線股數／除指定針法外，均用緞面繡

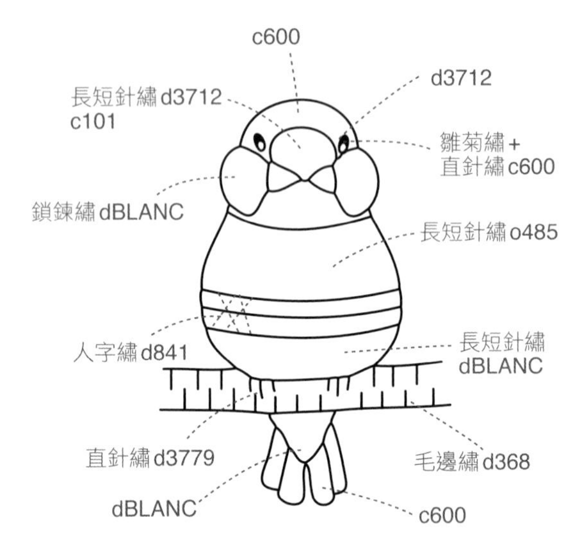

How to

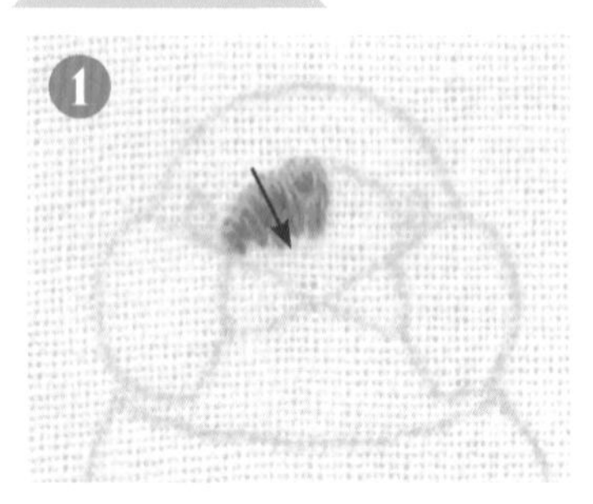

用縱向的長短針繡繡鳥喙，從正中央開始繡。另一邊也用同樣方式繡。

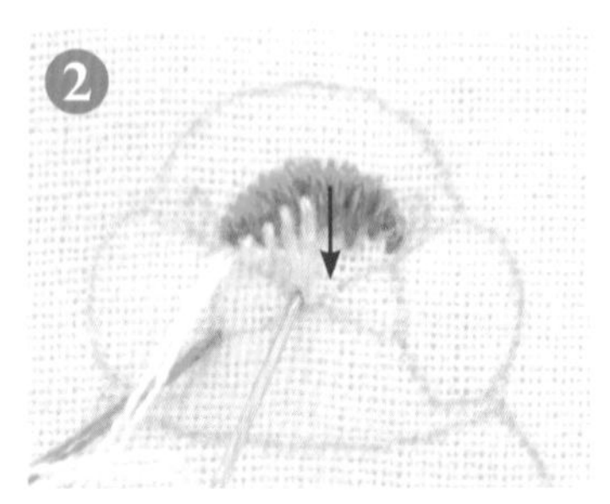

換繡線的顏色，內側也是朝著鳥喙的前端做長短針繡。最後一針在中心入針。另一邊也用同樣方式繡。

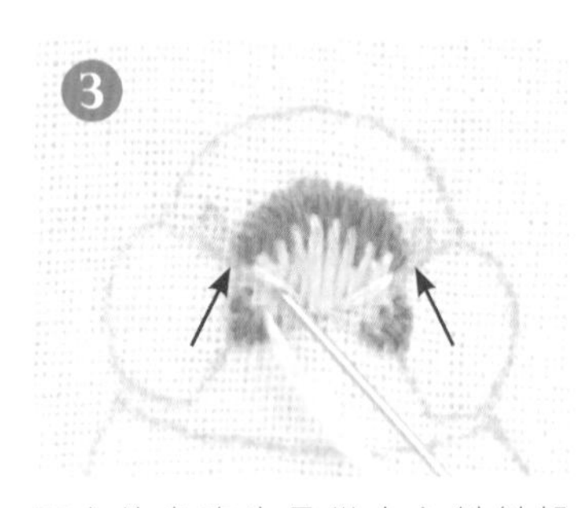

下方的鳥喙也是從中心斜斜朝上，仔細地繡長短針繡。換繡線的顏色，繼續繡長短針繡。

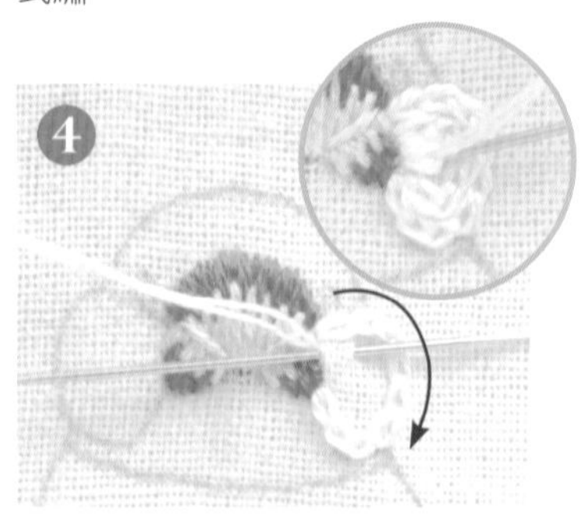

從輪廓開始以鎖鏈繡來繡臉頰。內側也以同樣方向運針。

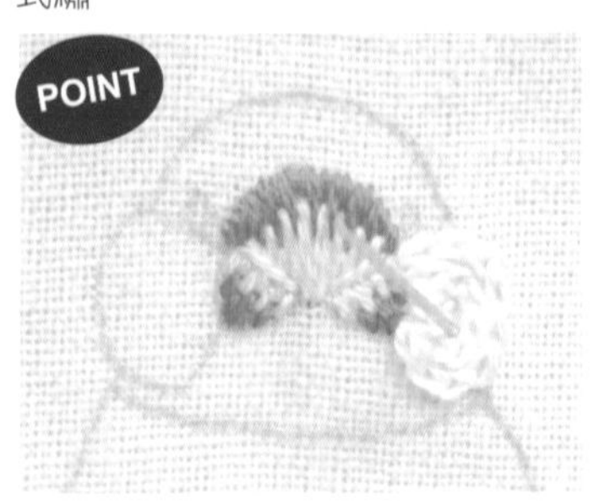

有空隙時，從空隙處出針，將縫隙填滿。另一邊也用同樣方式繡。

用緞面繡繡完眼睛後，從外向內以緞面繡繡頭部。眼睛的內側以縱向運針填滿空隙。

在眼睛的紅線上繡雛菊繡，接著中央再補上一針直針繡。

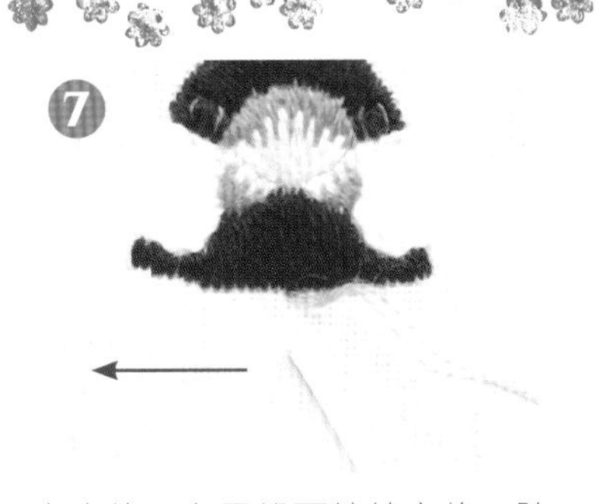

鳥喙的下方用緞面繡繡完後，肚子部分接著用長短針繡，從中心朝邊緣運針。

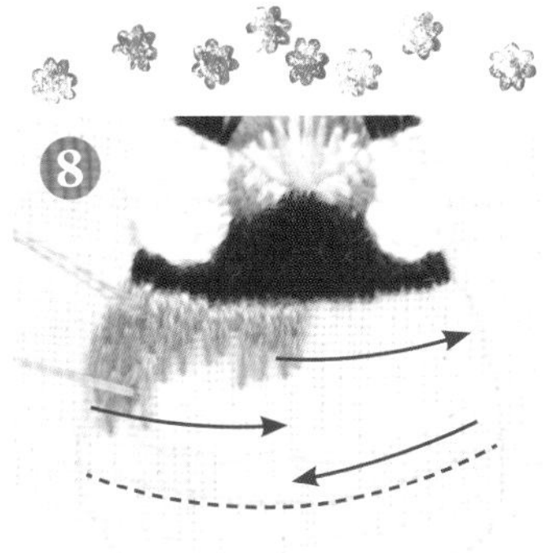

移到下一段，朝正中央運針，接著繼續繡另一邊，繡到圖案中虛線的位置。

換繡線，身體下半部也用長短針繡填滿。用水消筆畫引導線，繡上人字繡（請參照 P32）。

因為這裡很難挑起布來繡，所以改用一針針上下出針的方式來繡。

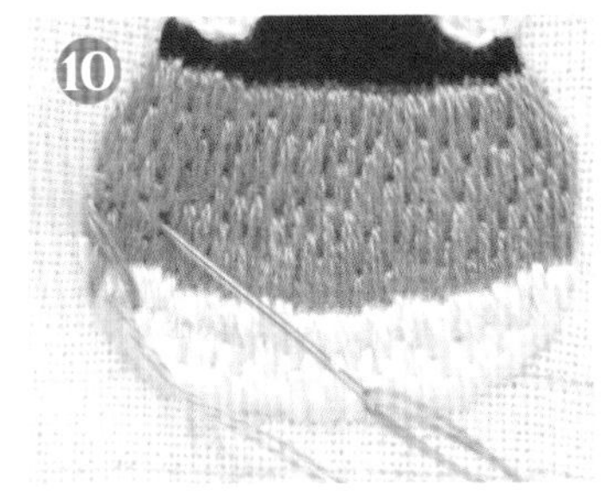

為了與肚子上的花紋自然融合，盡可能用較細緻的人字繡來繡。

用毛邊繡來繡棲木（請參照 P31）。繡到身體時穿過背面的線在正面出針，再繼續運針。

繡下方的線時，以180度角拿著繡框，同樣繡毛邊繡。

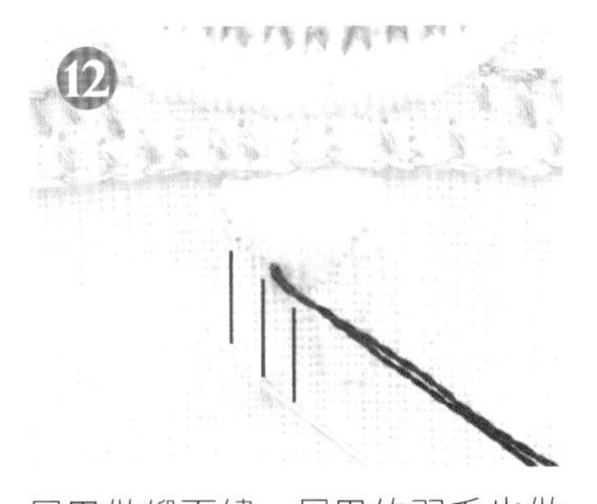

尾巴做緞面繡，尾巴的羽毛也做緞面繡。尾巴中間兩段以縱向運針。

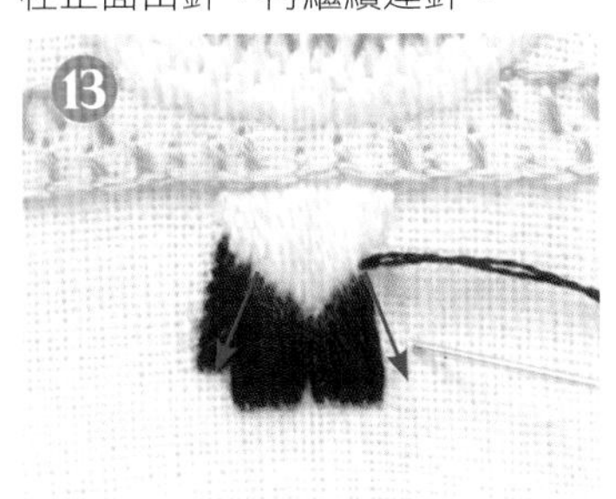

外側的尾巴羽毛從中心斜向做緞面繡。另一邊也一樣。

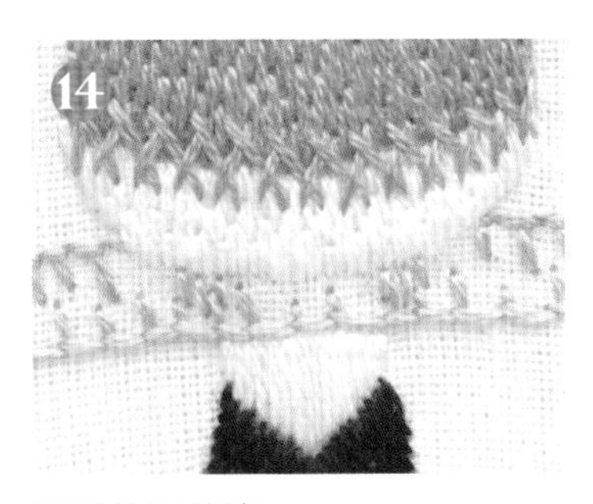

腳爪做直針繡。

用1股線的直針繡繡出眼睛的光點，櫻文鳥完成。

森林的動物們

捲尾巴松鼠

使用繡線

松鼠→ DMC3371、cosmo311、DMC840、cosmo151、cosmo500
樹枝、葉子、果實→ DMC841、DMC320、cosmo764

除特別指定外，均使用2股線／○裡的數字是繡線股數／除指定針法外，均用緞面繡

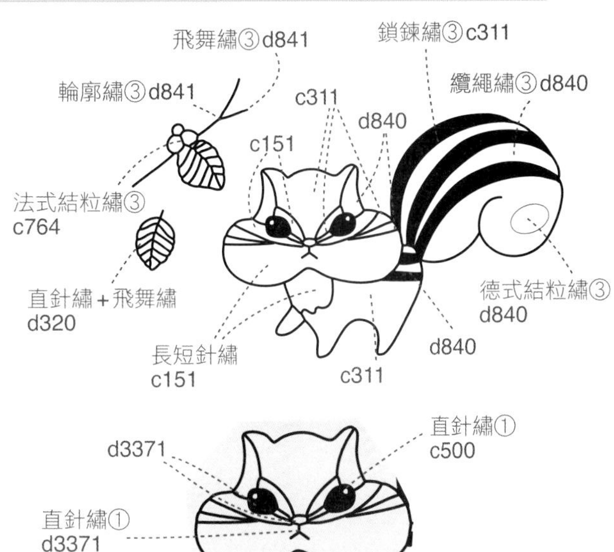

How to

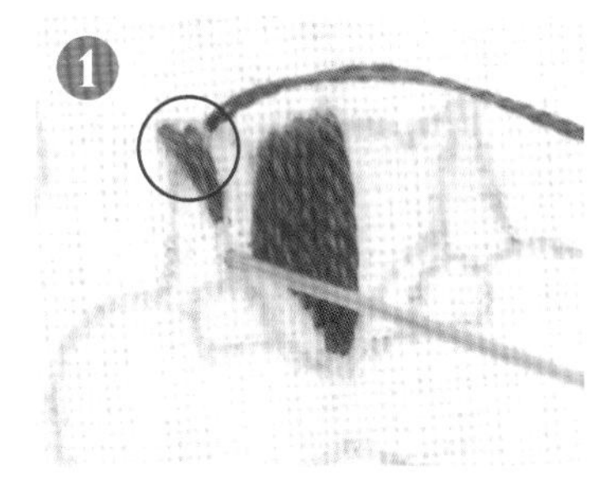

從頭部中心開始繡緞面繡。繡到耳朵根部後自耳朵尖端出針，沿著輪廓繡緞面繡。

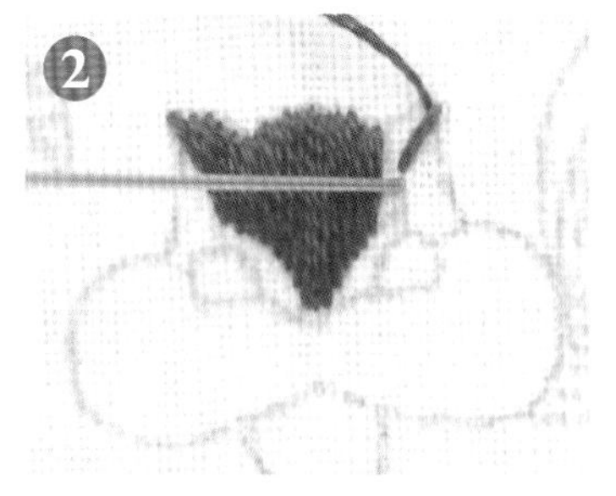

另半邊也同樣從中央開始繡，耳朵沿著輪廓運針。這裡先不處理線，在稍遠處出針後休線。

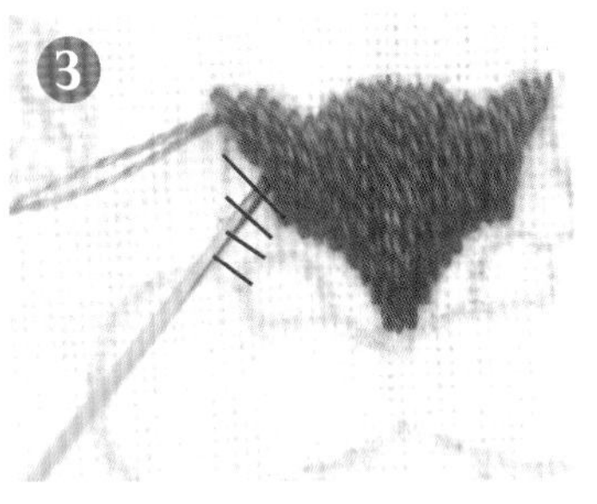

接著用緞面繡繡耳朵的外側。繡針先從耳朵前端出針，斜向往內側運針。

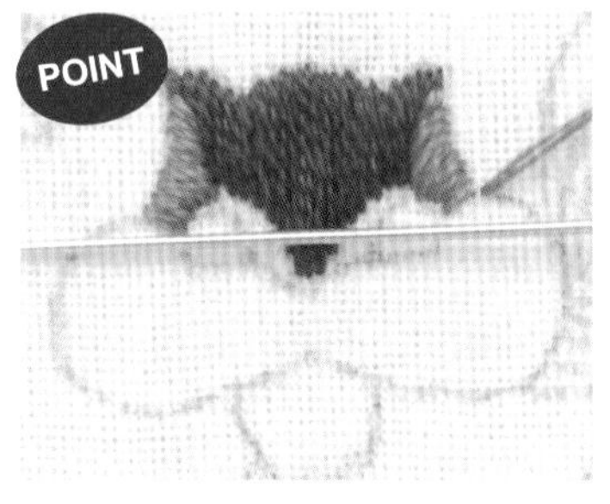

沿著圖案運針，將針平行放著，觀察左右兩邊是否平衡。同樣不做線的處理，先休線。

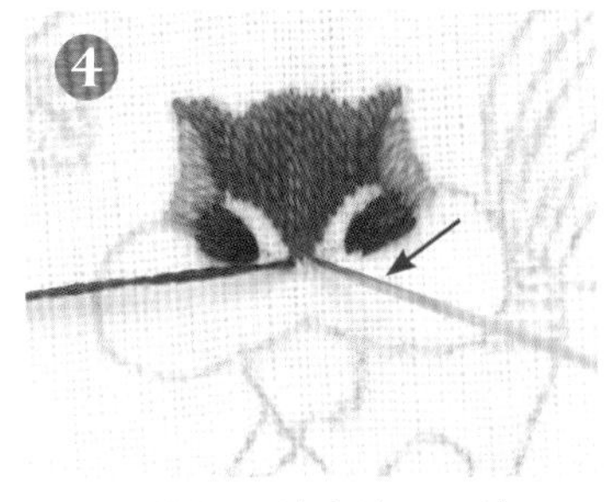

眼睛從外朝內斜向繡緞面繡，再以橫向緞面繡繡鼻子。

用步驟❷的休線以緞面繡從外朝內側繡眼睛和鼻子中間的花紋。大概兩針剛好。

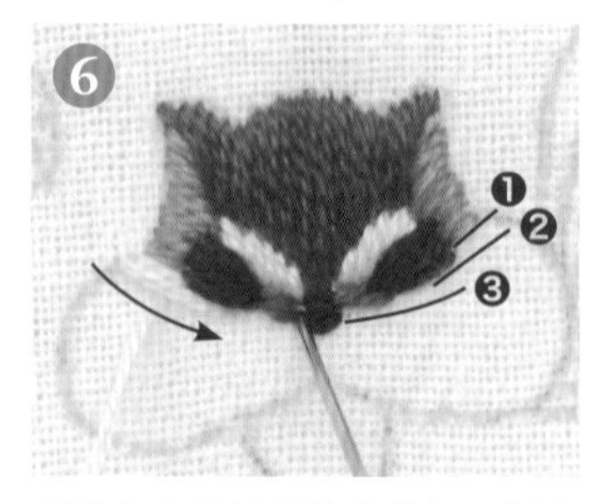

眼睛上方用緞面繡從外朝內斜向繡，接著照圖示繡出❶❷❸的花紋。

依照圖案，先用c311（茶色）繡上方的花紋，接著用d840（淡茶色）沿著圖案，在正中央入針。

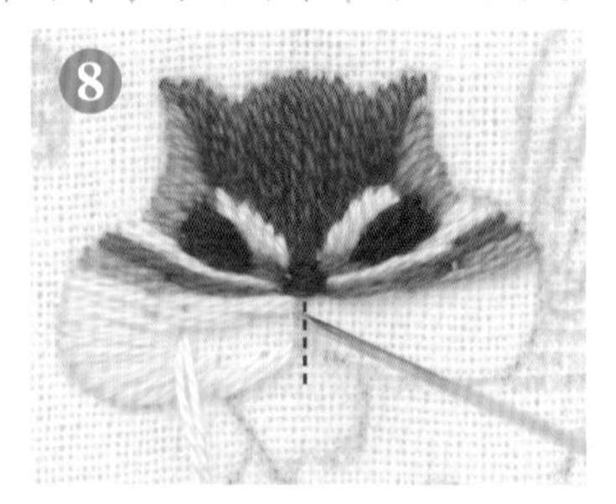

臉頰從外朝內繡長短針繡，運針至鼻子下方的直線。另半邊的臉頰也以同樣方式運針。

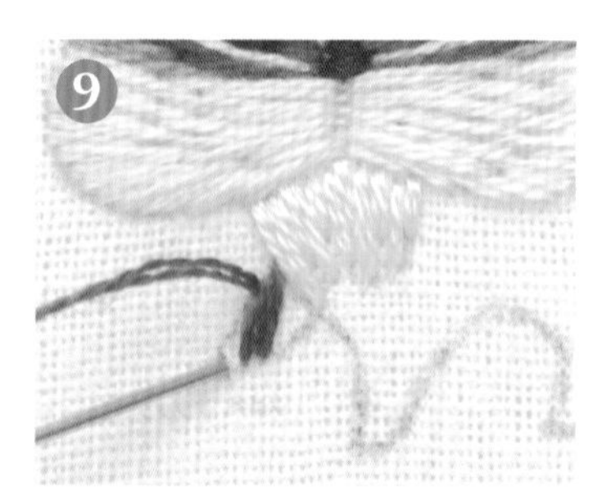

以長短針繡繡完胸前的毛後，再用緞面繡由上往下繡前腳。

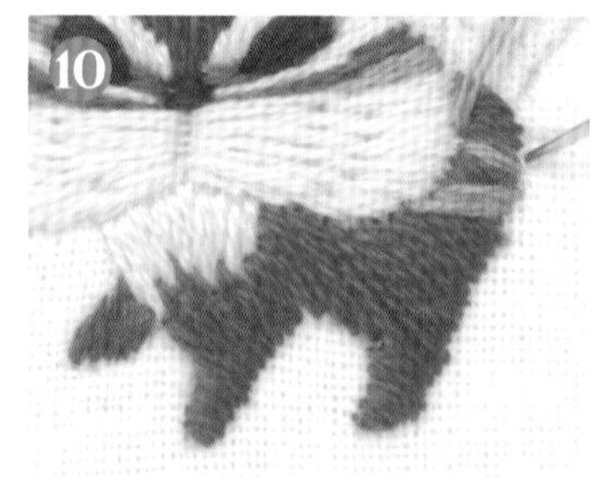

以緞面繡從前方的前腳繡至身體及後腳，背部的花紋是在身體的刺繡上各繡兩針緞面繡。

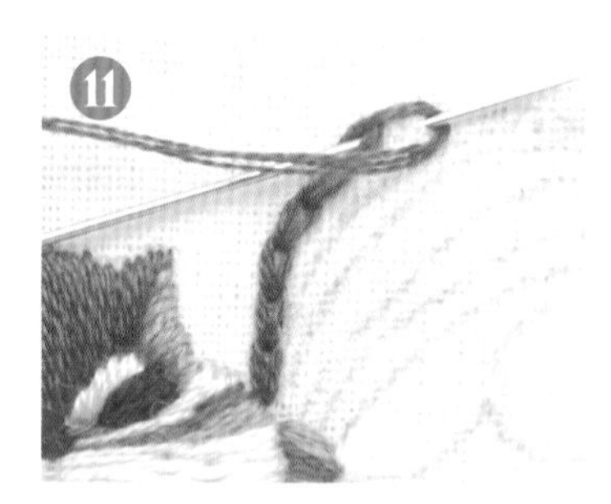

接著用3股線的鎖鍊繡往返運針繡尾巴的花紋。

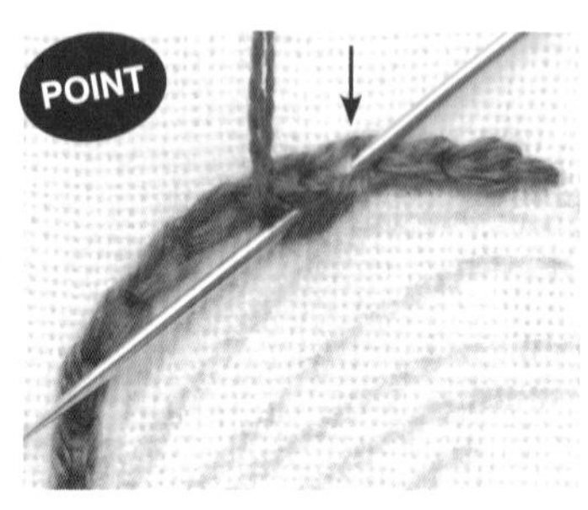

繡到前端後，自鎖鍊繡的第三個針腳出針繼續繡，即可調整花紋寬度。

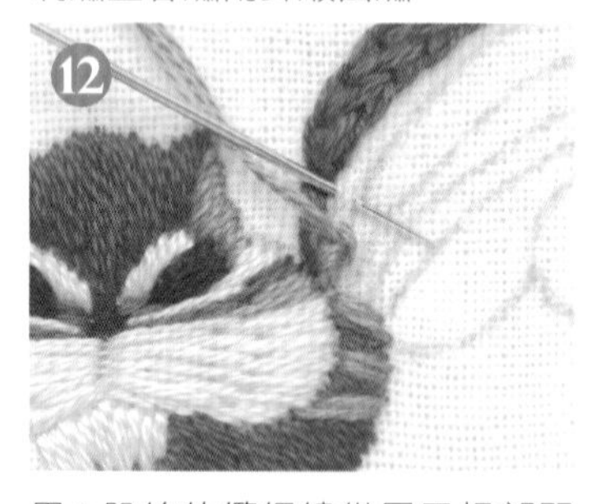

用3股線的纜繩繡從尾巴根部開始繡。線繞兩圈後，不插針挑布繼續繡（請參照P25）。

繡到尾巴前端後，先入針。繡尾巴時線不要拉得太緊，即可繡出蓬鬆感。

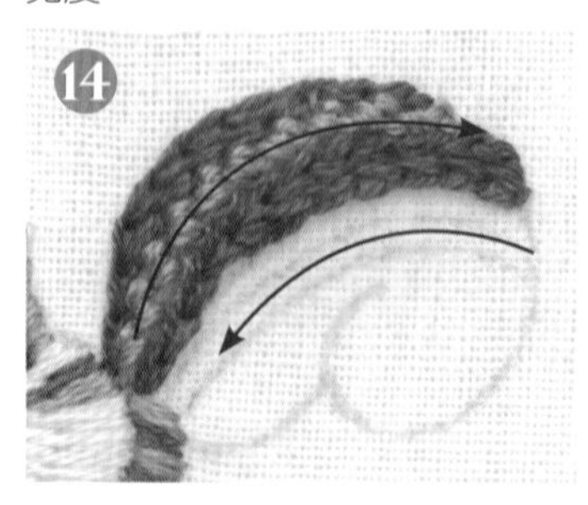

與第一排同樣以鎖鍊繡往返運針，接著繡纜繩繡。

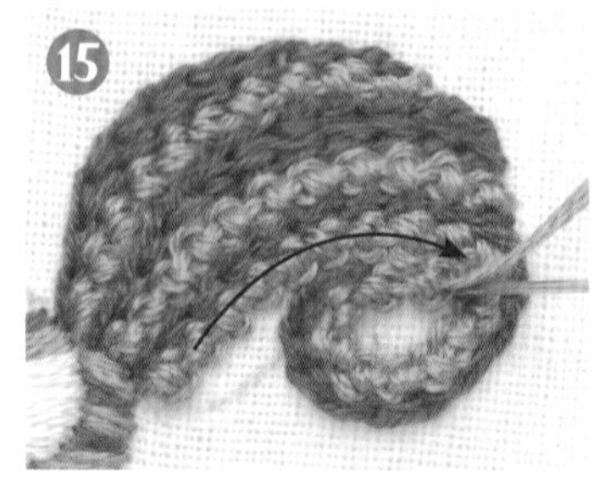

第三排的鎖鍊繡、纜繩繡都繡弧形。依圖示入針，中間用德式結粒繡一個個填滿。

最後再用纜繩繡在尾巴根部入針。

用1股線的直針繡繡鼻子下方和嘴巴的線條，再用1股線的直針繡繡眼睛的光點，松鼠完成。

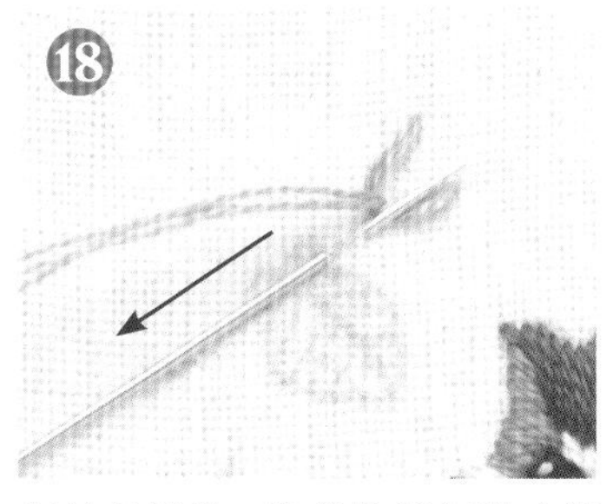

樹枝前端做3股線的飛舞繡（請參照P26），接著改用輪廓繡繡到下方。

以180度角拿繡框繡葉子，先用直針繡繡一針。

接著做飛舞繡在根部處入針，慢慢增加長度，沿著圖案以飛舞繡繡至下方。最後加長正中央那一針的針腳，入針。另一片葉子也以同樣方式繡。

最後以3股線的法式結粒繡繡果實，背景圖案完成。

刺蝟與紅蘑菇

使用繡線

刺蝟→ cosmo151、DMC841、DMC839、DMC712、DMC840、DMC844、DMC948、DMC3371
蘑菇、草→ cosmo857、DMC712、cosmo500、DMC320

除特別指定外，均使用2股線／〇裡的數字是繡線股數／除指定針法外，均用緞面繡

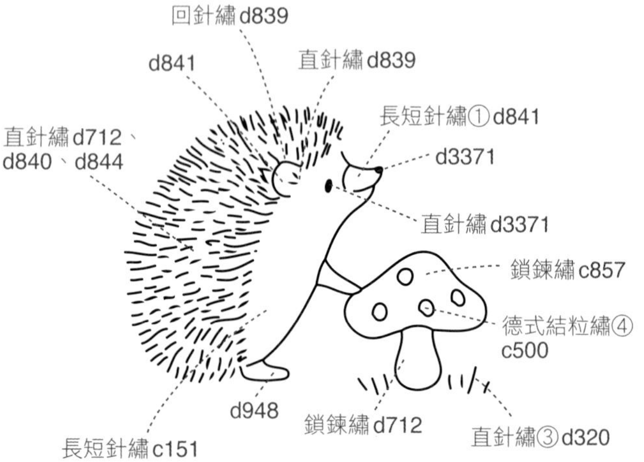

How to

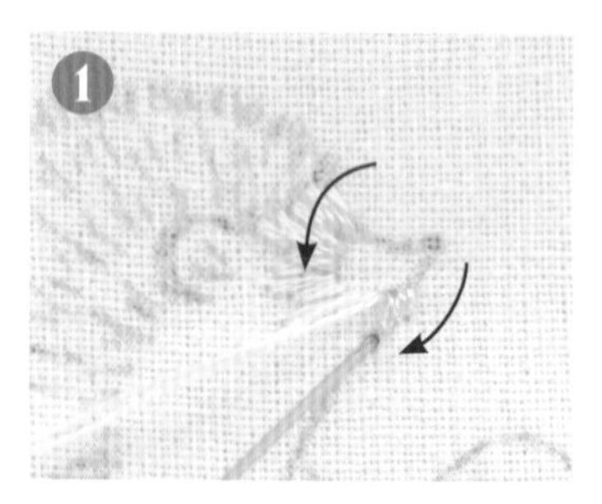

從額頭到鼻子的花紋用長短針繡，自下巴前端出針，繼續繡下巴。

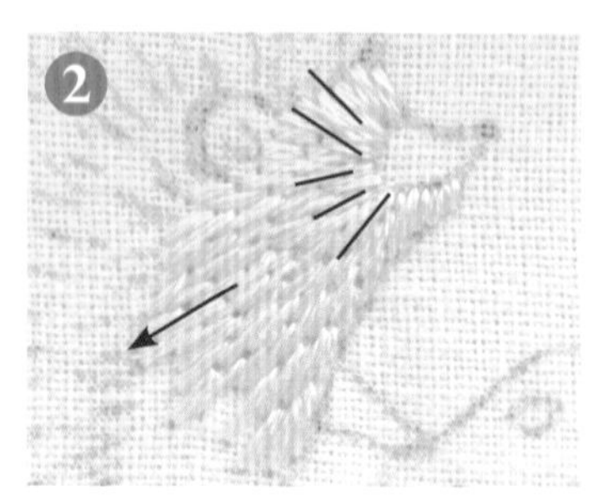

接著，運針時留意每一針的角度，和下巴自然地融合在一起，一直繡到肚子和腳邊。

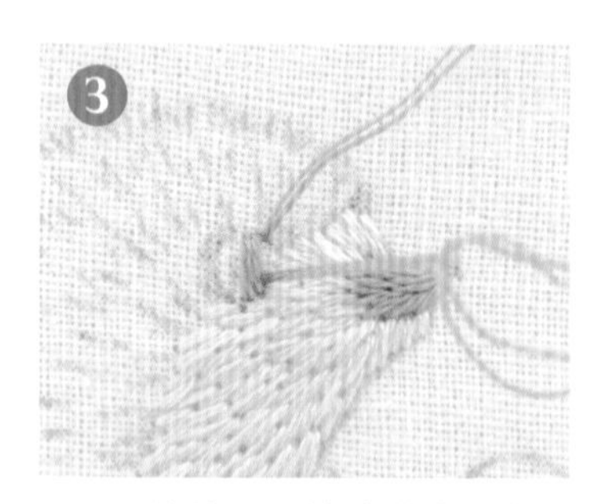

用1股線的長短針繡繡嘴巴的上方，與額頭自然連接。接著用同色2股線，以緞面繡繡耳朵。

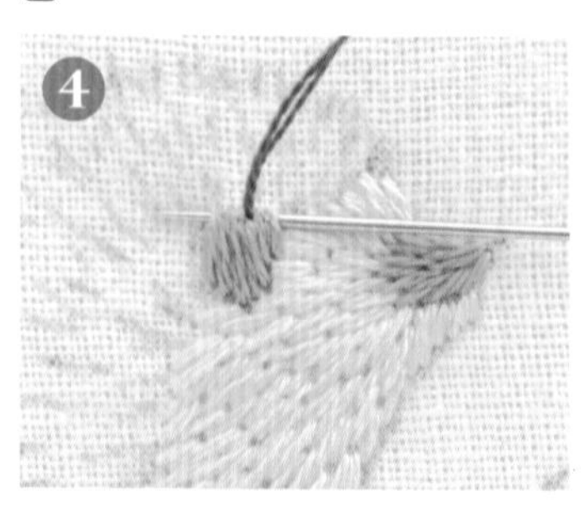

耳朵的周圍繡回針繡，在距離一針處出針後再返回運針。

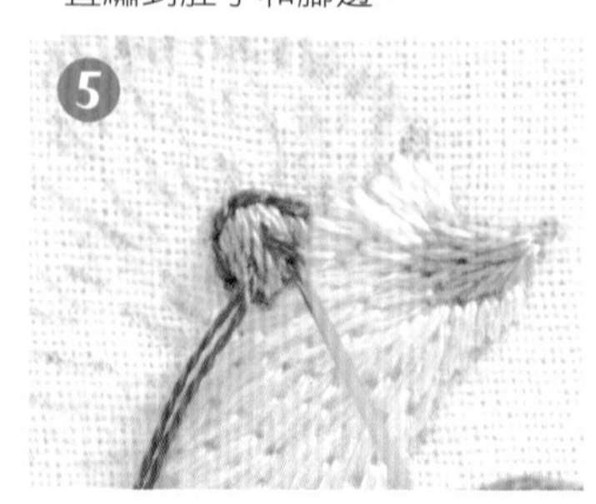

用2股線的直針繡繡耳朵內部。

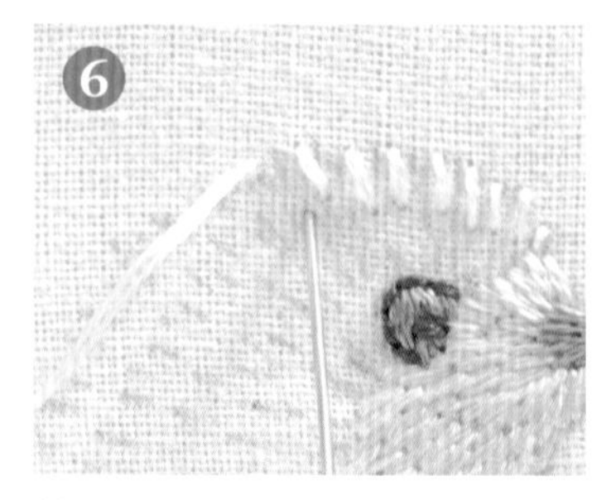

刺蝟的刺用直針繡。一開始空下1～2根的間隔，從頭頂繡到屁股。

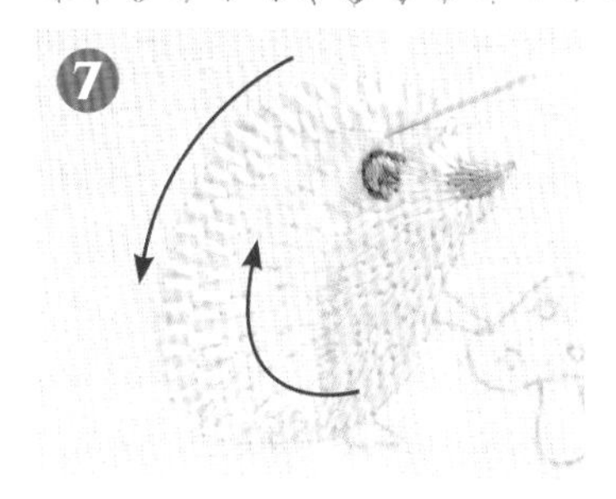

來到屁股後，在第一列的間隔處入針，再返回繡到頭部。重複這個動作，運針時留意每一針的角度。

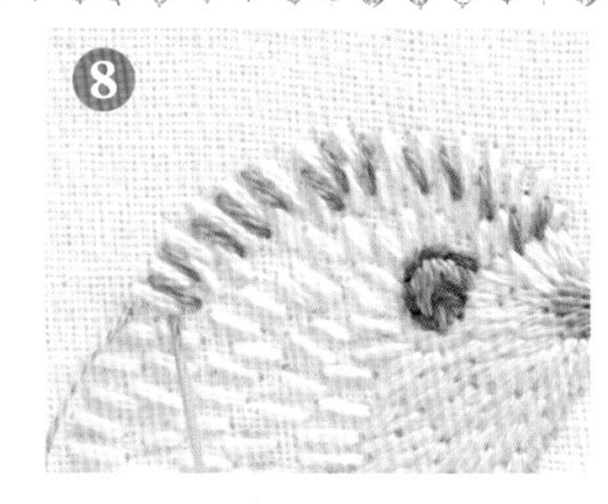

在白線間隔處繡茶色。運針時留下約一根的縫隙，別繡得太擠。

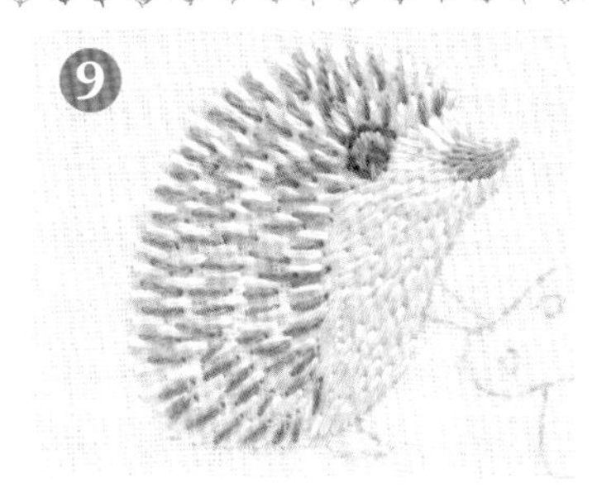

繡完茶色線的狀態。每一針的長度盡量整齊。

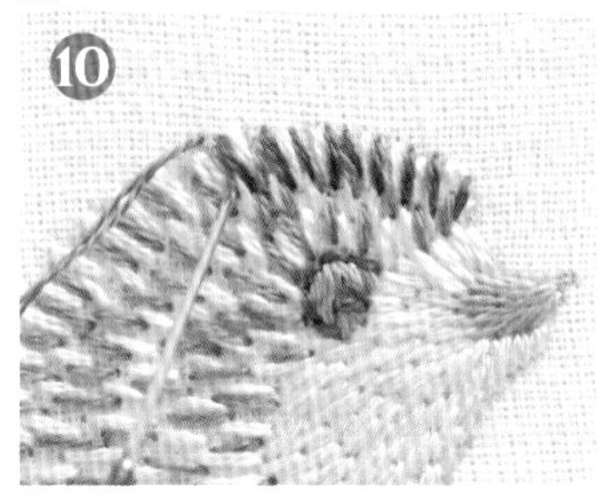

用黑色繡線埋滿空隙。

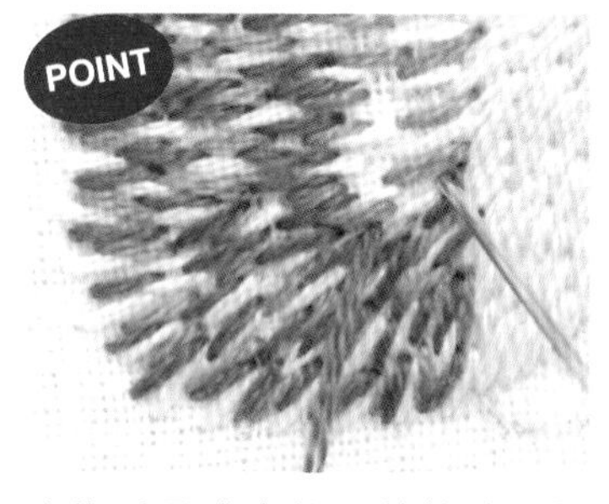

線條重疊或夾雜入其他繡線都 OK 。注意運針的角度，呈現出自然的流暢感。

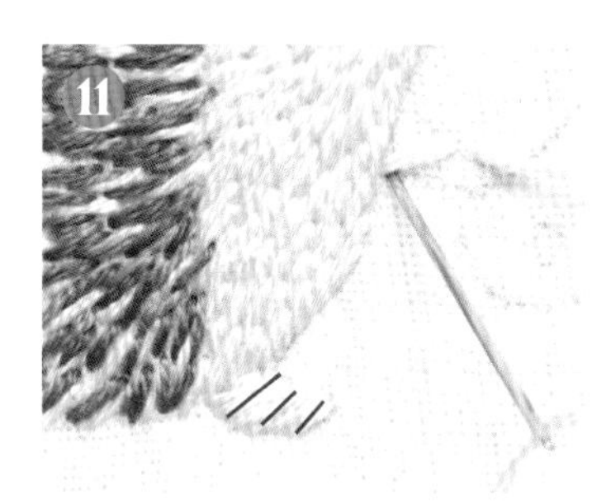

腳和手分別做緞面繡。

眼睛繡直針繡，繡 1 ～ 2 次調整大小，鼻子用緞面繡繡完後，刺蝟完成。

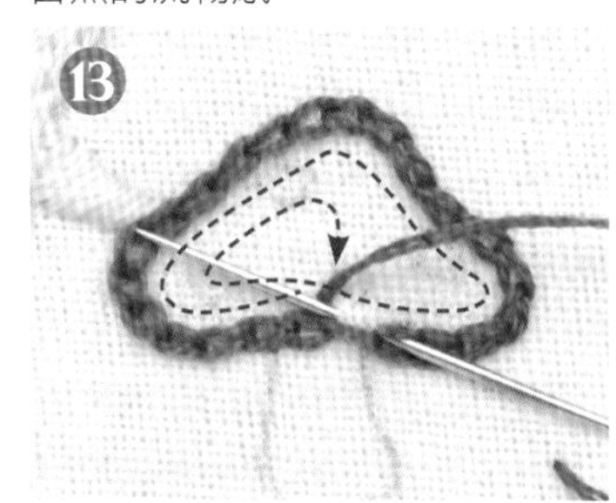

蘑菇用鎖鍊繡。從菇傘下方正中央起繡，繡完一圈後直接進到內側，繼續繡下去。

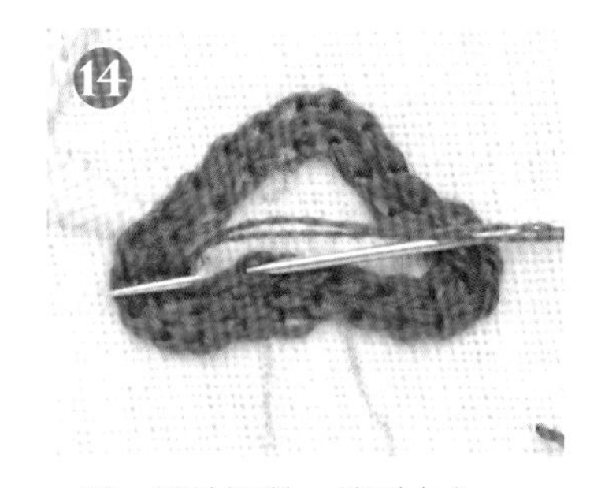

一圈一圈地運針，繡到中心。

蘑菇柄的部分也做鎖鍊繡。先入針至菇傘根部，再往返運針。

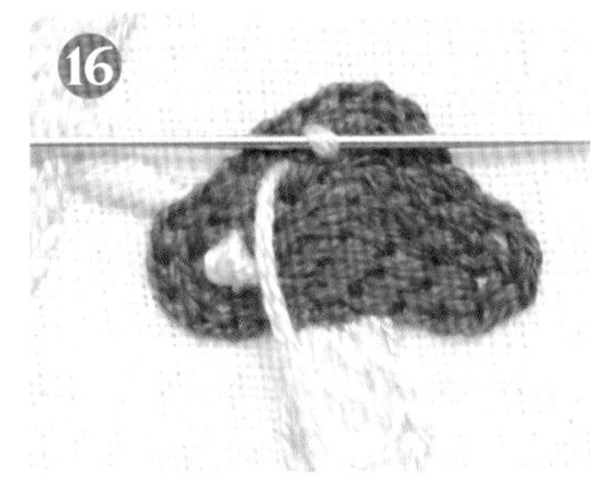

用 4 股線的德式結粒繡繡菇傘上的圓點（請參照 P25）。

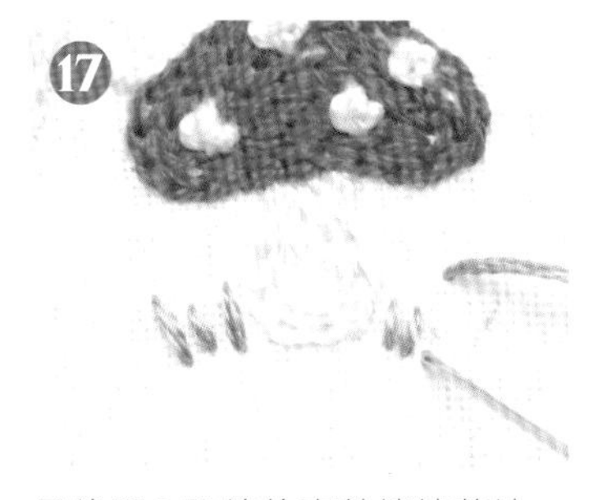

最後用 3 股線的直針繡繡草地，完成。

甜美的兔子

使用繡線

兔子→ cosmo714、cosmo364、cosmo381、DMC3371
玫瑰→ cosmo441、DMC320

除特別指定外，均使用2股線／○裡的數字是繡線股數／除指定針法外，均用緞面繡

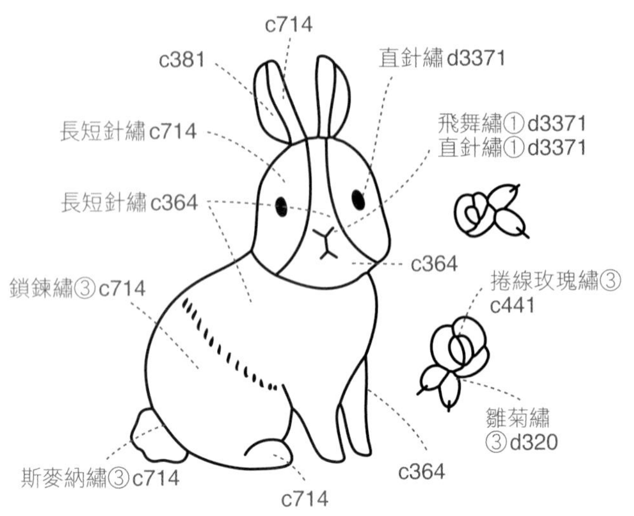

How to

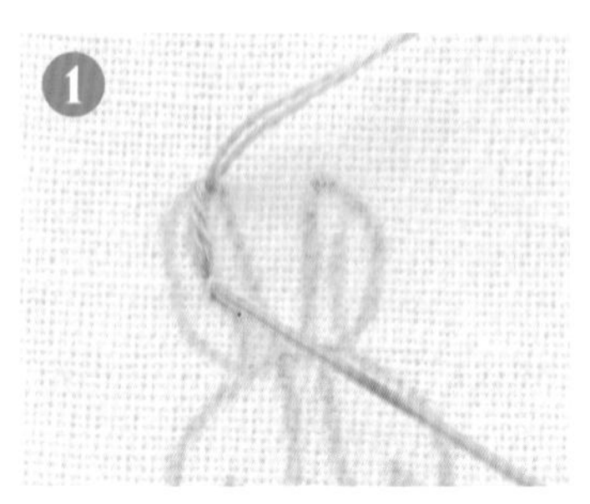

從耳朵前端斜向繡緞面繡。繡到一隻耳朵下方後，另一隻也用同樣方法繡。

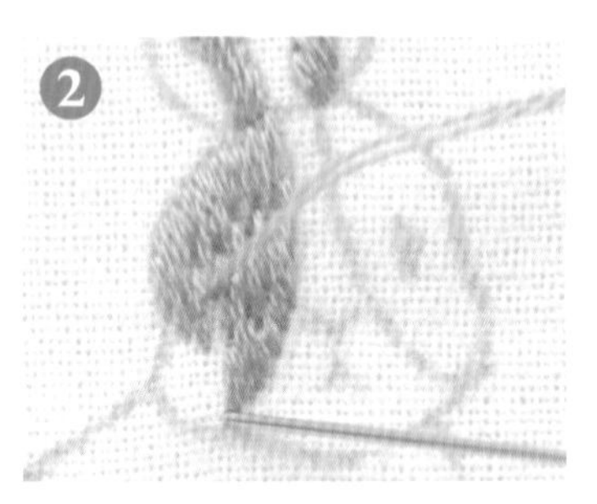

接著用長短針繡繡臉部的花紋。由於眼睛之後會再繡，先直接將輪廓填滿。

繡到下方後，繡針穿過背面的線，從另一隻耳朵的根部出針，以同樣方式運針。

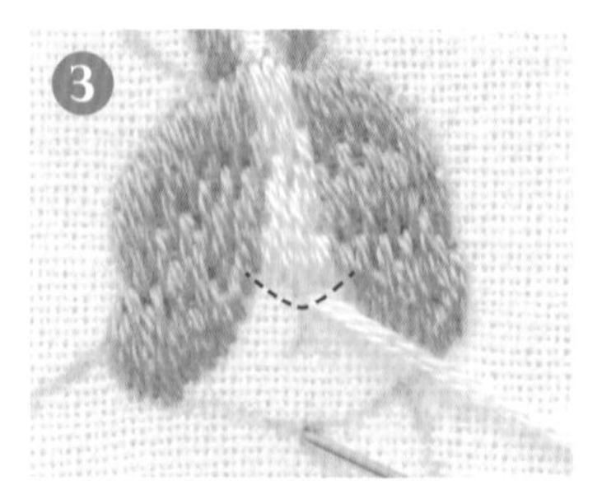

用長短針繡繡臉部花紋中央的部分。以鼻子的圖案作為區隔。接著鼻子下方到下巴的輪廓做緞面繡。

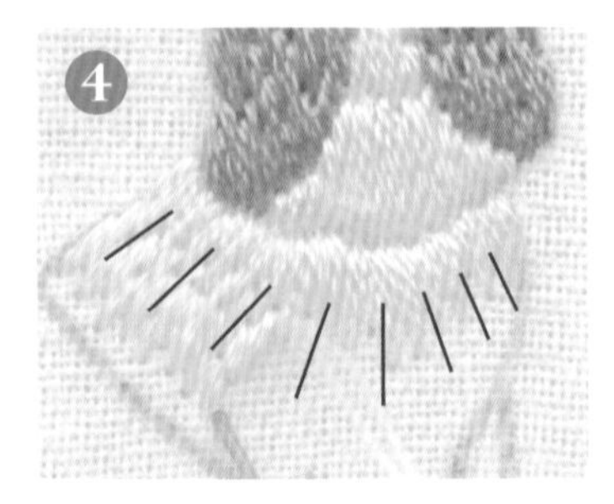

接著以長短針繡繡身體。由上往下等間隔地擴大每一針的角度，即可呈現自然的毛流。

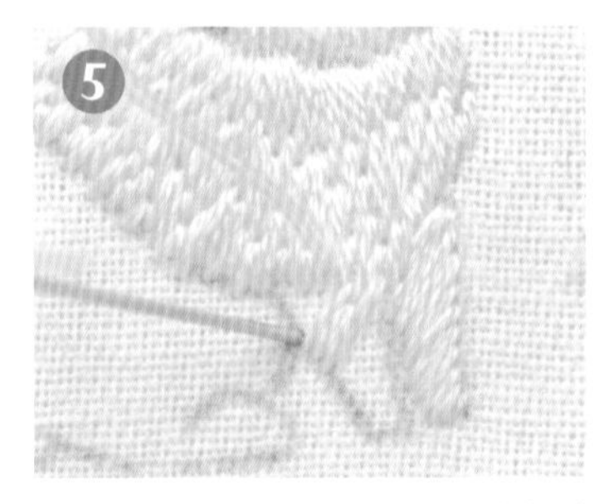

兩隻手分別做緞面繡。外側的手從胸前的長短針繡出針，就能自然地連接在一起。

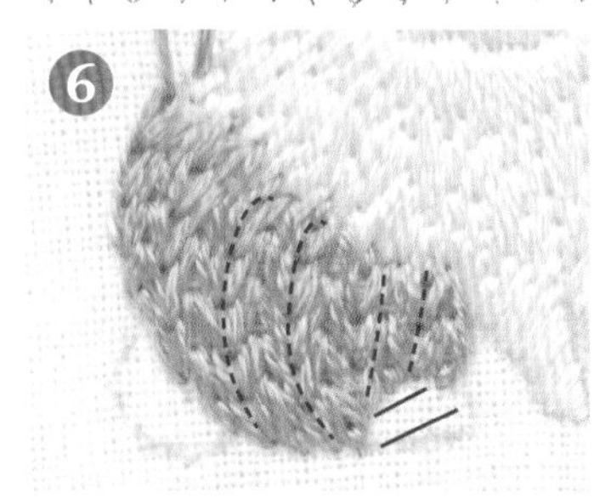

從腰部到腳以3股線的鎖鍊繡往返運針，慢慢地繡出弧狀。腳做斜向的緞面繡。

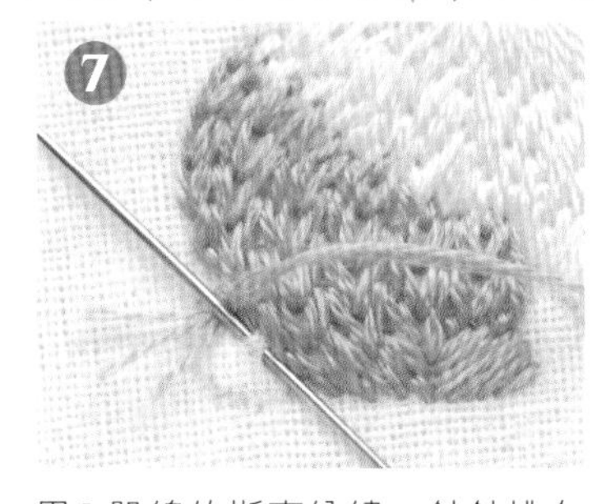

用3股線的斯麥納繡一針針挑布仔細地繡尾巴（請參照 P34）。由上往下運針。

由於圈環之後需剪開，不用太整齊也 OK 。繡完後，剪開圈環，調整繡線的長度。

從斜向看的狀態。剪開圈環後，用手指將繡線捻開，展現毛茸茸的感覺。

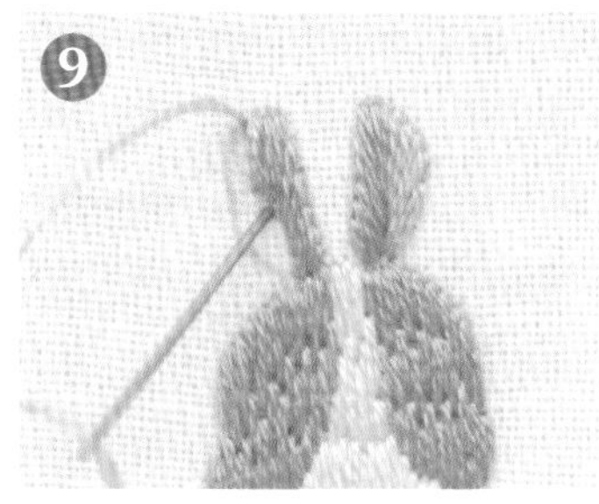

耳朵內側用緞面繡從外朝內繡，眼睛、鼻子下方和嘴巴的線條，用水消筆做記號。

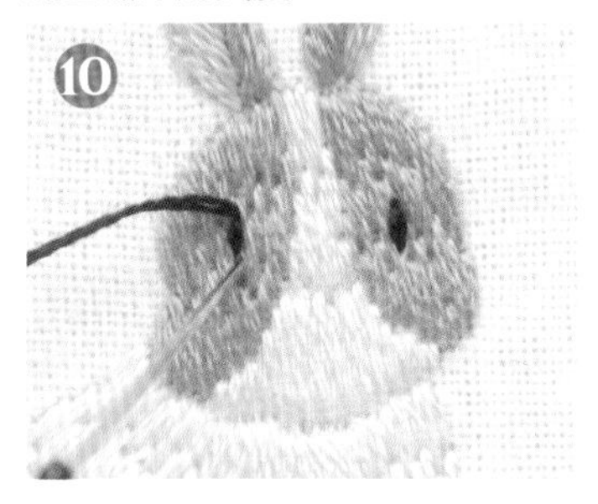

用1～2次直針繡調整眼睛的大小，重點是別太用力拉線。

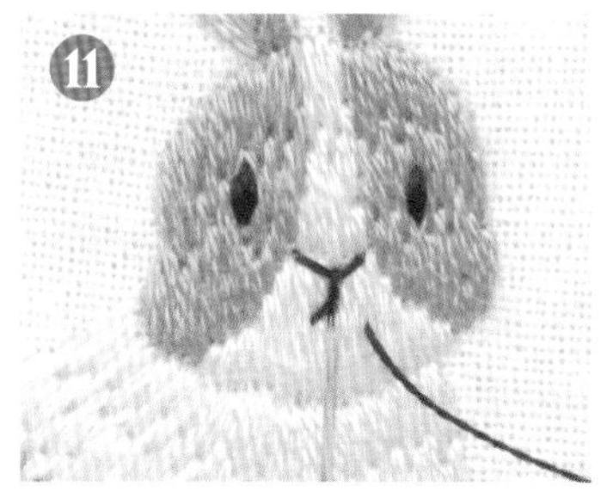

接著用1股線的飛舞繡繡鼻子，嘴巴做直針繡，兔子完成。

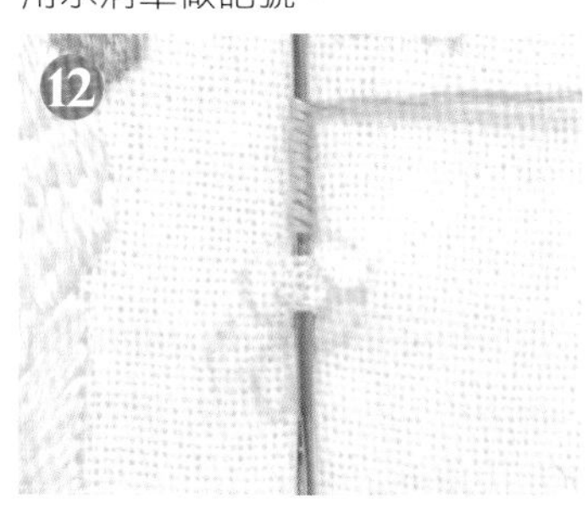

用3股線從玫瑰的中央繡兩條捲線繡（捲4次）（請參照 P28）。

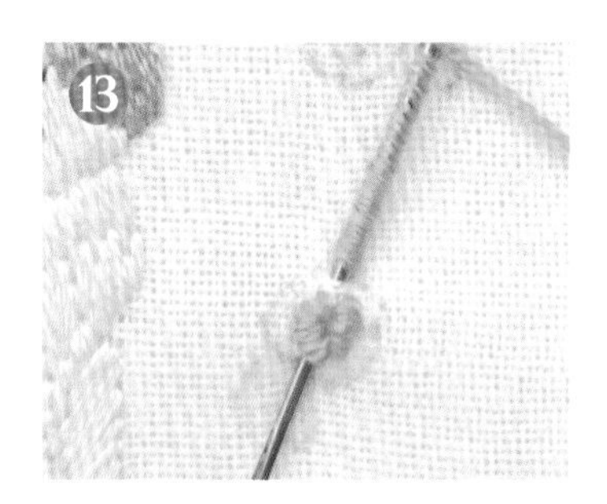

第三針捲10次線，注意別捲得太用力。

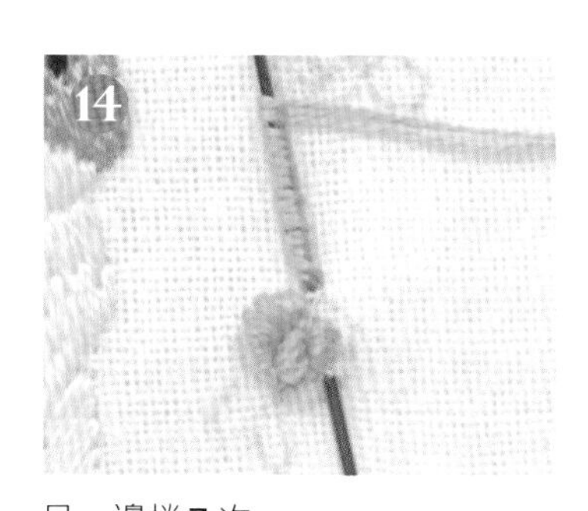

另一邊捲7次。

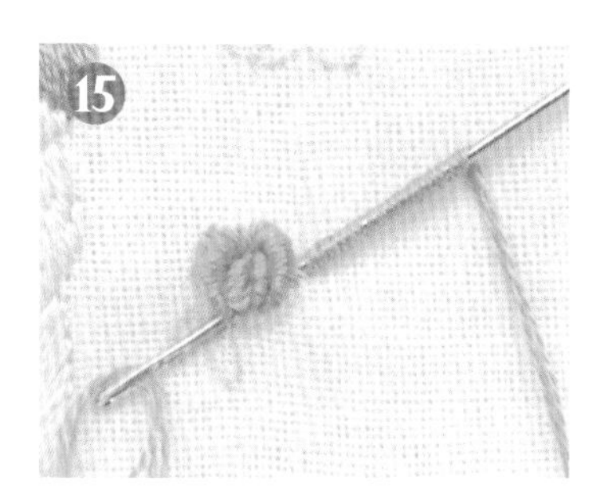

最下方捲8次。參考這朵玫瑰的繡法，另一朵玫瑰也要一邊觀察大小，一邊調整捲線的次數。

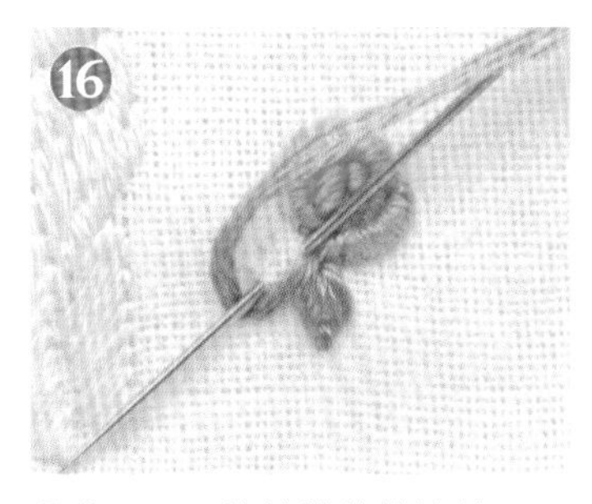

最後用3股線的雛菊繡繡葉子，玫瑰花完成。

小鹿斑比

使用繡線

小鹿→ cosmo308、cosmo311、cosmo351、DMC951、cosmo307、cosmo2307、DMC712、DMC3371、cosmo500
草、花→ DMC3051、cosmo554、cosmo655

除特別指定外，均使用2股線／○裡的數字是繡線股數／除指定針法外，均用緞面繡

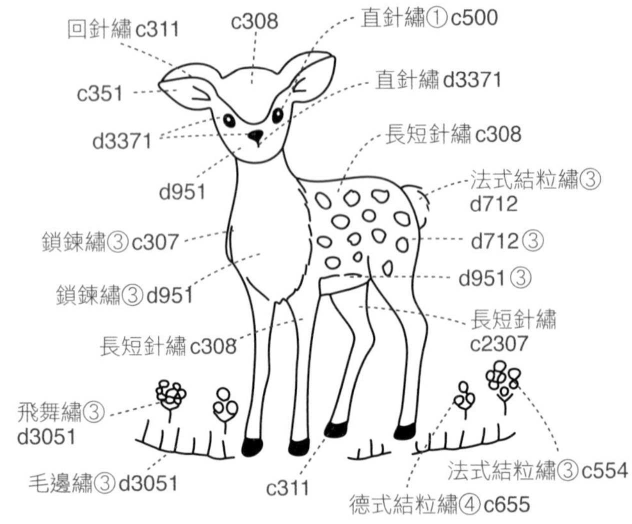

How to

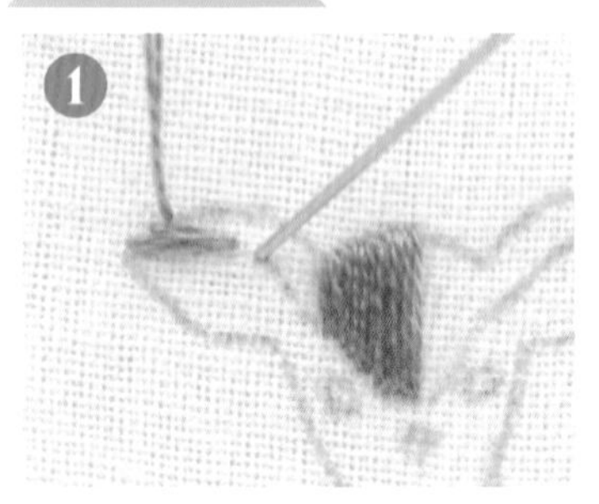

頭部從正中央做緞面繡，在耳朵根部先入針。自耳朵尖端出針，斜向用緞面繡繡耳朵外側。

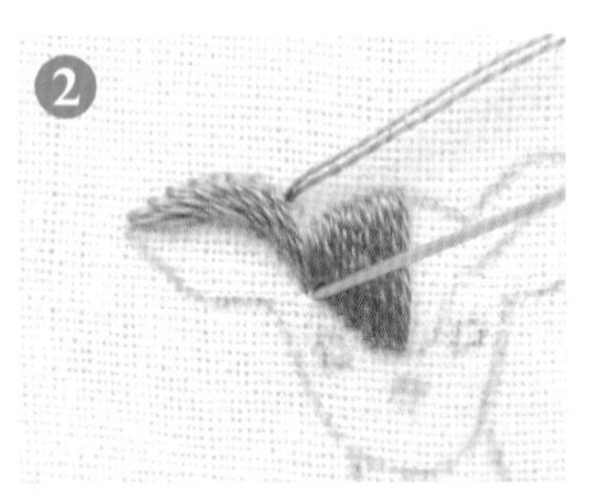

運針角度慢慢地從斜向改成縱向，與頭部的刺繡連接起來。另半邊也以同樣方式繡。

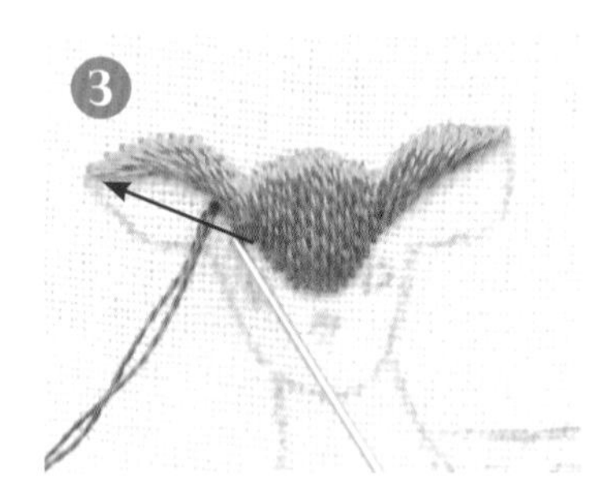

用回針繡繡耳朵的輪廓。從距離耳朵根部一個針腳處出針，開始繡輪廓。

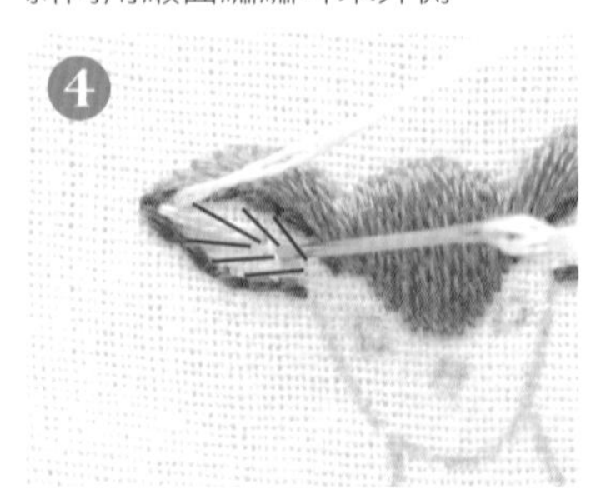

耳朵內部用緞面繡填滿。起繡的第一針從耳朵前端出針，自正中央入針。臉部也做緞面繡。眼睛之後再繡，先直接填滿輪廓。

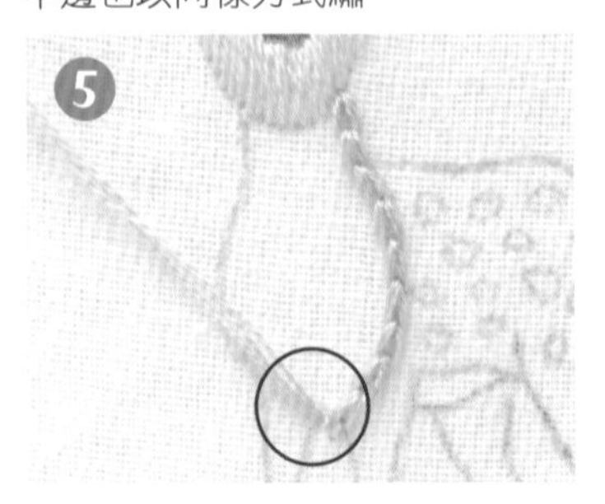

用3股線的鎖鍊繡繡胸前的輪廓。繡到下方後先入針，在旁邊出針後繼續運針。

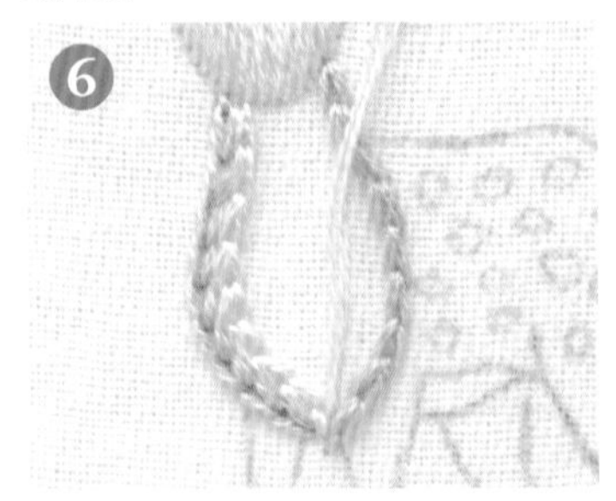

換線，與❺反方向做起繡。來到下方後，同樣先入針再在旁邊出針，出針後繼續運針。

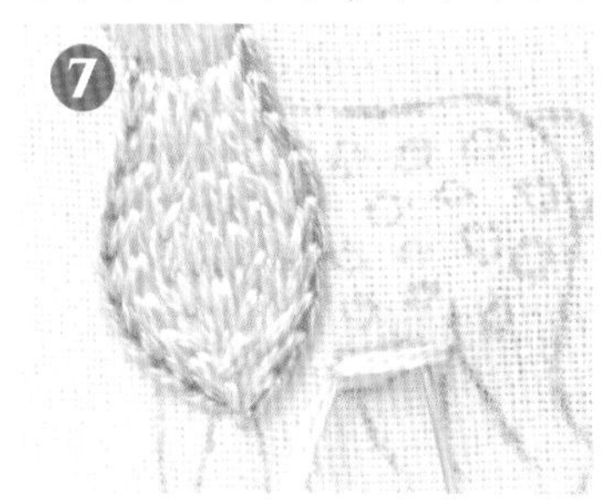

肚子做3股線的橫向緞面繡。

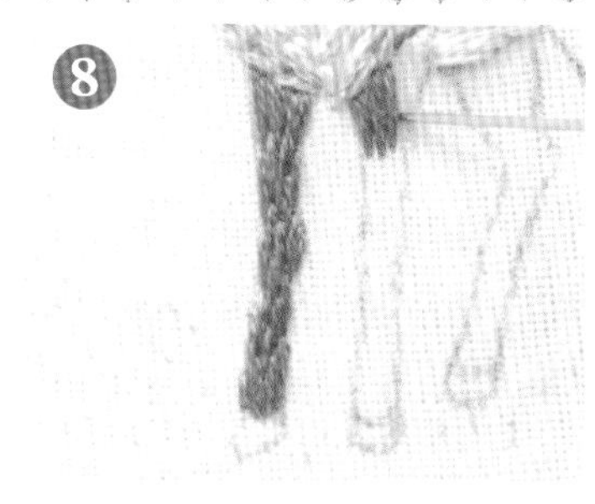

前腳做長短針繡。繡到腳的前端後，將針穿過背面的線，自另一隻腳根部出針繼續繡。

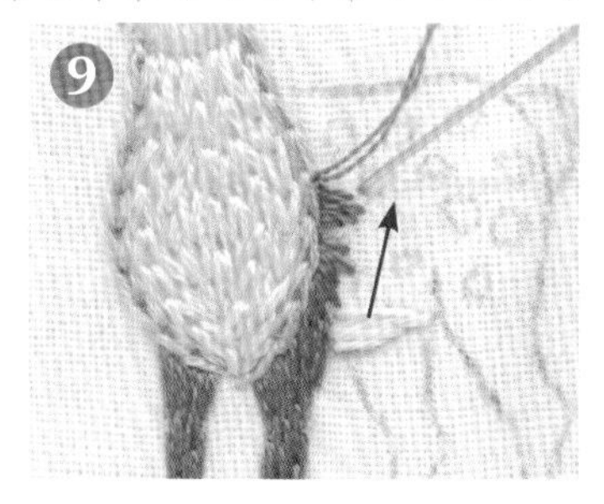

繡完前腳同樣穿過背面的線，在腳的根部出針。身體同樣以長短針繡運針。

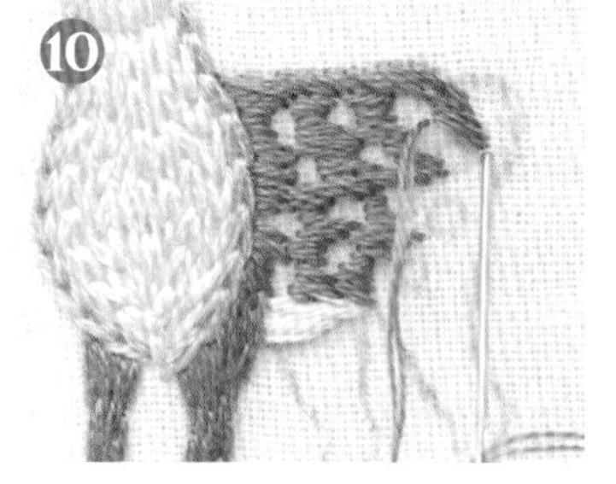

繡身體時避開斑點，斑點與斑點間縮短針腳，從屁股到後腳，運針角度從橫向改成縱向。

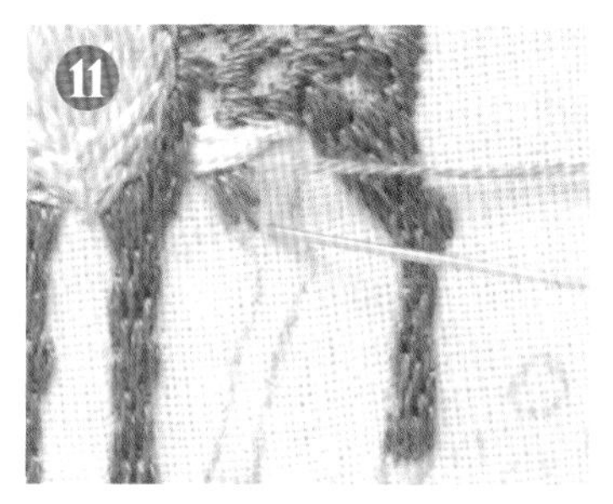

外側的後腳從身體自然地延伸，內側的後腳換繡線的顏色後繼續用長短針繡。

腳蹄做縱向的緞面繡，繡下一隻腳蹄時，不要直接將線拉過去，一定要先穿過背面的線。

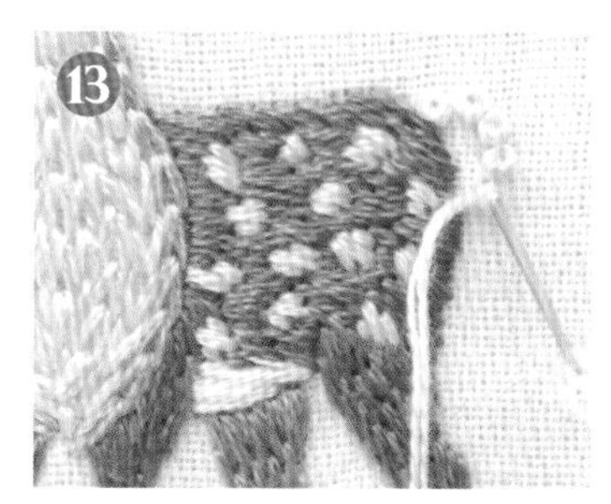

斑點用3股線的緞面繡，接著以3股線的法式結粒繡繡尾巴。先從輪廓繡就能繡得很漂亮。

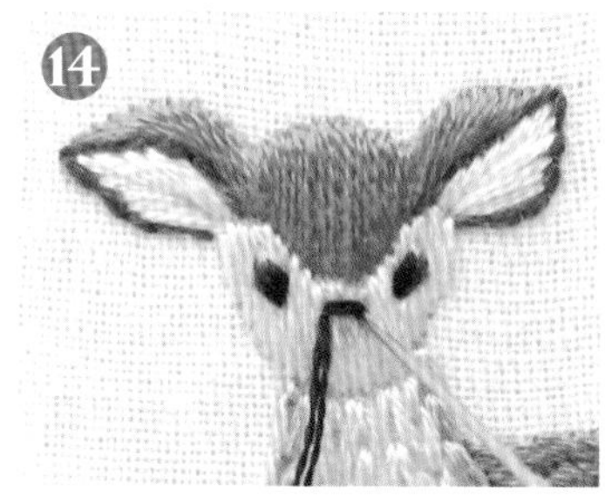

斜向運針，以緞面繡繡眼睛。不要太用力拉線。鼻子做橫向緞面繡，下方線條做縱向直針繡。

用1股線的直針繡繡眼睛裡的光點，小鹿完成。

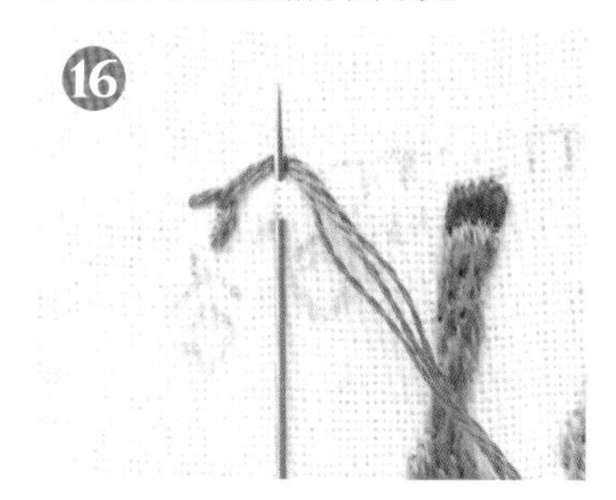

用3股線的毛邊繡繡腳邊的草地（請參照P31）。以180度角拿繡框，繡起來比較容易。

接著用同樣的繡線以飛舞繡繡小花的莖（請參照P26）。

紫花用3股線的法式結粒繡，紅花用4股線的德式結粒繡。線不要拉得太緊即可呈現立體感。

帥氣猴面鷹

使用繡線

DMC3371、cosmo716、DMC951、cosmo500、DMC738、DMC842、DMC841

除特別指定外，均使用2股線／○裡的數字是繡線股數／除指定針法外，均用緞面繡

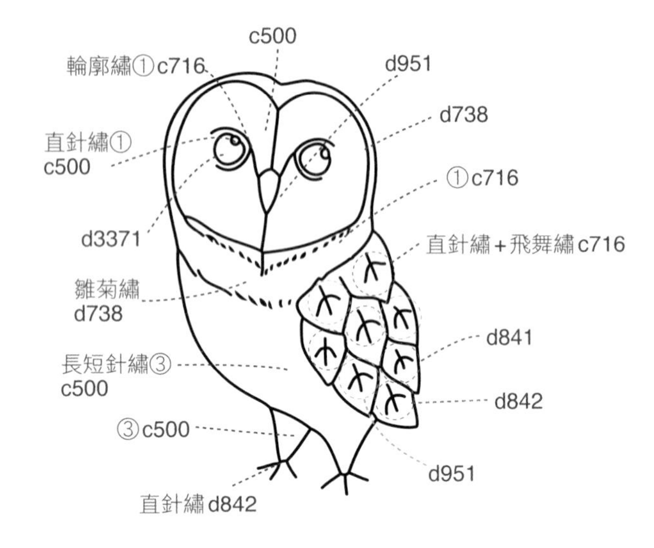

How to

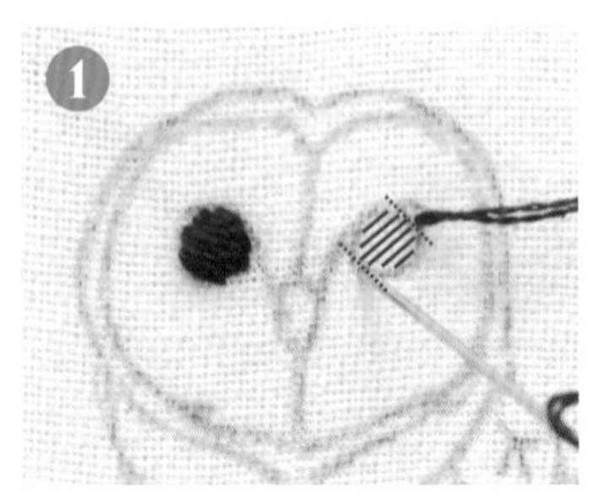

斜向用緞面繡繡眼睛。為了繡出圓圓的大眼睛，要從正中央開始繡，第二針與第一針做出高低落差為佳。

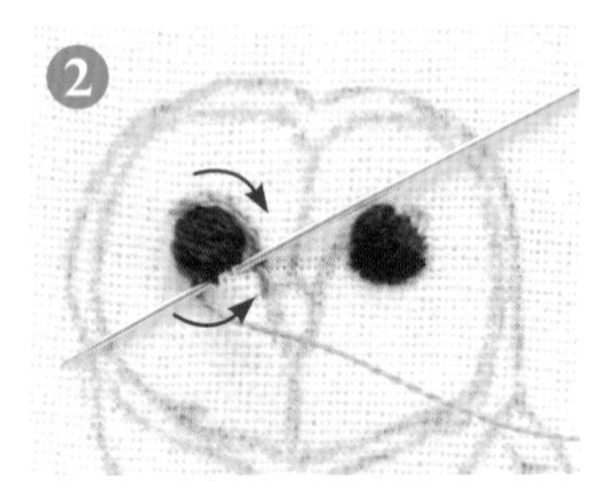

眼睛上方周圍到鳥喙的線條做1股線的輪廓繡，繡時縮短針腳。眼睛下方也一樣。

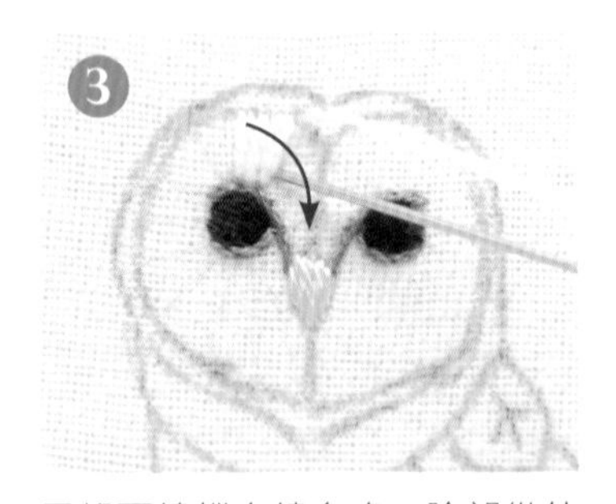

用緞面繡縱向繡鳥喙，臉部從外側往內側運針。從邊緣開始繡的話，較細的部分會比較不好繡，建議從眼睛上方開始繡。

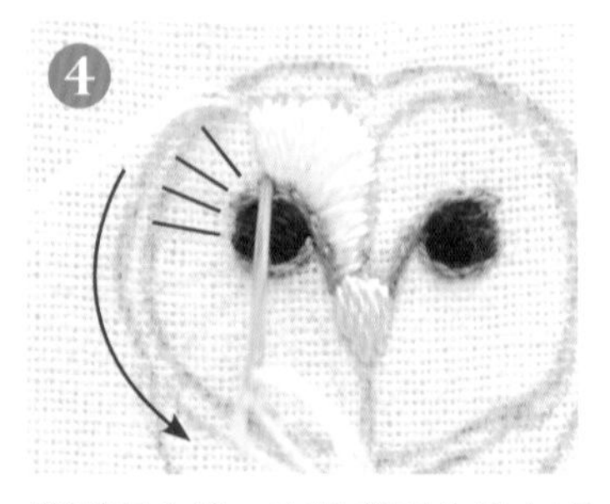

繡到下方後，穿過背面的線自正面出針，接著繡緞面繡。適時縮短針腳，內側才不會擠在一起。另半邊也一樣。

刺繡時一定要將扭轉的繡線理直，繡起來才會漂亮。

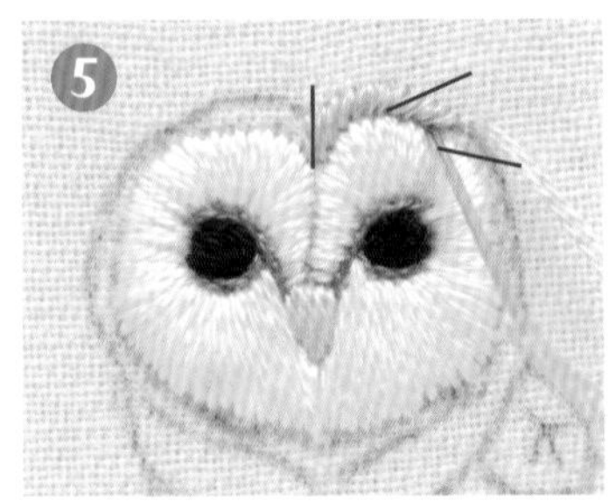

接著用緞面繡繡臉部周圍。從正中央開始繡。慢慢調整角度斜向運針。

接著慢慢調整角度，繡到脖子時由下往上運針。另半邊也以同樣方式繡。

用1股線的緞面繡從外側朝中心，斜向繡脖子的花紋。在中心線入針，仔細填滿縫隙。

脖子的花紋用雛菊繡由上往下運針。改用180度角拿繡框，比較好繡。

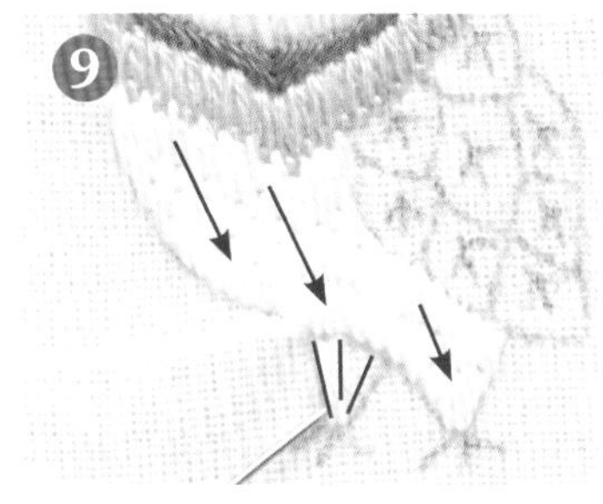

肚子到腳做3股線的長短針繡，內側的腳做緞面繡。

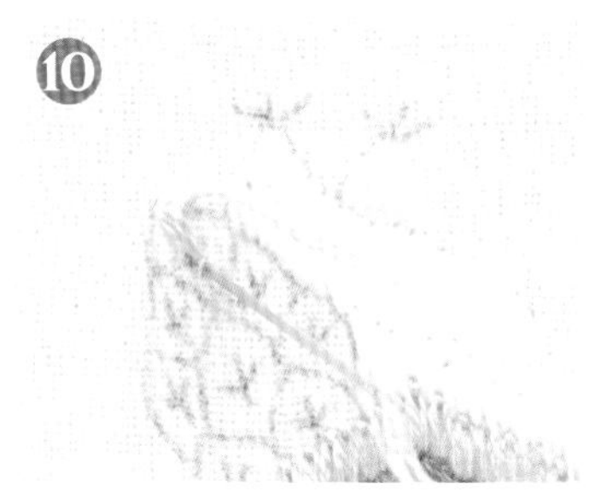

以180度角拿著繡框，用緞面繡繡葉子的方式繡羽毛。起繡的第一針在正中央入針。

從外側朝著中心斜向運針。

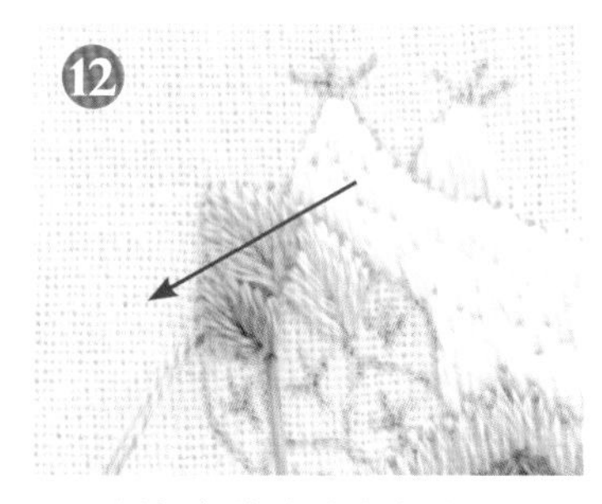

用三種顏色的繡線自上往下一塊塊依序運針。

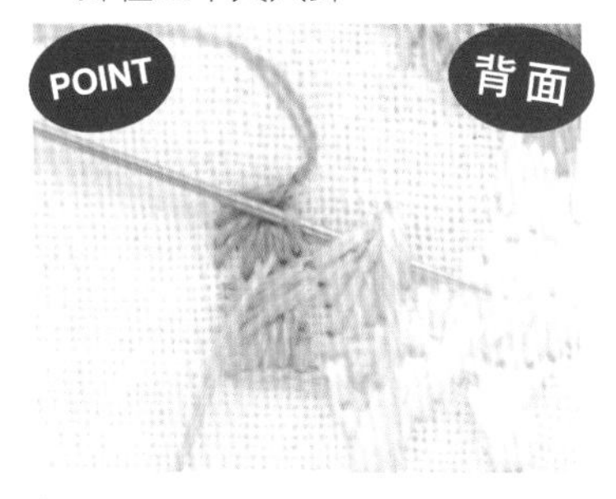

各顏色繡完一個區塊後先休線，接著繡時，先穿過背面的線再從正面出針，繼續繡下去。

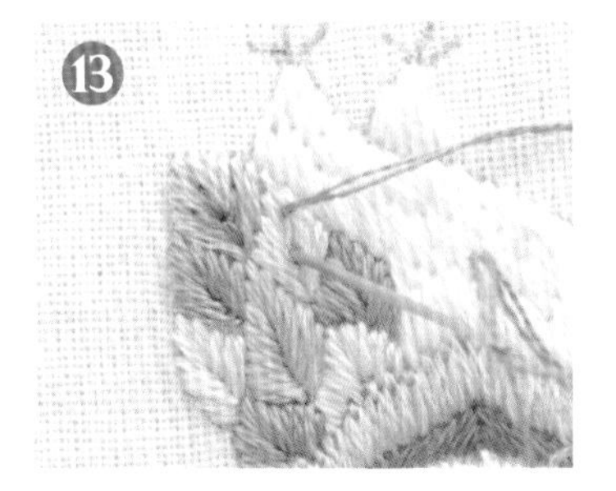

羽毛的花紋一開始先用直針繡。線拉太用力的話容易被埋起來，所以要小心力道。

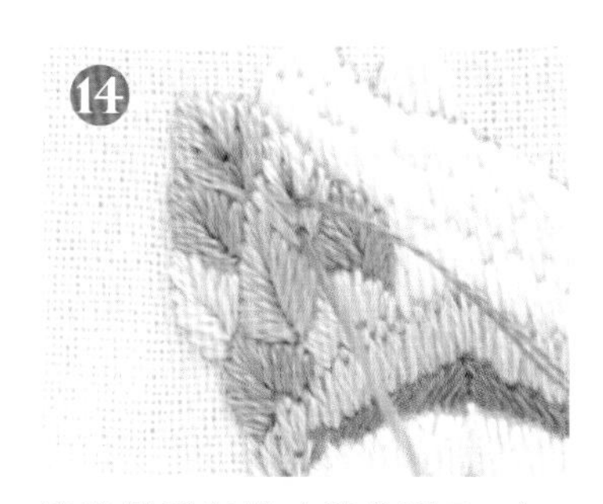

接著繡飛舞繡（請參照P26）。這裡不能挑布，所以先入針再從正面出針，繡出紋路。

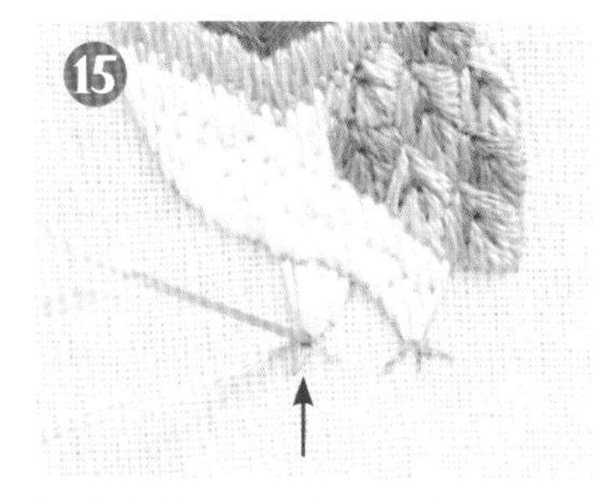

腳從外側朝根部做直針繡。

最後在眼睛上以1股線繡較短的直針繡，繡出眼睛的光點。猴面鷹完成。

胖嘟嘟的熊

使用繡線

DMC839、DMC841、DMC738、DMC840、DMC842、DMC3371

除特別指定外，均使用2股線／○裡的數字是繡線股數／除指定針法外，均用緞面繡

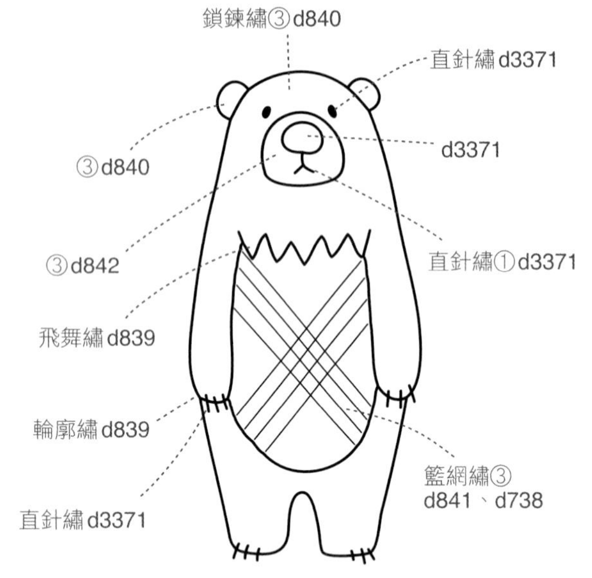

How to

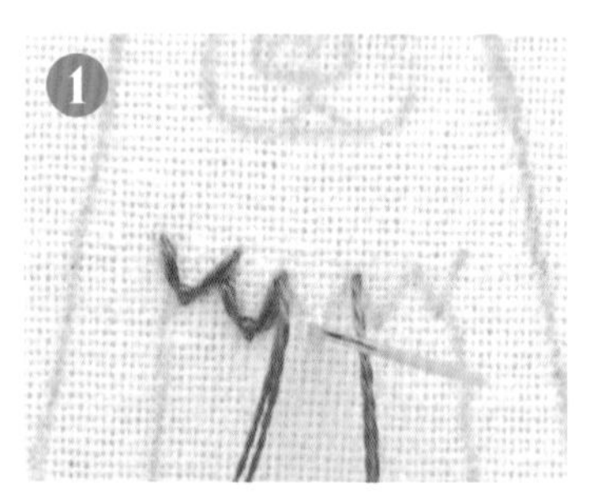

沿著圖案，以飛舞繡來繡胸前的紋路（請參照P26）。

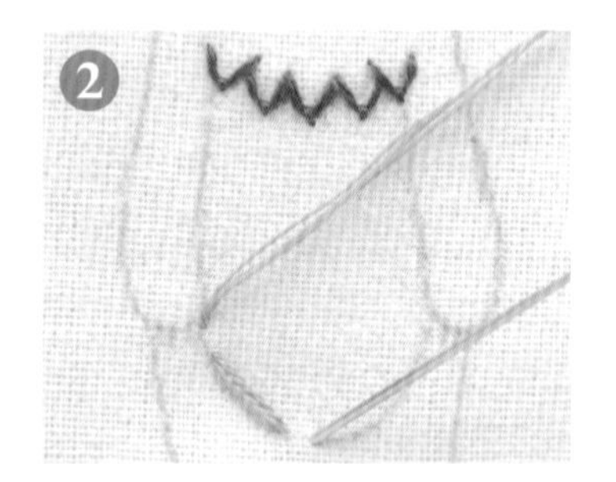

肚子用3股線的籃網繡。先用水消筆畫線，斜向運針（請參照P33）。

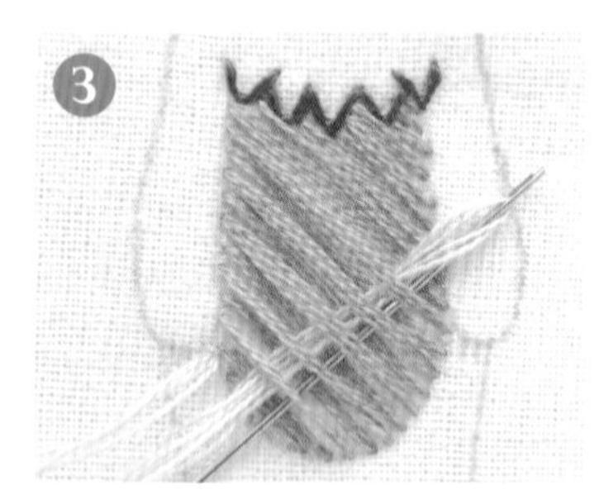

更換繡線的顏色，以3股線上下交互穿線。用針頭比較好穿過去。

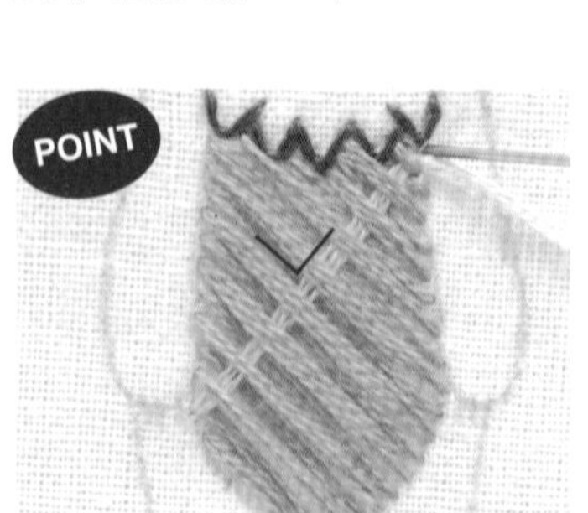

入針時注意兩束線的交叉要呈90度角。起繡的第一排需要注意角度。

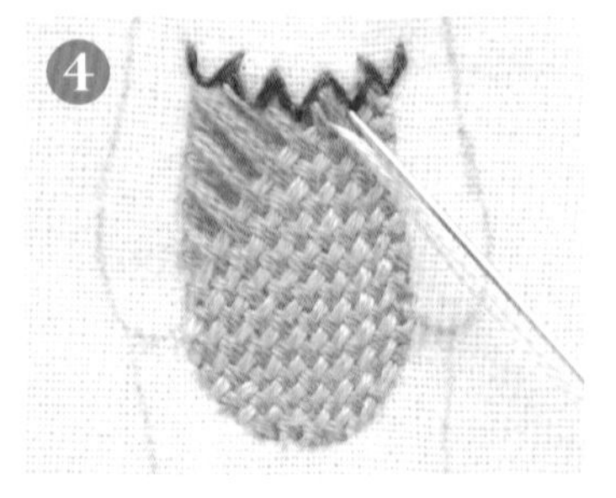

一邊調整交叉的繡線，用籃網繡填滿。

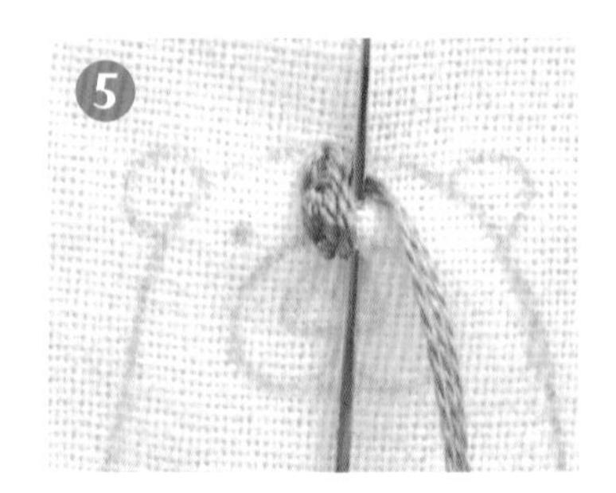

用3股線的鎖鍊繡從臉部往身體的方向運針。仔細繡完兩針後，返回再繡兩針。配合圖案改變一針的長度，繼續運針。

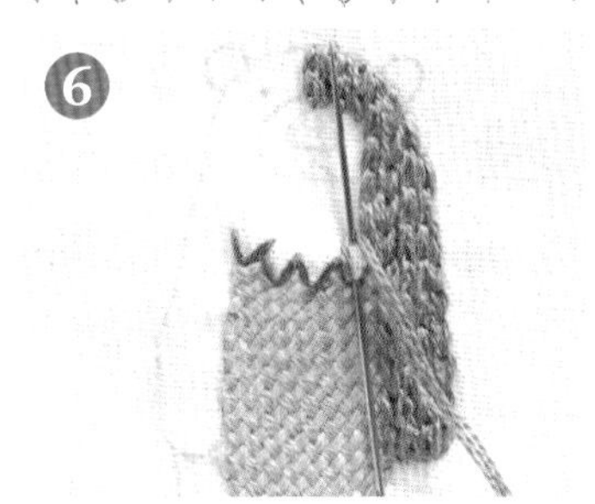

從頭部繡到胸前，再繡到手的前端，手臂繡完後，往返運針繡嘴巴下方。

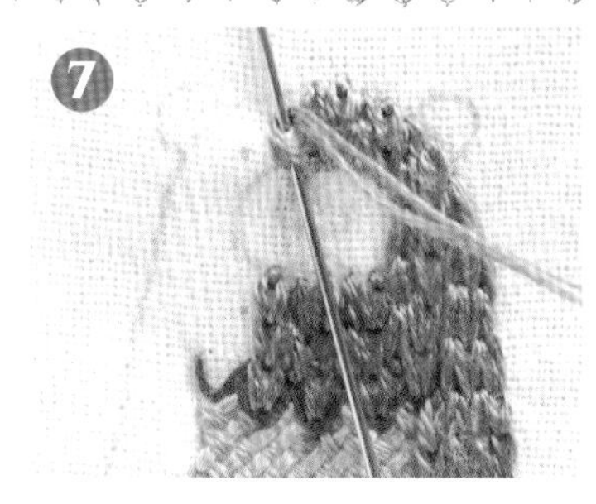

在嘴巴下方超過正中央一點點的地方入針，接著從頭部出針，另半邊也以同樣的方式繡。

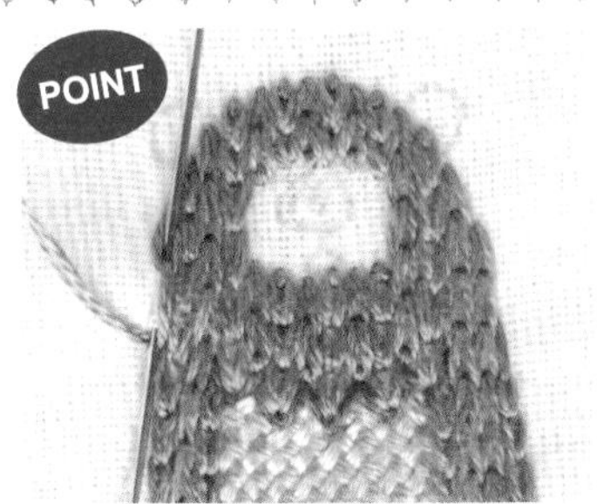

觀察左右兩邊的平衡，一邊運針。

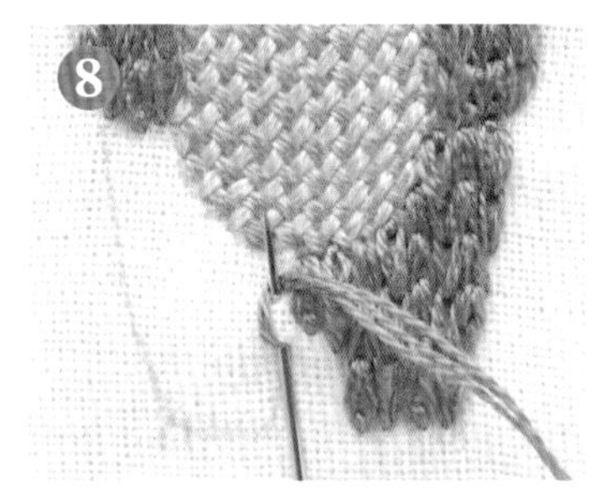

胯下到腳同樣用鎖鍊繡往返繡。另半邊也以同樣方式繡。

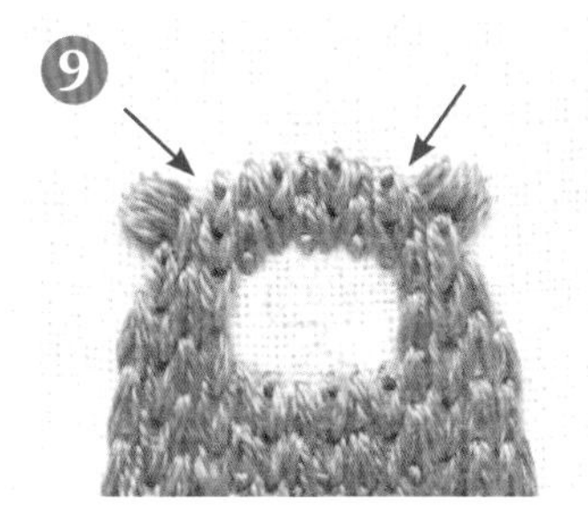

耳朵以3股線的緞面繡來繡。

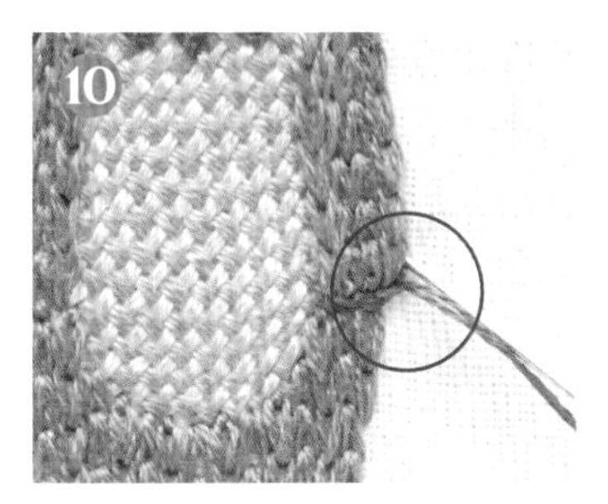

手前端的輪廓用輪廓繡。另一隻手也一樣。

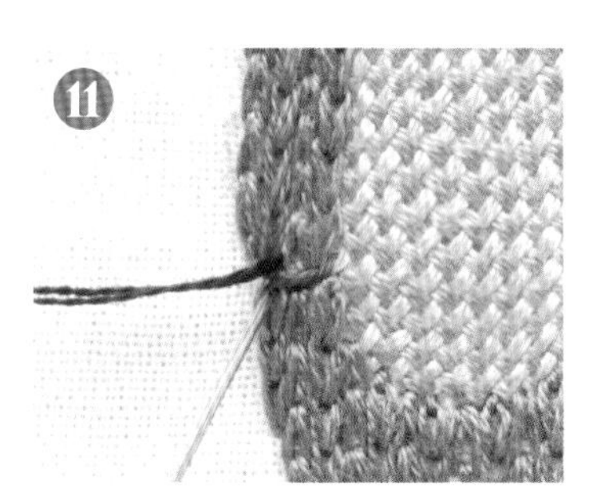

手腳的爪子做直針繡。

臉部中央用3股線的緞面繡。將扭轉的繡線理直，繡出柔和的圓形。

沿著水消筆所畫的鼻子輪廓，斜向用緞面繡繡鼻子。注意不要太用力拉線。

眼睛用直針繡，繡1～2次調整眼睛大小。接著換成1股線，鼻子下方的線條同樣做直針繡。

從嘴角出線，將繡針穿過鼻子下方的直針繡。

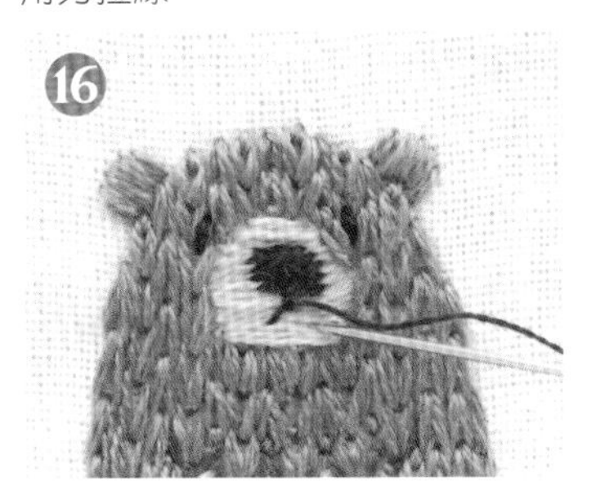

拉線，將針插入另一邊嘴角，完成。

幸福青鳥

使用繡線

DMC841、cosmo252、cosmo411、cosmo412、cosmo302、cosmo297、cosmo100、DMC3371

均使用2股線／除指定針法外，均用緞面繡

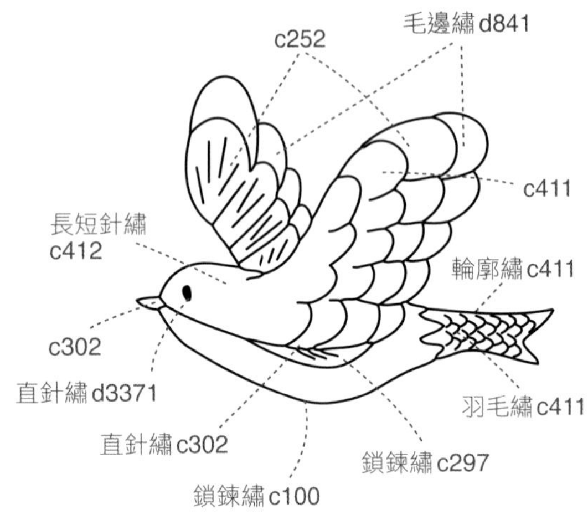

How to

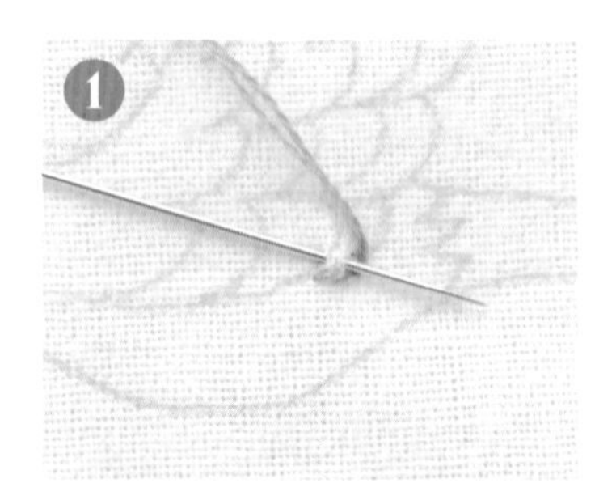

用毛邊繡由下往上運針繡翅膀的外側（請參照 P31）。仔細地繡，即可繡出漂亮的弧狀。

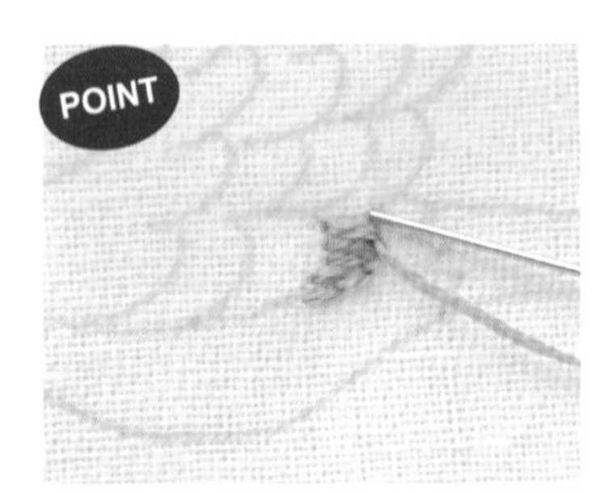

第一個弧狀繡完後入針，每一個弧狀分開來繡。內側的另一隻翅膀也以同樣方式繡。

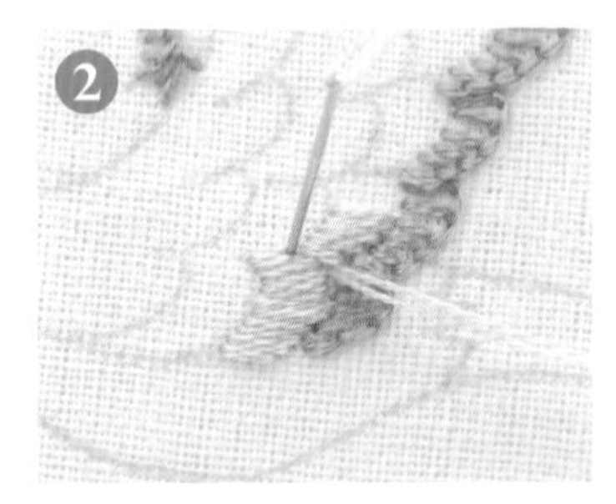

自外側起的第二層羽毛做緞面繡。這裡也是每一個弧狀分開來繡，從弧形的正中央開始運針。

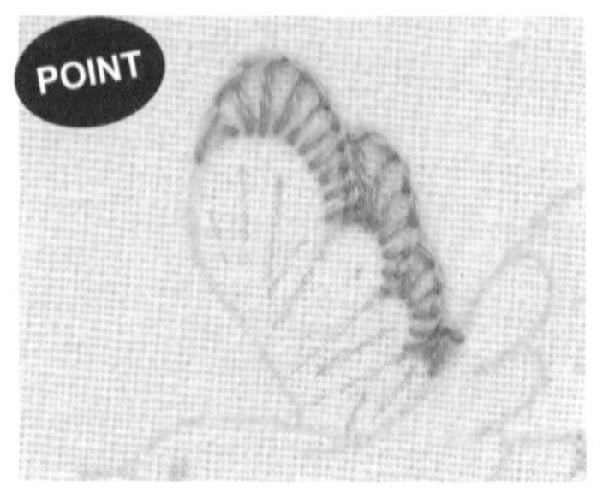

用水消筆如圖先畫出內側翅膀的引導線，這樣比較容易繡。

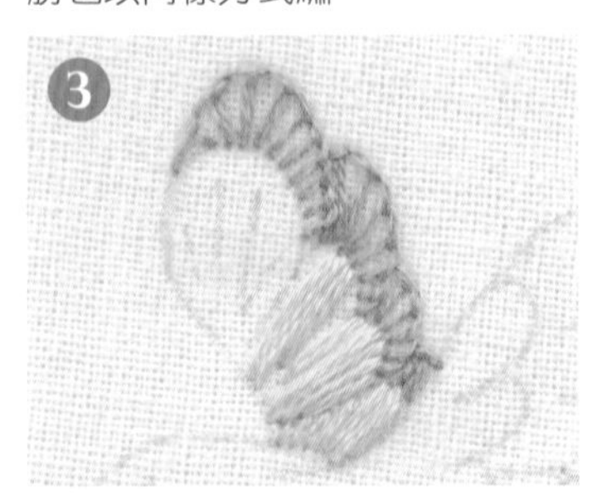

用緞面繡從最下方的羽毛開始，每一個弧狀分開來繡。

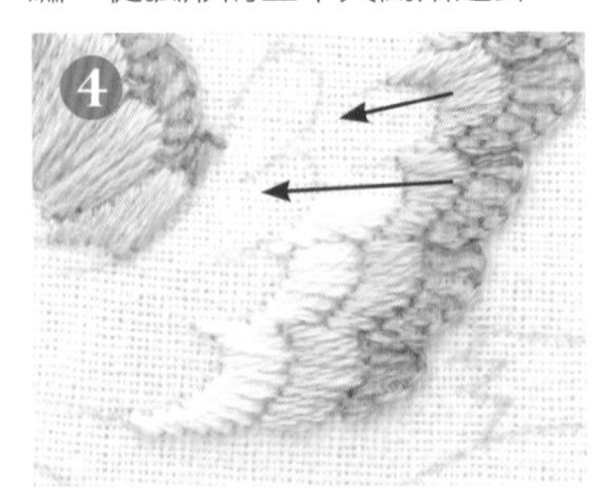

下一層羽毛也用緞面繡，沿著圖案，將每一個弧狀分開來繡。

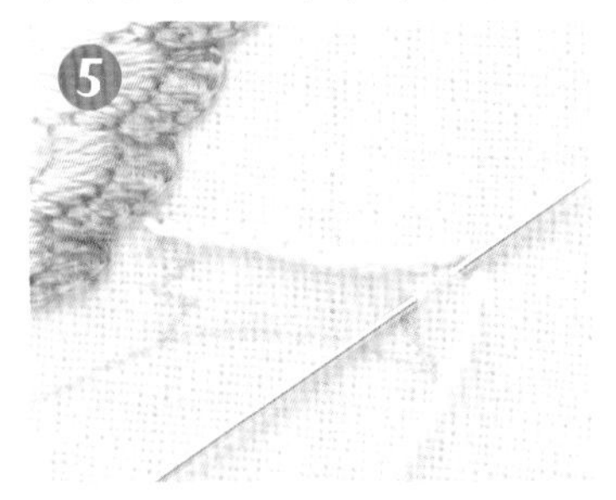

用輪廓繡繡尾羽的輪廓。尾羽的邊角用「輪廓繡邊角的繡法」（請參照 P15）。

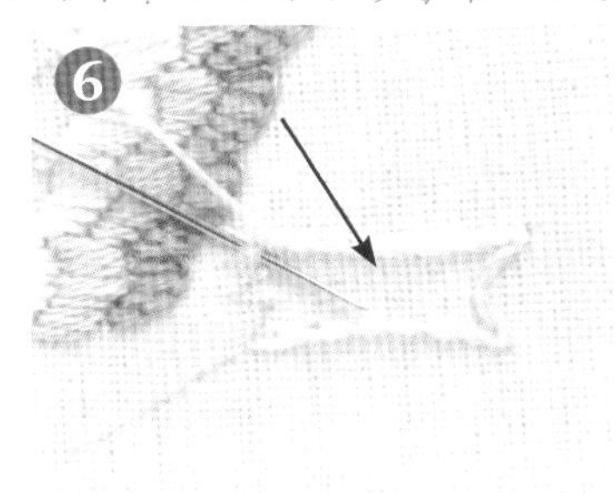

尾羽的面自輪廓往內側運針，繡較小的羽毛繡（請參照 P27）。

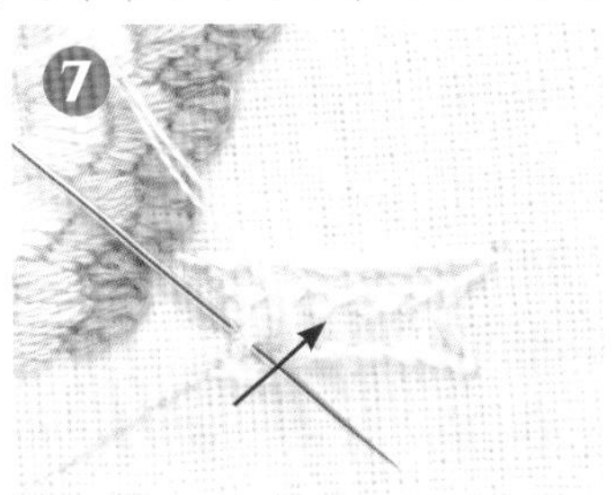

以小的羽毛繡先填滿尾羽的上半部，下半部同樣用羽毛繡自輪廓往內側運針。

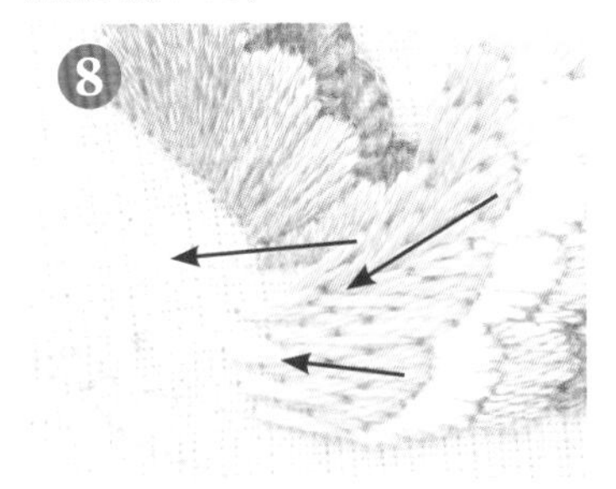

用長短針繡來繡剩下的羽毛到頭部。填滿羽毛的面之後，繼續運針將頭部的面也填滿。

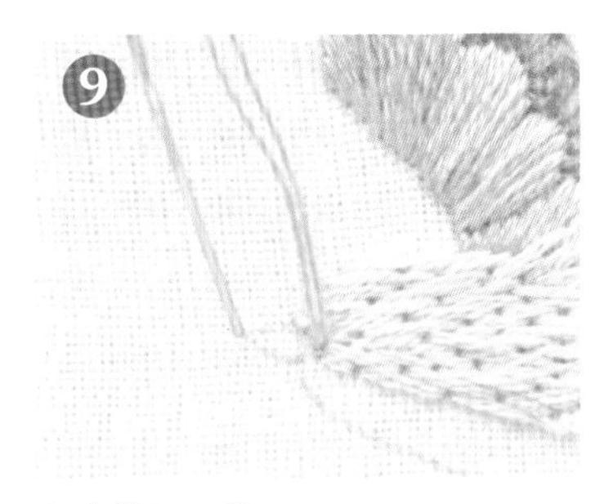

鳥喙做緞面繡。

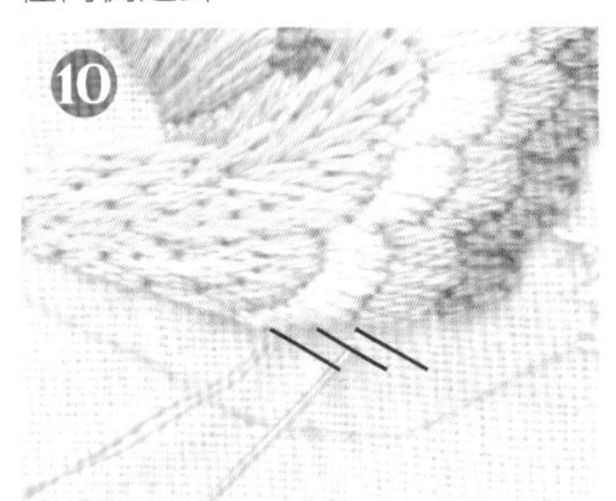

以3針直針繡自翅膀下方繡肚子的花紋。

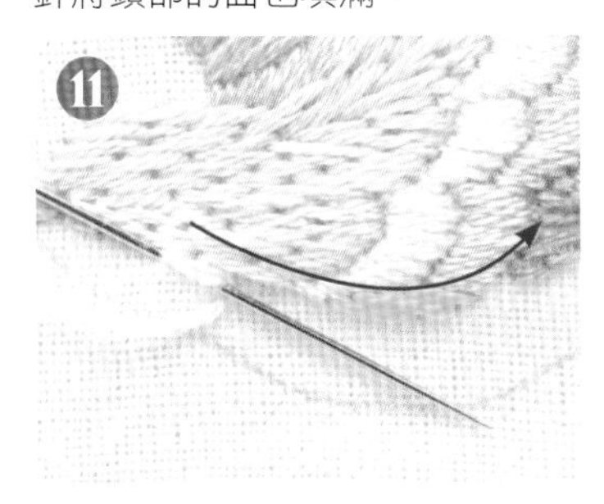

接著用鎖鍊繡繡肚子的花紋，從臉部下方繡到茶色羽毛下方。

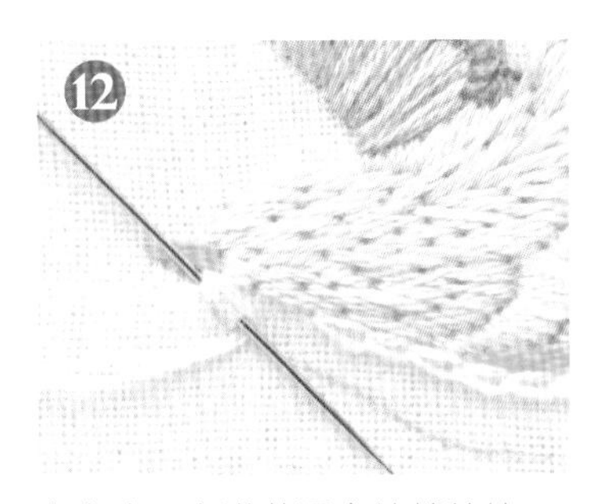

自鳥喙下方沿著圖案繡鎖鍊繡。

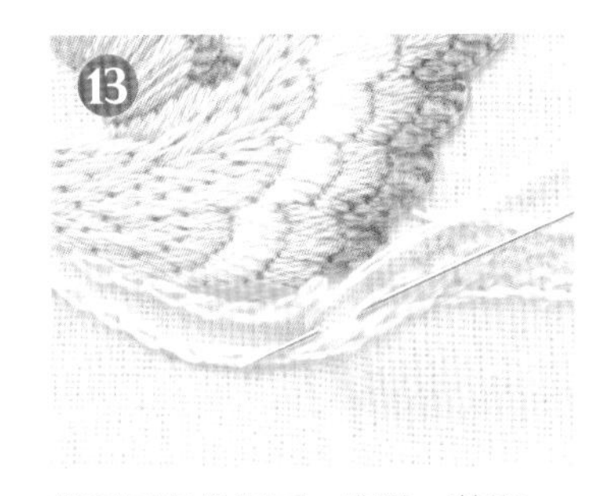

繡到尾羽後返回，填滿一整面。

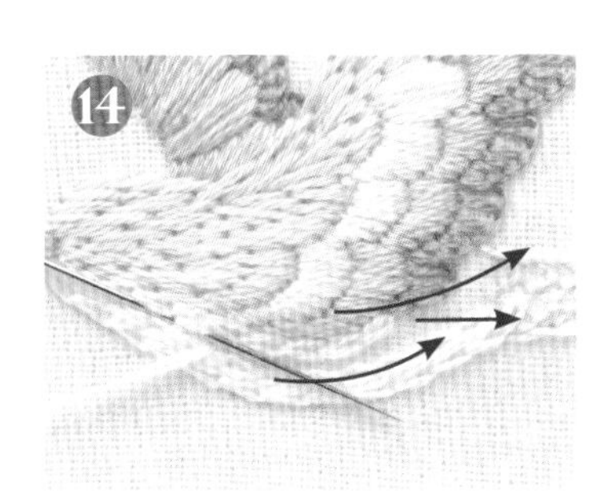

最後自翅膀後方出針，一直繡到尾羽。

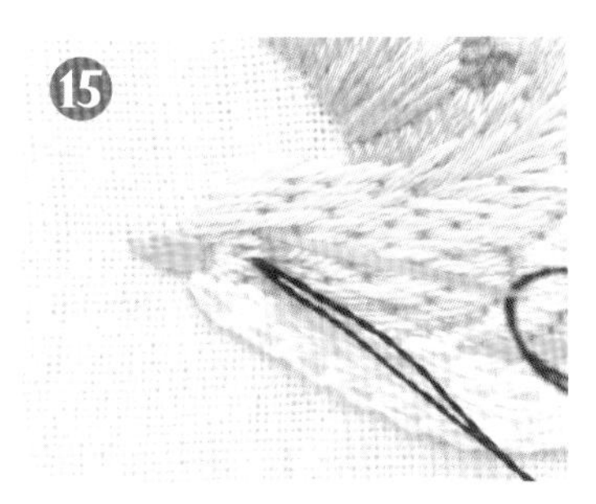

用直針繡繡眼睛，繡1～2次調整眼睛的大小。青鳥完成。

用繡線製作「流蘇」

使用繡線也能製作流蘇。和飾品組合在一起，既可愛又有個性！

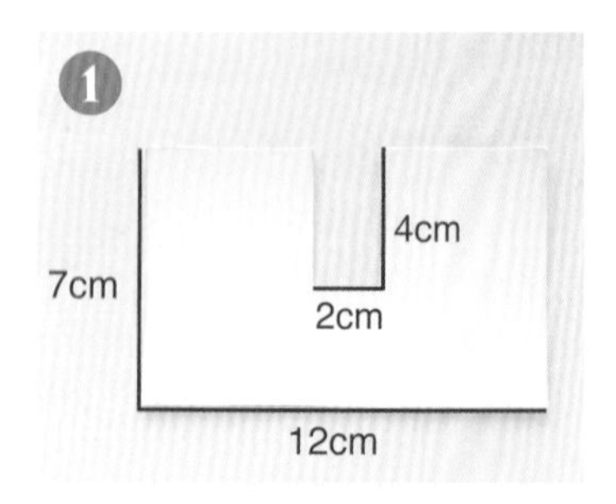

準備厚紙板，裁成如圖般的尺寸和形狀（流蘇完成的長度是6cm）。

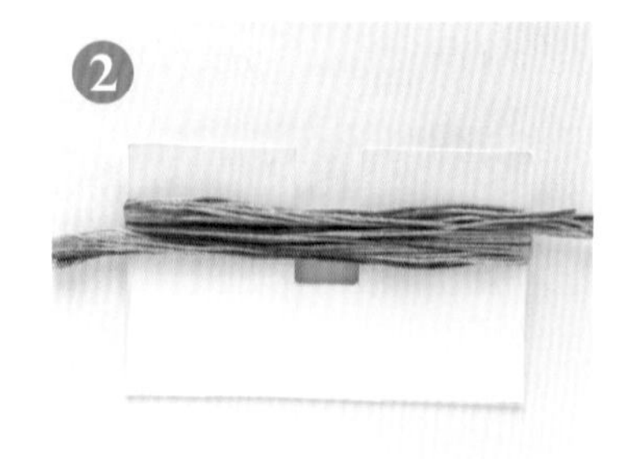

在厚紙板上纏上10條已捻好的6股線（P8步驟❺「繡線的準備」完成的長度）。

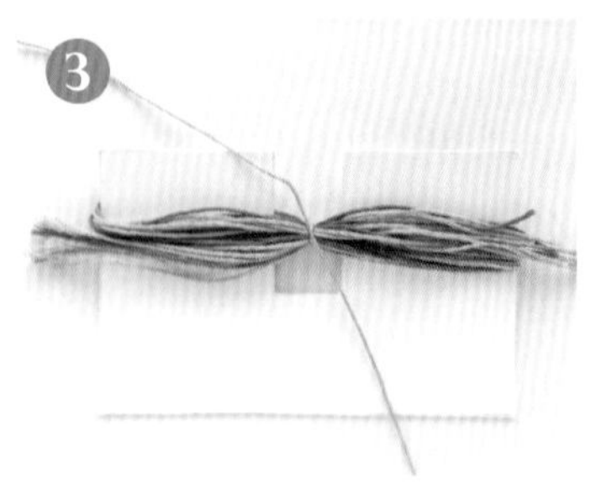

將纏好的繡線從正中央綁起來，在前方打結。另一邊也打結。

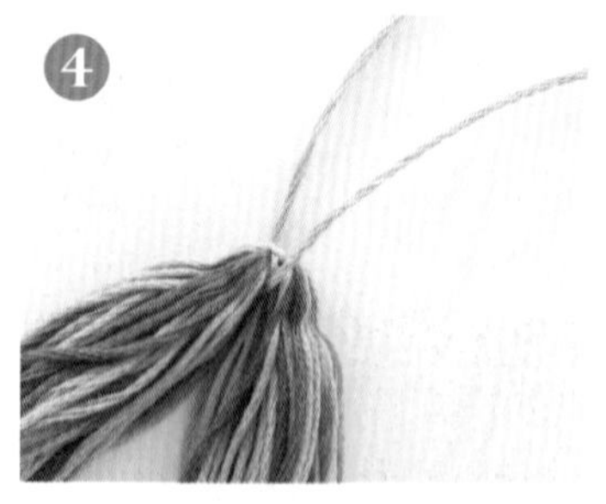

拿掉厚紙板後，在❸的繡線打兩個結做成圈環。

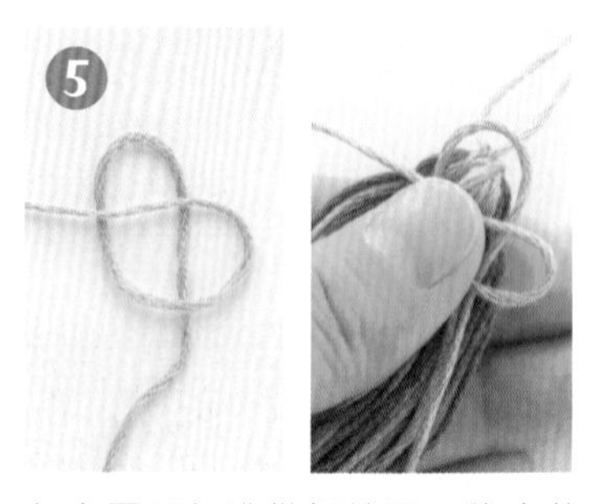

如左圖那般準備好線圈，將流蘇本體對摺，將線圈套上去。

左側的繡線在流蘇本體上繞兩圈後，穿過上方的圈環。

將穿出圈環的線與留在下方的線，同時拉緊。從上方穿出的線在邊緣處剪掉，自下方穿出的線隱藏入流蘇本體（若繡線的顏色和本體不同，下方的線也剪掉）。

將本體下方的圈環部分剪開，修剪成適當長度後，流蘇完成。

Chapter 4

手作飾品＆布小物

使用動物刺繡，可以製作各式各樣的飾品和布小物。
先繡出自己喜歡的小動物，再加工成飾品，盡情享受刺繡的暖心療癒時光吧！

方便的手工藝工具

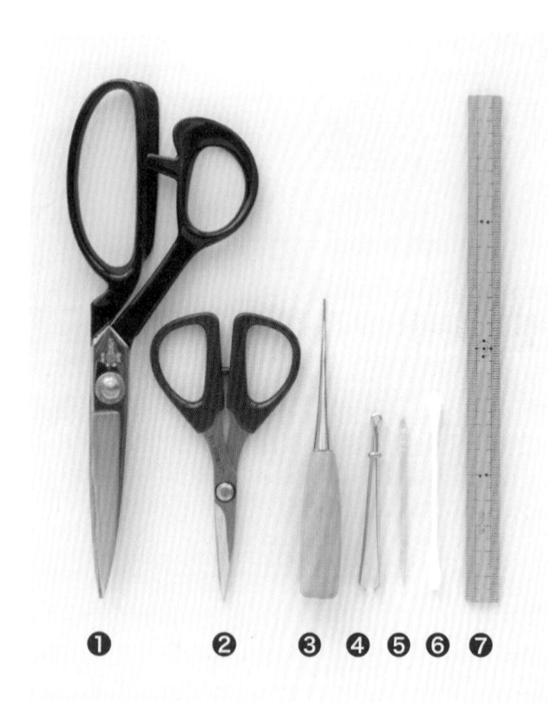

❶ 布剪

剪布時使用。

❷ 手工藝剪刀

前端尖銳呈弧狀的剪刀。適用於剪布、線、合成皮或毛氈布等細緻修剪的作業。

❸ 錐子

本書用來將布翻面。尖尖的錐子可以將塞住的布推出，調整形狀。

❹ 鬆緊帶固定夾

本書使用鬆緊帶固定夾的尾端來填充棉花。

❺ 牙籤

本書使用牙籤將膠水塗在細部。

❻ 棉花棒

本書用來擦拭水消筆畫的記號。

❼ 尺

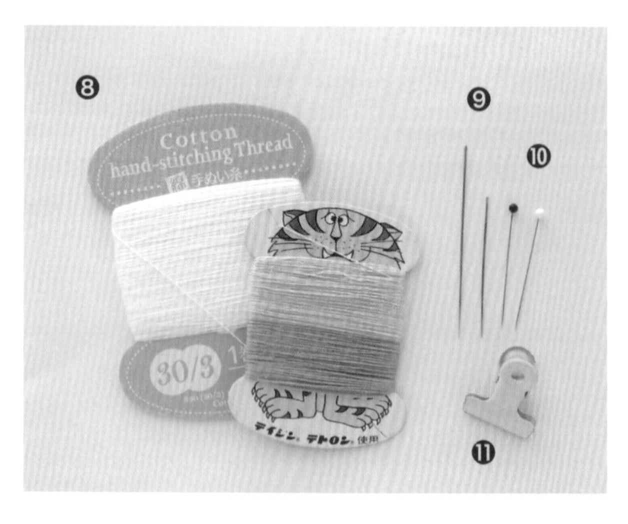

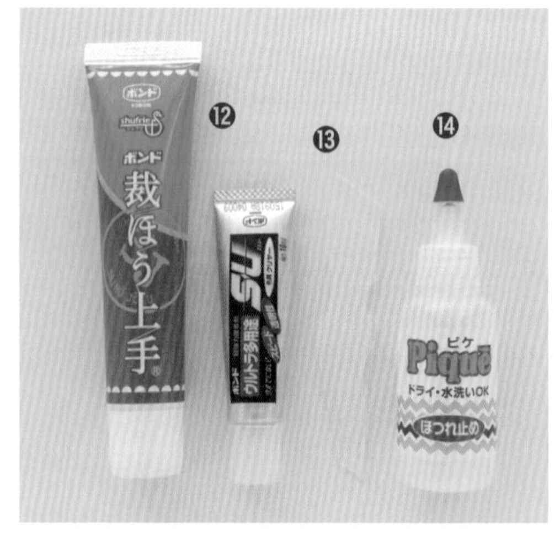

❽ 手縫線

❾ 手縫針

❿ 待針

⓫ 夾子

⓬ 膠水

用來貼合布的布用膠水，還有貼合布與飾品零件時使用的強力膠，可依用途選擇使用。

⓭ 刮棒

塗抹膠水時使用。

⓮ 手工藝用膠水

製作手作飾品前的準備

將刺繡完成的布先熨燙過。
皺摺燙平之後，再用來製作飾品。

Point 準備物品

・厚毛巾　・噴霧器　・布　・熨斗

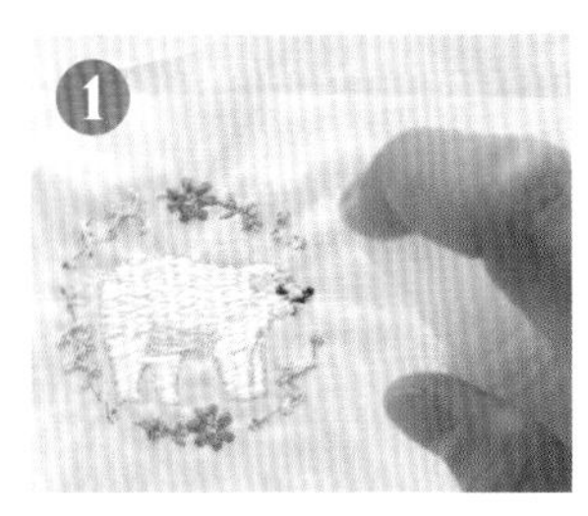

將刺繡的背面朝上，厚毛巾墊在下面，再用噴霧器噴上水。

在刺繡背面的上方擺上布（墊布）。

在墊布上方以熨斗輕壓，燙平皺摺。

繡布上的皺摺燙平後，再抽掉厚毛巾，刺繡就能蓬鬆不易變形。

手縫的基本技巧

1. 打球結

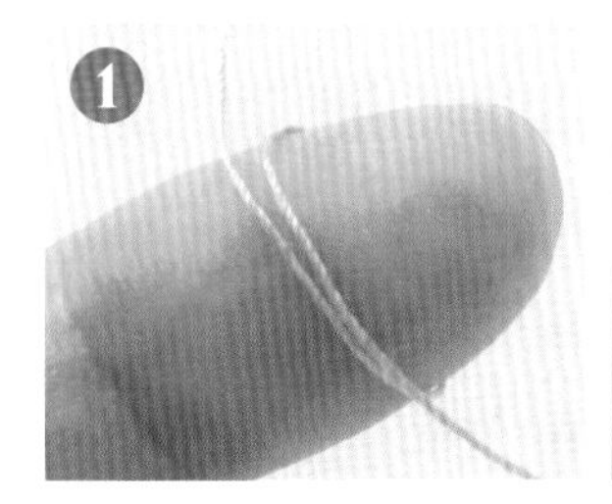

將線捲在食指上。

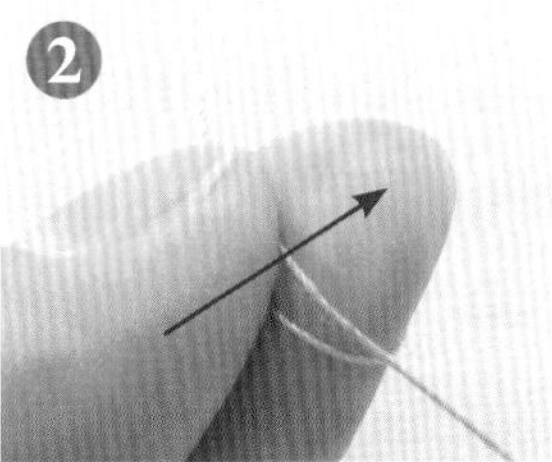

用拇指按住捲線，拇指朝箭頭方向邊滑動邊捻線。

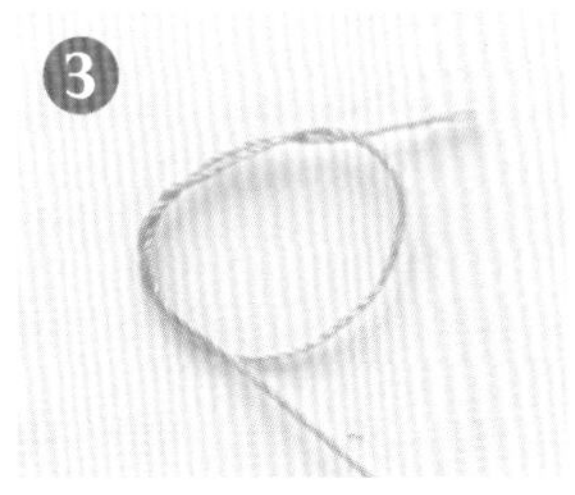

線就會如照片所示捲成一圈。※ 線不要離開手

一拉線就能完成球結。

2. 平針縫

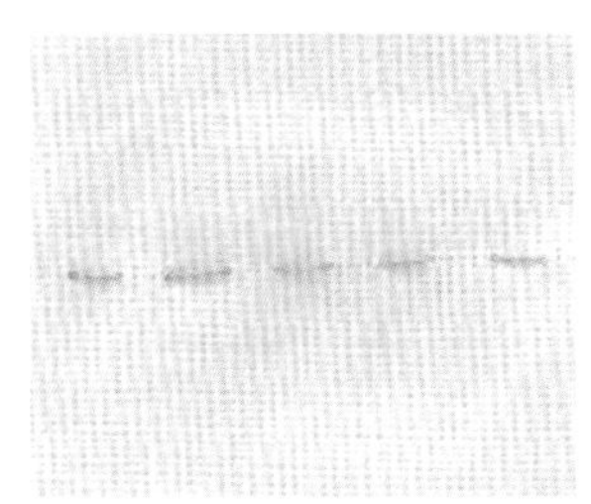

與平針繡（請參照P17）一樣以等間隔運針，是最基本的手縫技巧。

3. 藏針縫

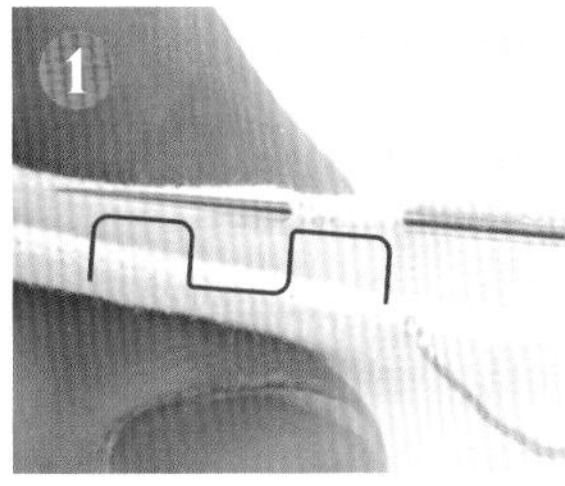

挑起一針後出針，將針插入對面的布中。重複這個動作。

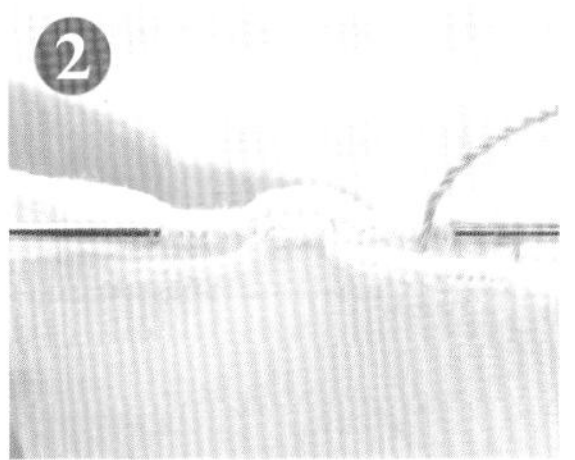

連續縫下去，就會呈現出「コ」字形。

拉線時兩片布就會闔上，開口也會封合。

胸針

手縫小貓熊立體胸針

難易度 ★★★

Tool

· 動物刺繡
· 背面用的布（裡布）
· 胸針底座（25mm）
· 棉花
· 手工藝剪刀
· 待針
· 繡針
· 繡線
· 手縫針
· 手縫線
· 膠水
· 錐子

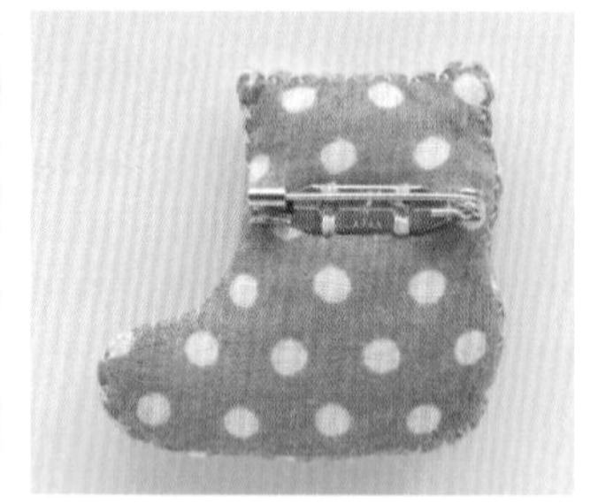

How to

在距離刺繡圖案約1.5cm處留白後將布剪下，刺繡的正面與背面用的布貼合，用待針固定。

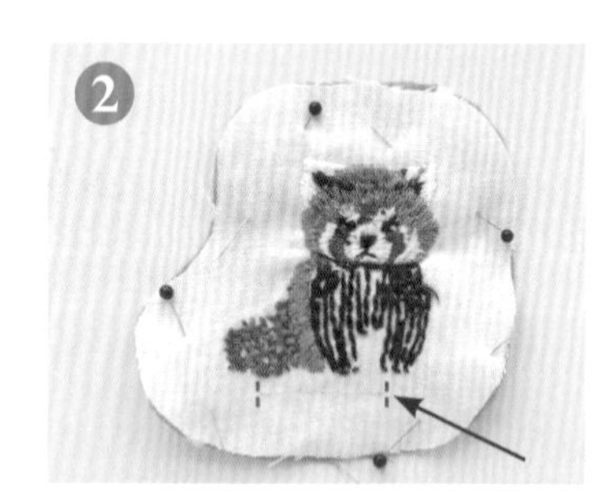

裡布配合刺繡布的形狀修剪，在預計填入棉花的開口做記號。最好盡量選直線的地方。

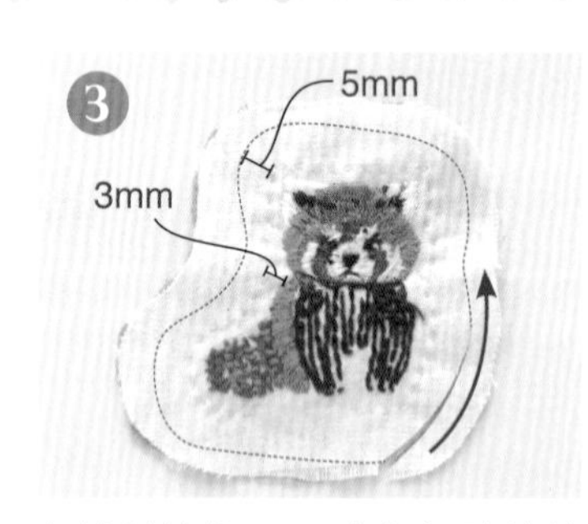

在離刺繡約3mm處無記號的地方做平針縫，再留下約5mm的留白，將多餘的布剪掉。

布的邊角部分斜剪，翻回正面時較好翻。

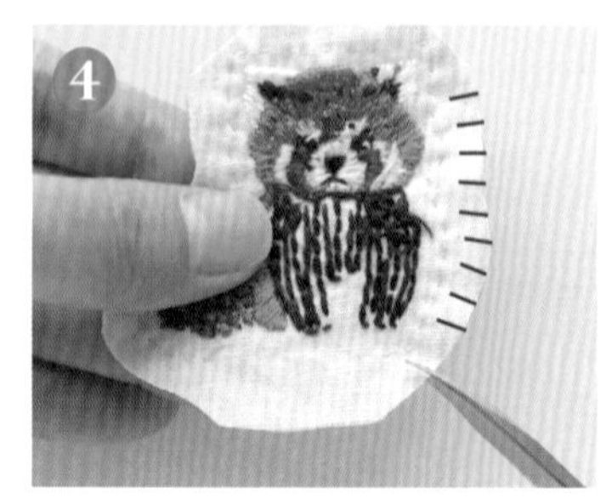

在距平針縫1mm處，以3mm的間隔仔細地剪切口。

翻回正面，用手指伸進去調整形狀。手指伸不到的地方用錐子等尖物來調整形狀。

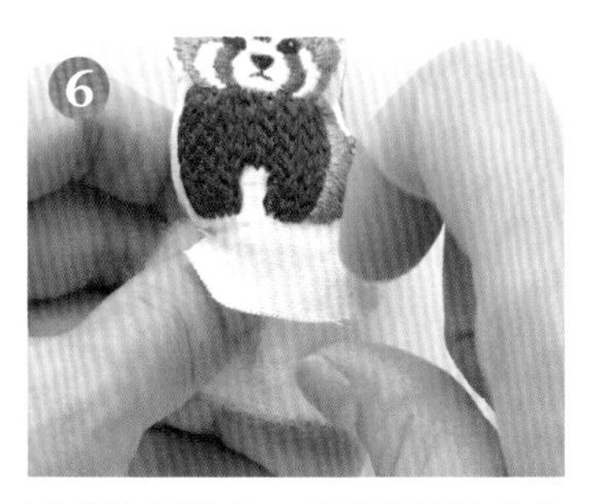

耳朵等細微處，利用錐子將棉花填充進去。棉花不要撕太小塊，大塊一點比較好。

從布的內側入針，將球結藏進內側，再用藏針縫將開口封起來，最後打上球結。

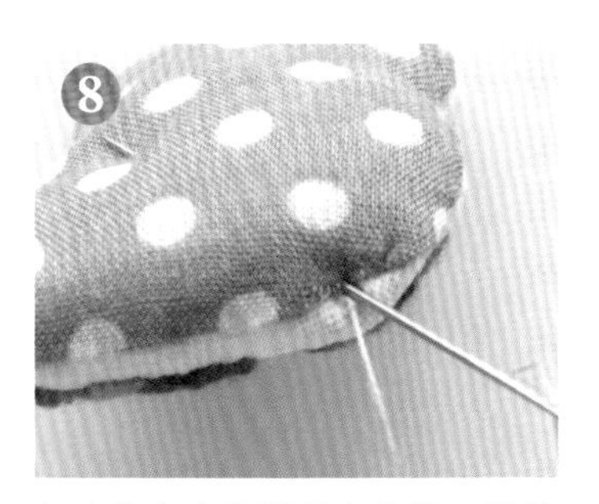

在球結穿出的對面布入針。繡針在不明顯的地方出針。

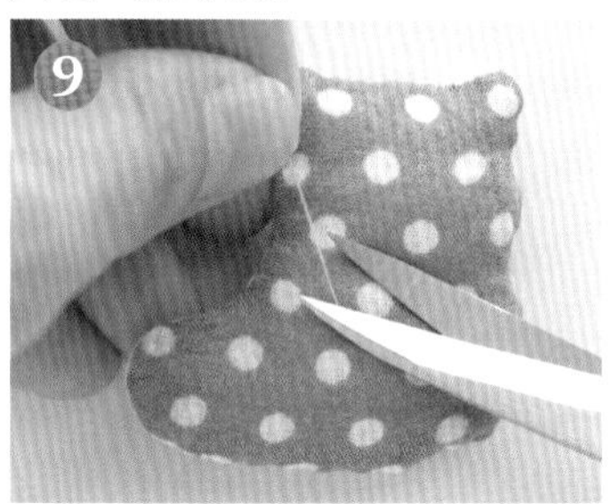

稍微用力抽出繡針，球結就會收進裡面，將穿出的線拉出來剪掉。

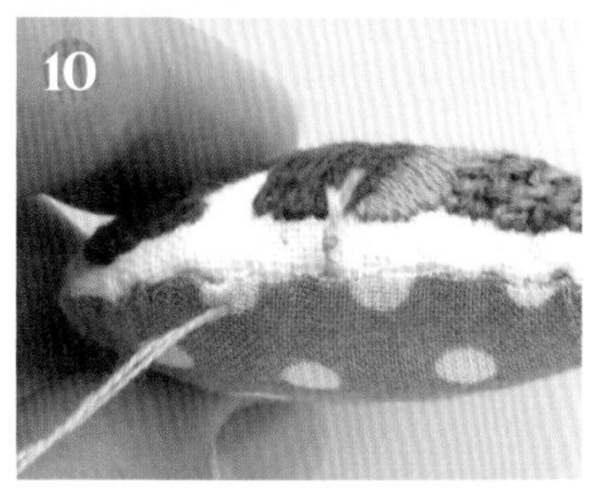

使用人字繡（請參照 P32）繡邊緣。從縫線的空隙入針，拉線就能將球結收進去。

繡完後在不遠處打一個球結，將針插入線穿出的洞，在不明顯的地方出針。

拉線，將球結收進裡頭。與❾一樣，將穿出的線拉出來剪掉。

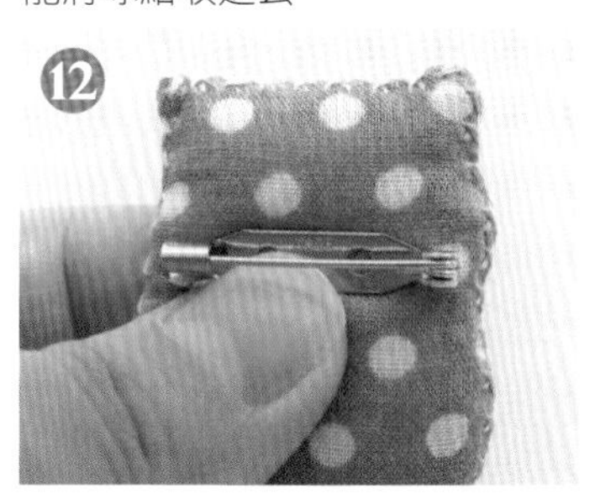

在底座塗上膠水，用手壓緊貼合。

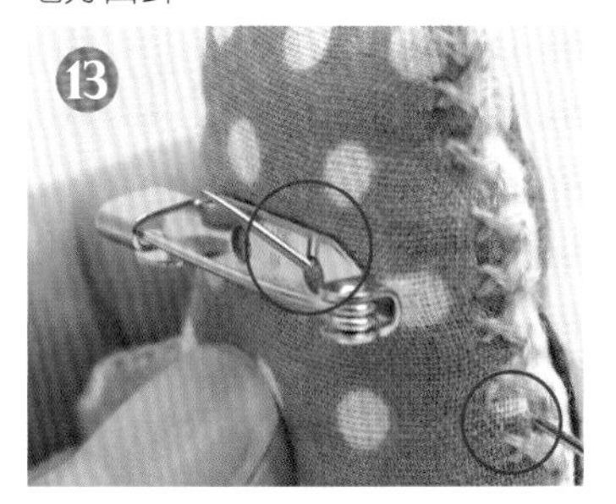

自針腳的空隙入針，再從底座上的洞出針，縫好固定。此時球結就會收進胸針裡頭。

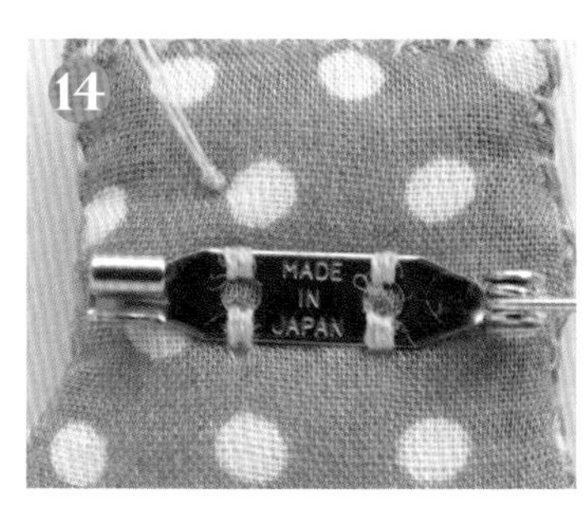

縫好後，在最後入針處附近出針，直接打球結。

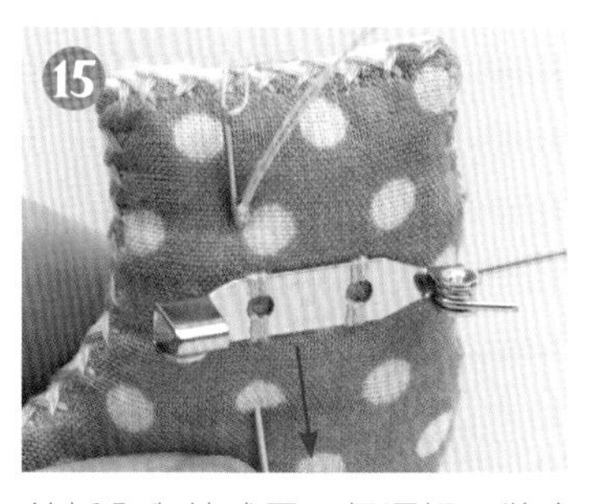

針插入與結球同一個洞裡，將穿出的線一拉，就可以把球結收進胸針，與❾相同，將線剪線。

縫好後，再用膠水將脫落的胸針黏好，用力按壓黏合後，手縫的立體胸針完成。

胸針

木框質感松鼠胸針

難易度 ★★★

Tool

· 動物刺繡（刺繡的大小要符合零件的尺寸）
· 素面布
· 木框金屬胸針
· 手工藝剪刀
· 手縫針
· 手縫線
· 水消筆
· 膠水（黏性強的最好）
· 棉花棒
· 牙籤

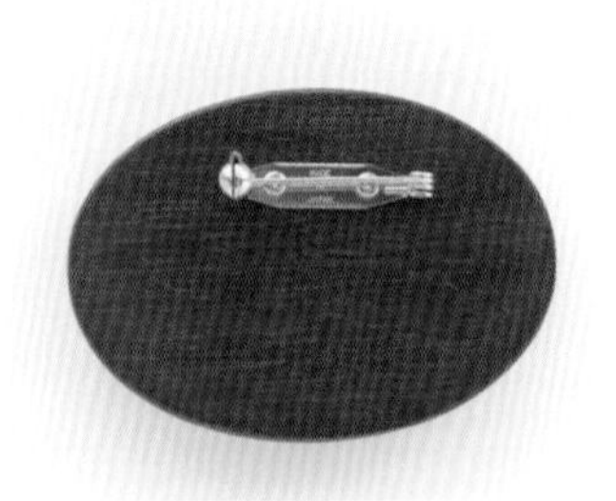

How to

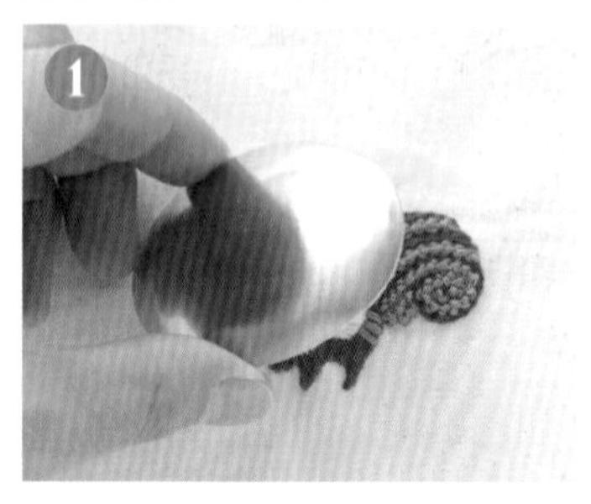

將木框胸針的碗狀外片蓋住動物刺繡。

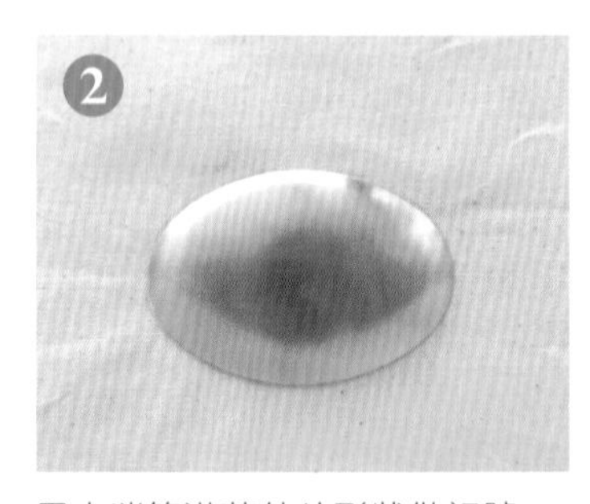

用水消筆沿著外片形狀做記號。

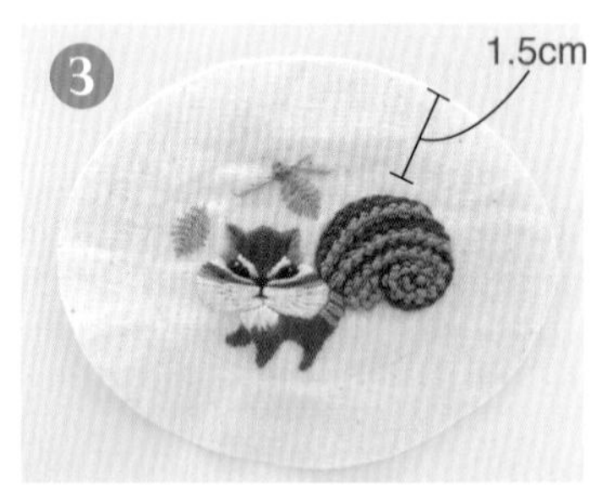

在離記號約1.5cm處留白，剪布。

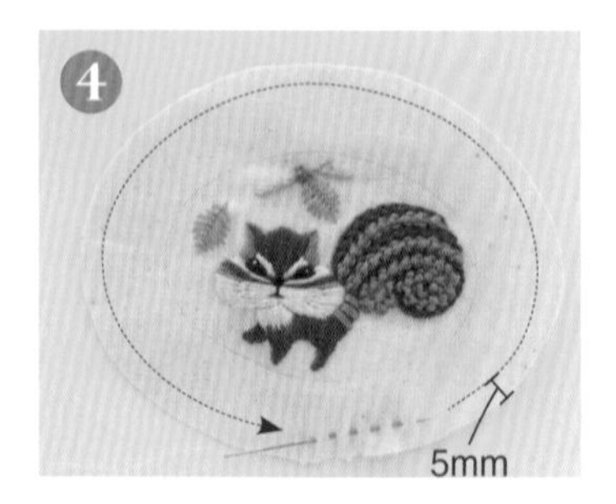

離布邊緣約5mm處作平針縫。縫完一圈後不打球結，先擺著。

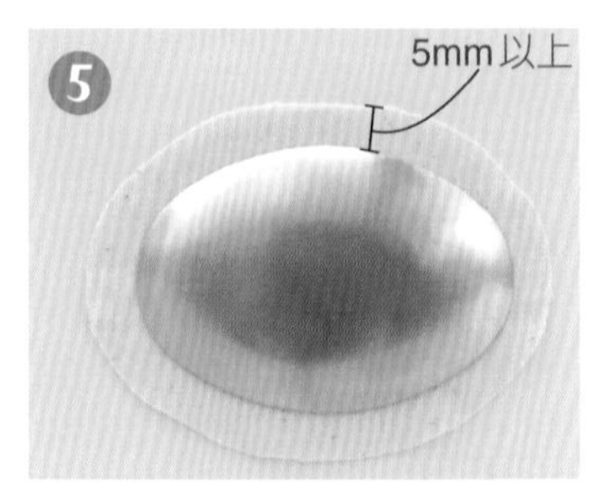

將外片放在素色布上，留超過5mm的留白後剪布。由於布容易透，需再夾一片布（一開始就用厚布刺繡的話則不需要）。

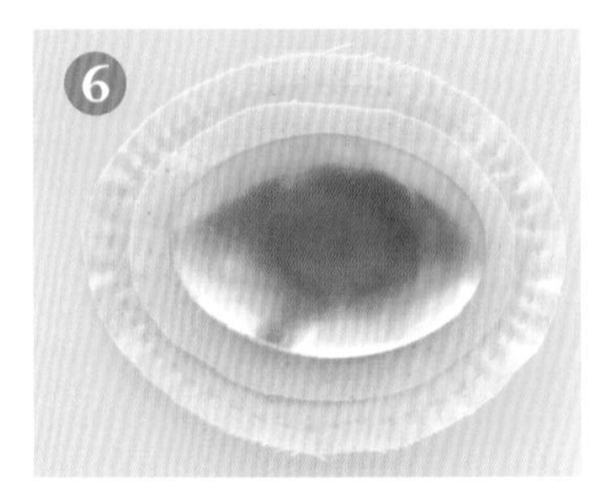

在動物刺繡的背面，依素色布→外片的順序重疊。外片是反過來的狀態。

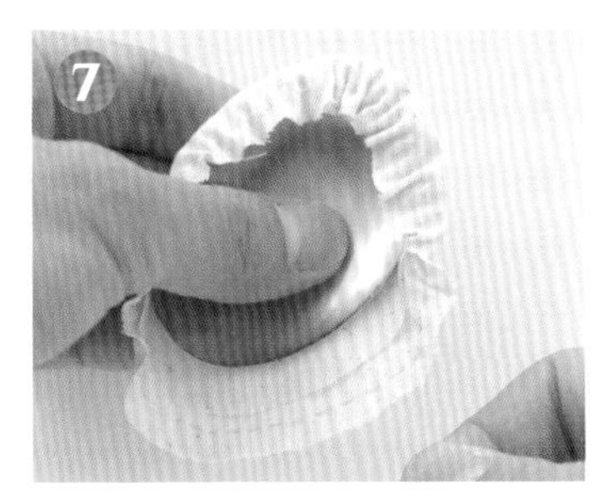

將之前的平針縫線拉緊，包住外片。

先翻回正面，一邊看著記號一邊調整刺繡的位置。

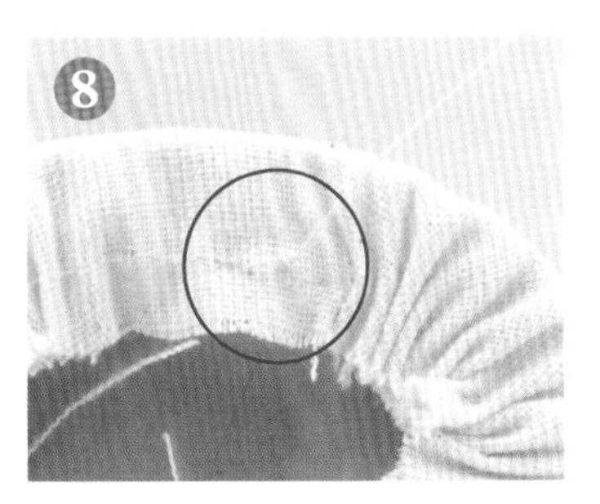

用力將線收緊，為避免線鬆開，打一個較大的球結。此時先不剪線。

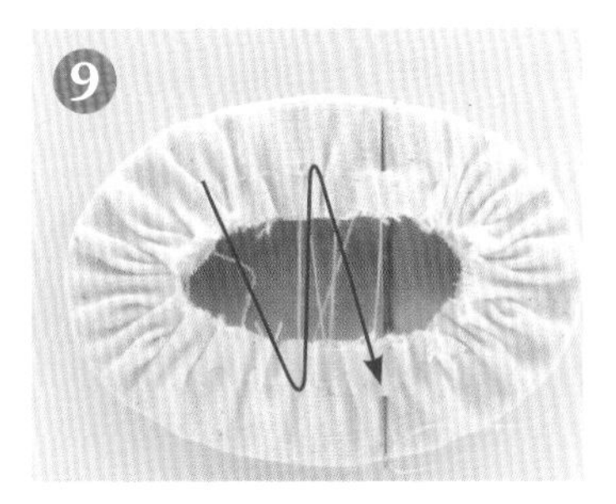

接下來如圖示般拉著布縫，將布繃緊。

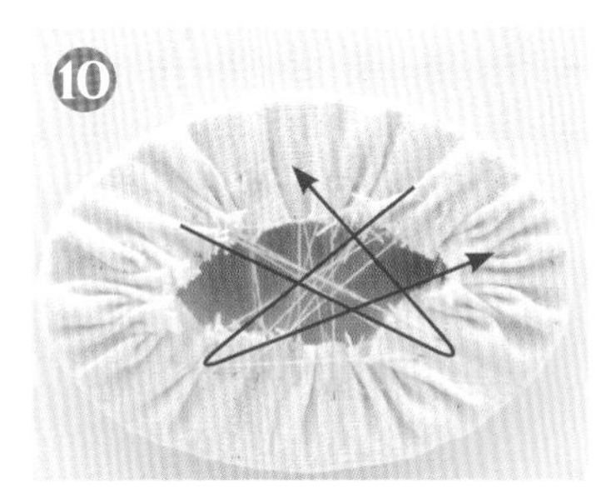

上下左右全部縫起來，為避免線鬆開，打一個大的球結。

用水沾濕棉花棒，擦拭正面的記號。

在底座塗上膠水，底座邊緣的細微處使用牙籤仔細塗好。

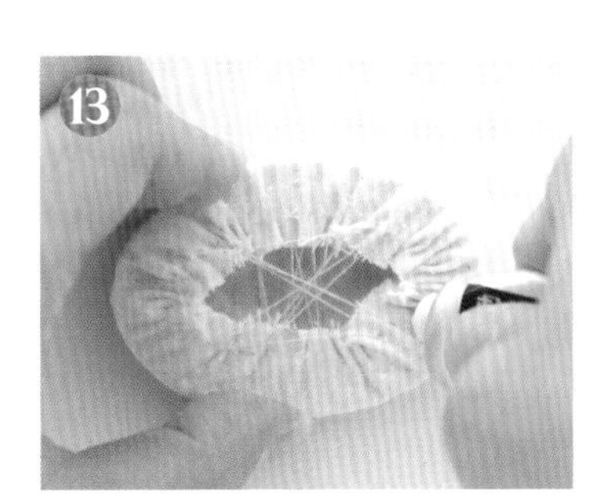

布的背面也塗上膠水。

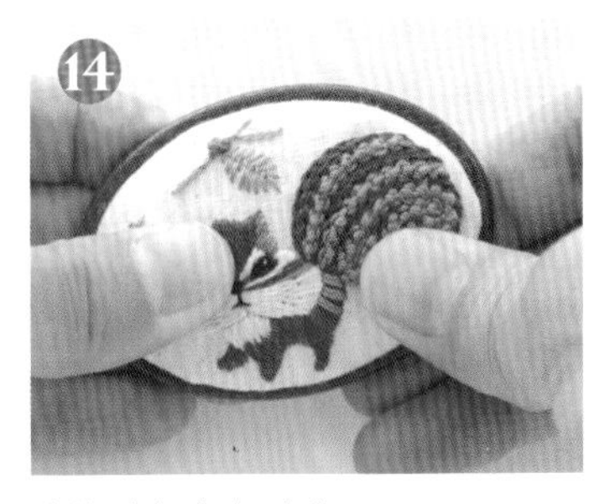

將外片與底座貼合。

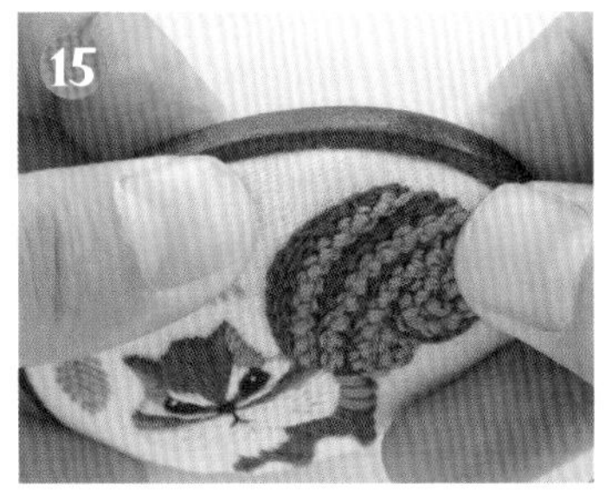

用力按壓，使外片緊緊嵌入底座。膠水乾後即完成。

木框附銅板的胸針
橫橢圓形4.5×6.4cm 深褐色

胸針

可愛屁屁柴犬胸針

難易度 ★★★

Tool

· 動物刺繡
· 厚毛氈布（厚約2～3mm）
· 厚的接著襯（背面附膠）
· 胸針底座（30mm）
· 手工藝剪刀
· 鉛筆或自動鉛筆
· 待針
· 手縫針
· 手縫線
· 膠水
· 刮棒
· 熨斗
· 厚毛巾
· 墊布

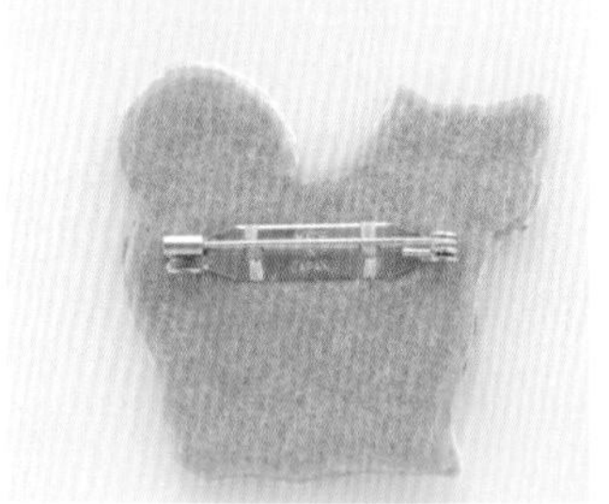

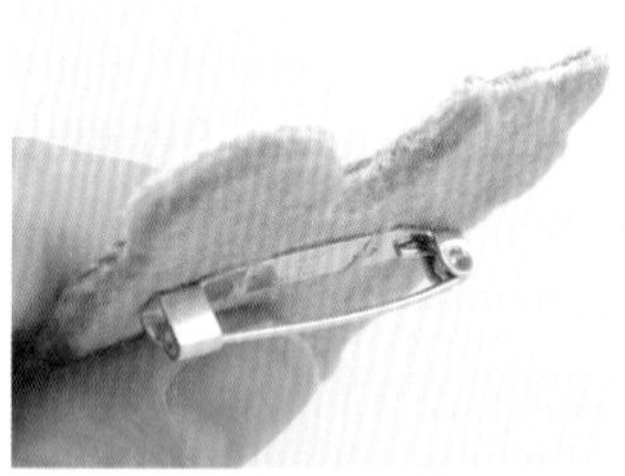

How to

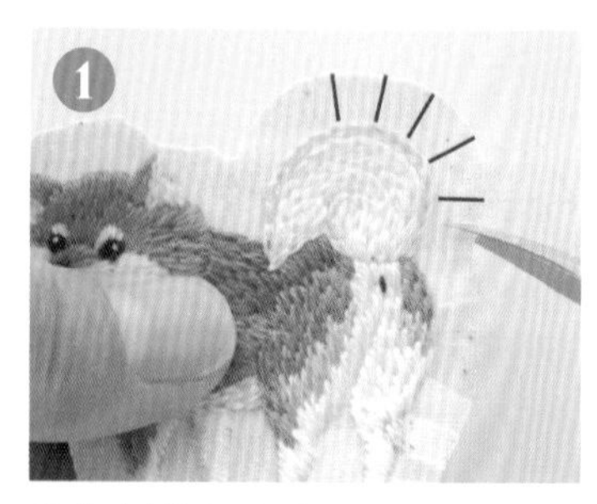

1 動物刺繡留白約5mm後剪布，以約3mm的間隔剪切口，切口盡量剪到底。

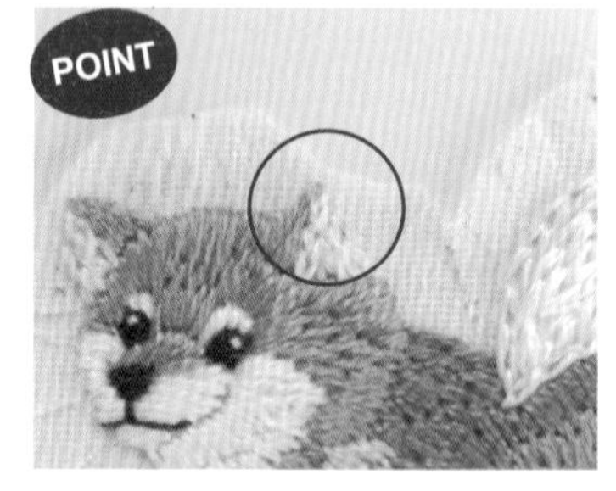

POINT 耳朵等突出的部分，如圖所示斜向剪，之後包布的時候比較順手。

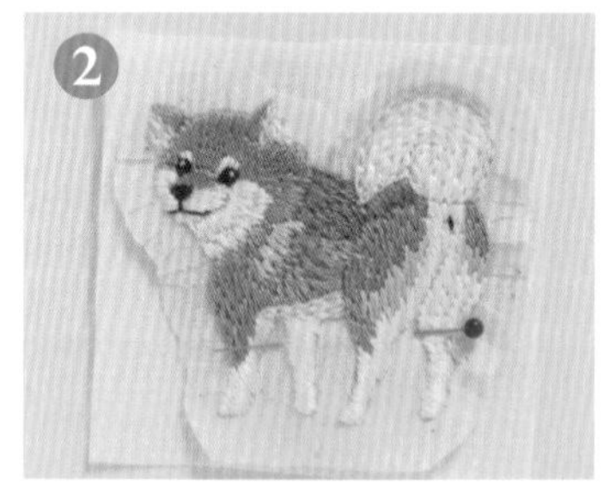

2 在接著襯的接著面疊上刺繡，以待針固定。也可以直接將待針插在刺繡上，但小心別傷到刺繡。

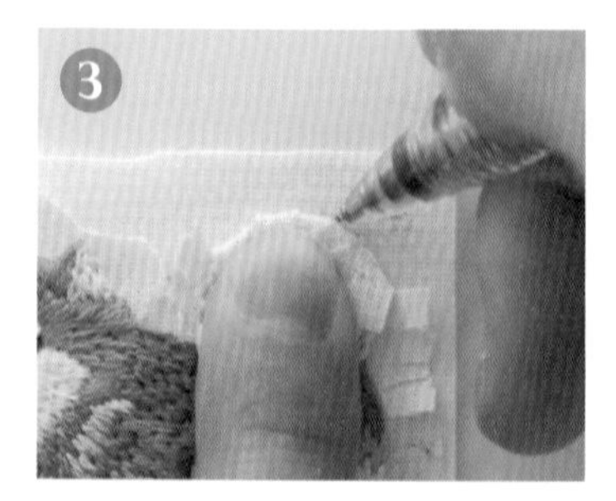

3 將切口往前扳起，沿著動物的形狀描線，再將待針拿掉。然後沿著線將接著襯剪下。

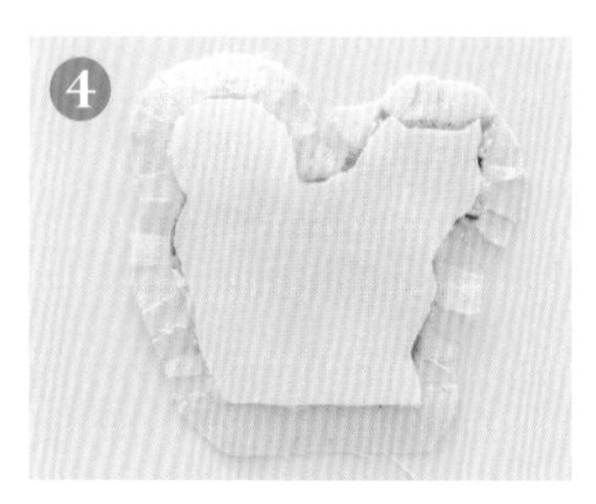

4 將接著襯與刺繡的背面重疊，用熨斗熨燙使之黏合。黏合方法請依照接著襯的說明書。

POINT 使用熨斗時下方要墊上厚毛巾，然後在上方墊上墊布，再進行熨燙。

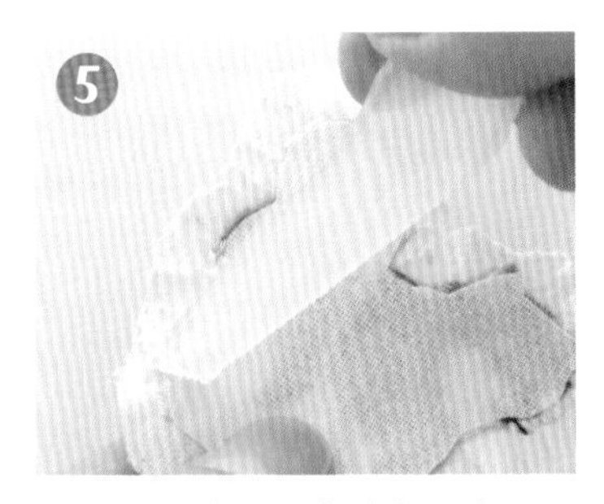

在有切口的留白處塗上膠水。不要一次全部塗滿，先塗3～5片切口。

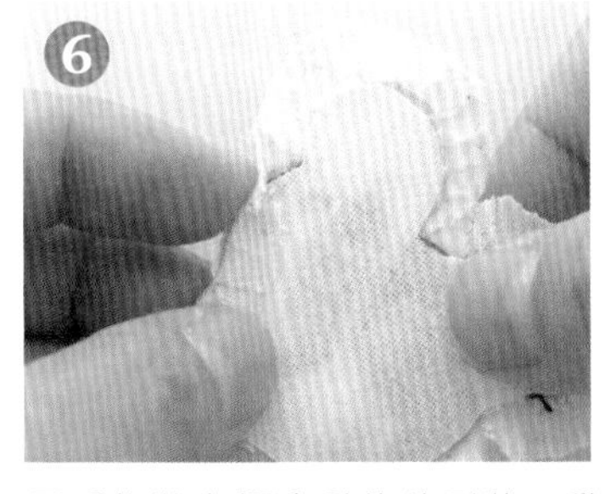

用手指將布摺出動物的形狀，黏合接著襯。重複❺～❻的步驟，將刺繡全部包起來。

將刺繡與厚毛氈布重疊，用待針固定後，將厚毛氈布剪成動物的形狀。不用剪得太仔細也 OK 。

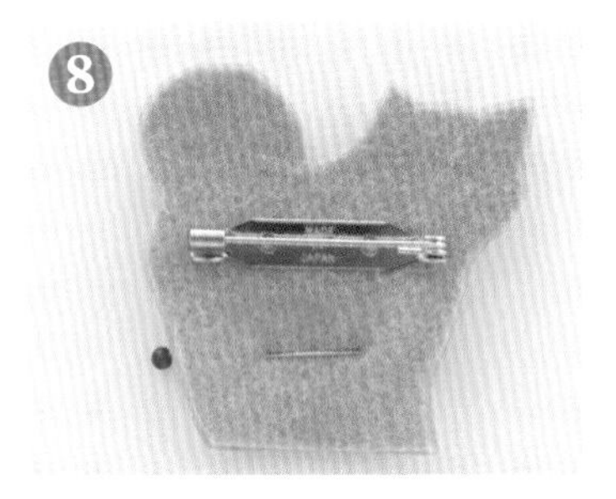

用膠水將胸針底座黏在厚毛氈布背面。

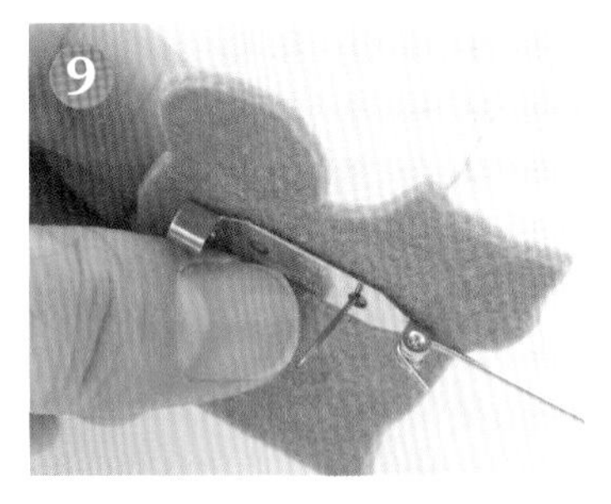

拆掉待針，將1條線穿針後打一個球結。從厚毛氈布的另一邊入針，自底座的洞出針。

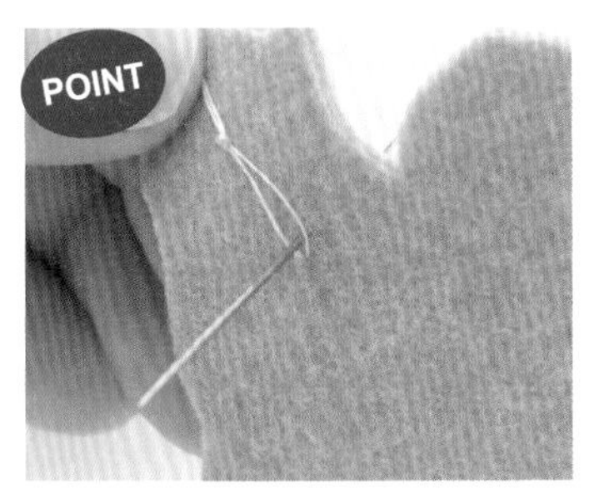

將胸針底座縫好固定。在背面出針後，將針穿入球結的圈環中，防止脫線。

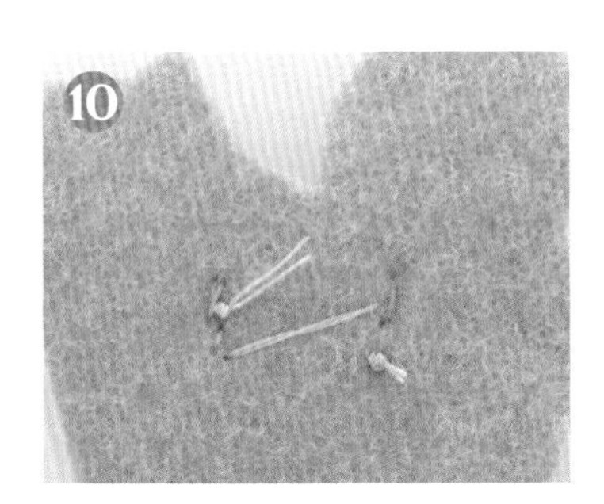

左側同樣縫好固定，打好球結後剪線。

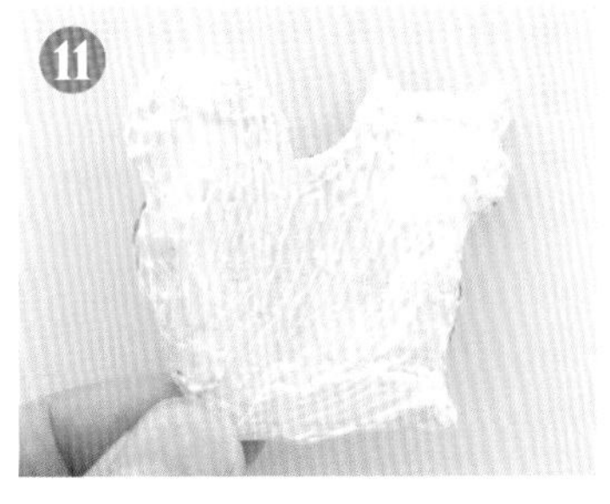

在刺繡背面塗上膠水。使用刮棒，盡可能仔細地塗到邊緣。

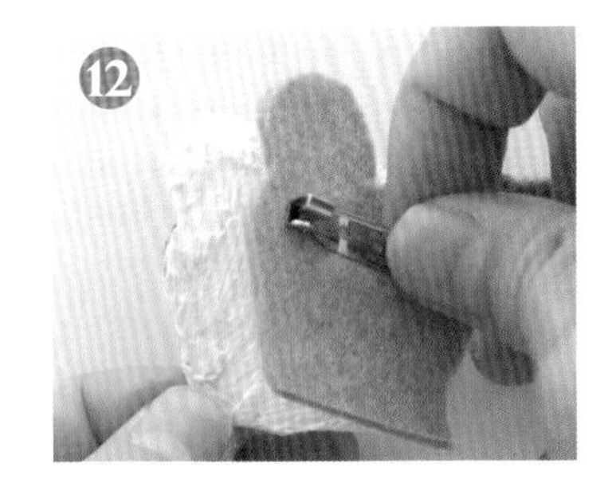

將刺繡與縫上胸針底座的毛氈布貼合。

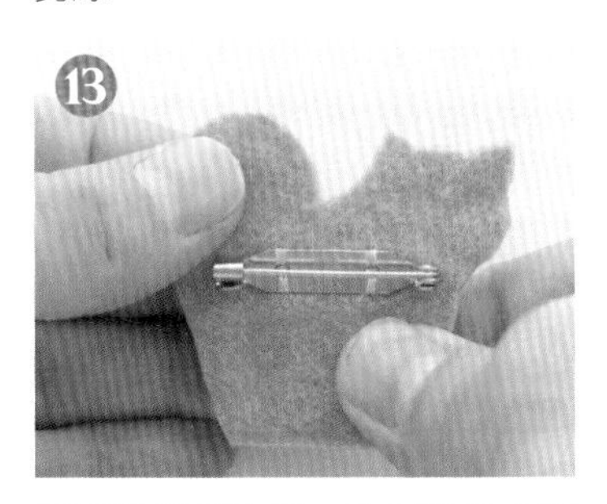

用手指仔細按壓，使刺繡和毛氈布緊密貼合。

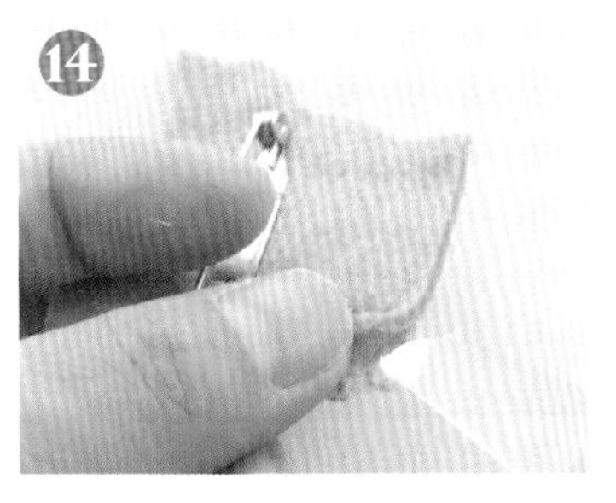

如果有沒塗到膠水的地方，自邊緣再塗上膠水。按壓使其緊密貼合後，等待膠水乾。

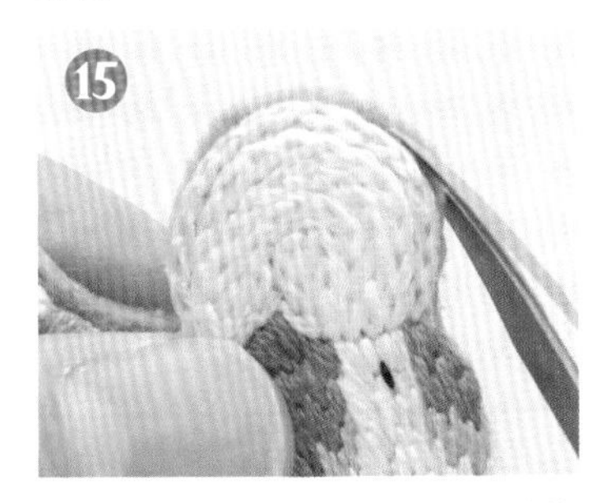

最後將多出來的毛氈布沿著動物的形狀仔細修剪，動物形狀的可愛胸針完成。

夾式耳環、針式耳環
貓熊&花的不對稱耳環

難易度 ★★★

原寸的圖案在P119

Tool

· 喜歡的刺繡（刺繡的大小要符合零件的尺寸）
· 平台網片耳夾
· 手工藝剪刀
· 手縫針
· 手縫線
· 水消筆
· 膠水
· 棉花棒
· 牙籤
· 尖嘴鉗

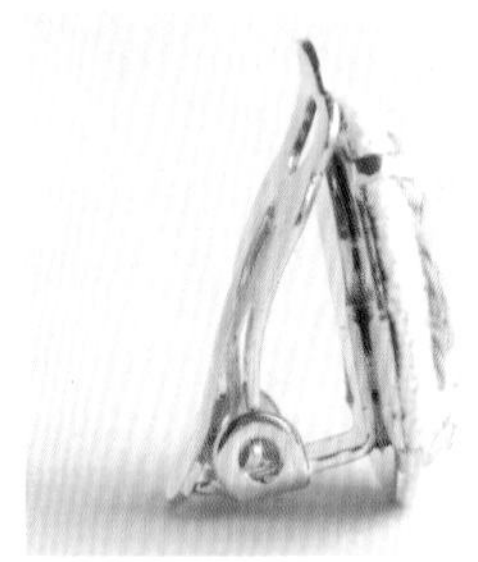

How to

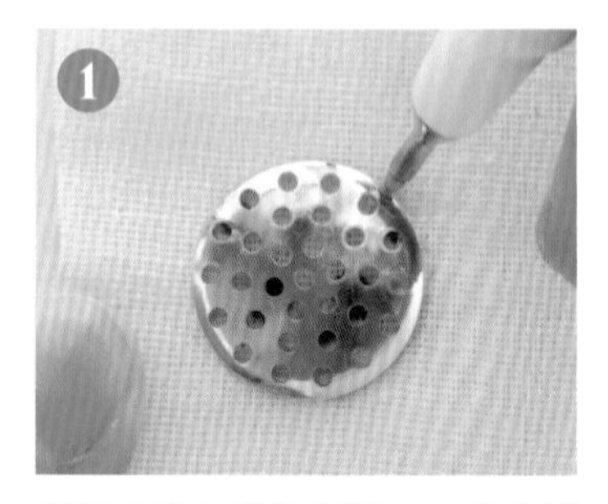

1. 將網片蓋在動物刺繡上，用水消筆沿著網片的形狀畫上記號。

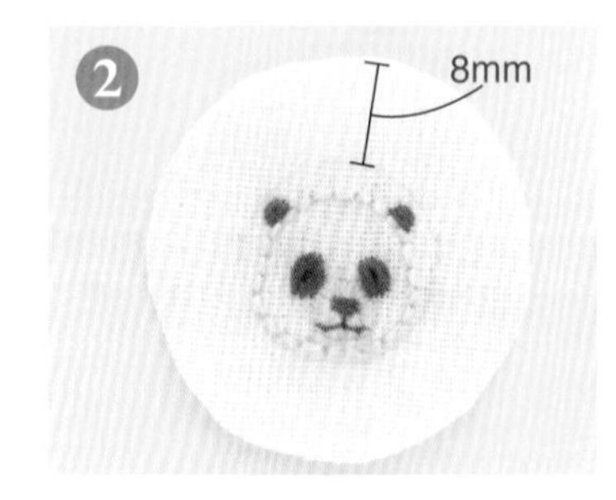

2. 在離記號8mm 處留白，剪布。

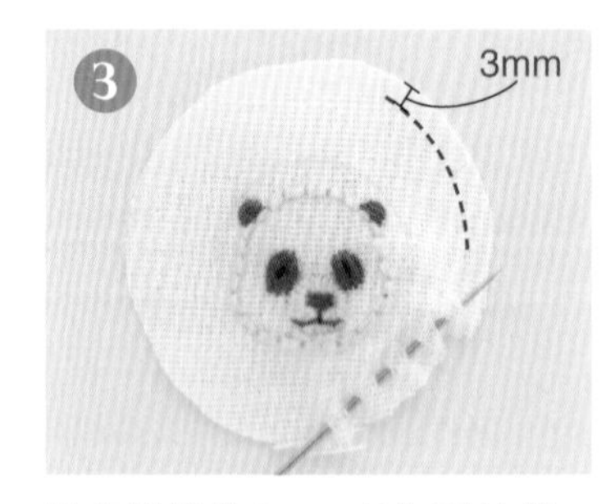

3. 從布邊緣約3mm 處作平針縫。繡完一圈後不打球結，先擺著。

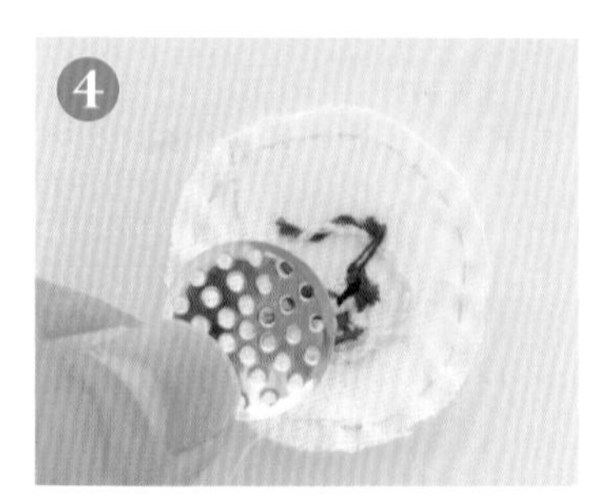

4. 將網片放在動物刺繡的背面。此時網片要反過來放。

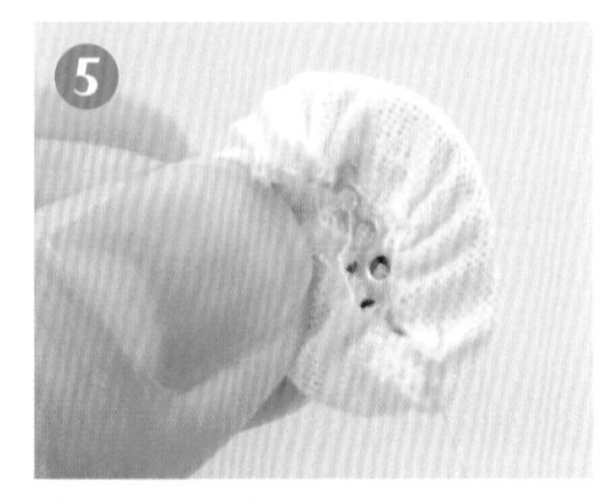

5. 收緊平針縫的線，包住網片。

6. 包住網片後打上球結，剪線。

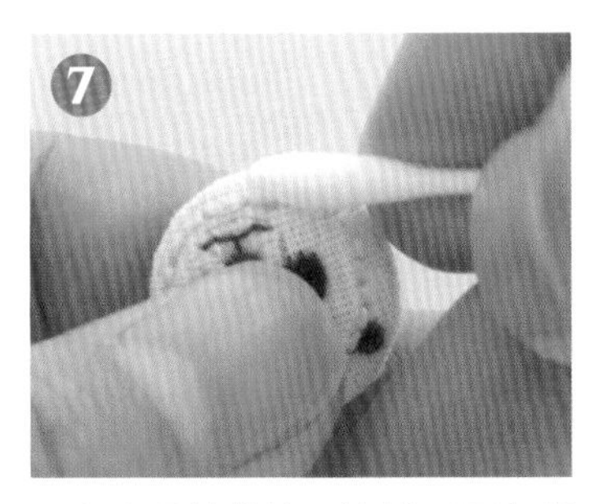

用水沾濕棉花棒，擦拭正面水消筆的記號。

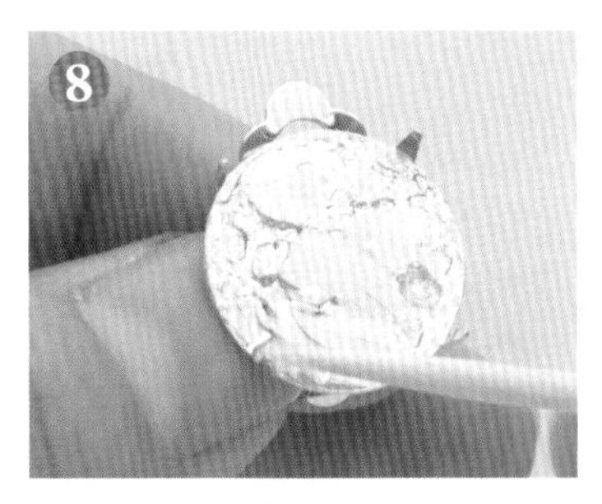

在平台塗上膠水。細微處使用牙籤等仔細塗到邊緣。

布的背面也塗上膠水。

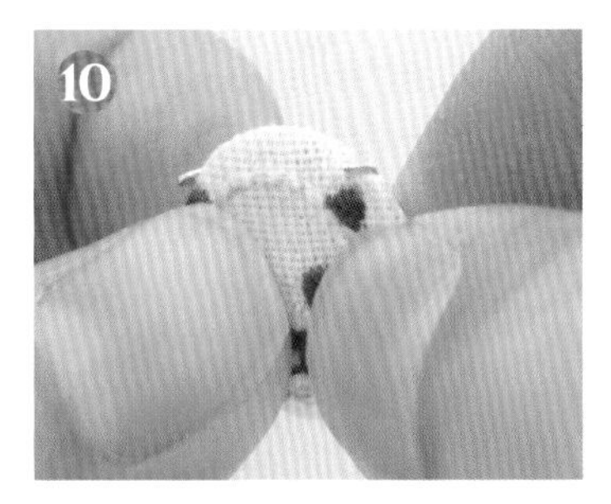

用手指仔細按壓，將網片與平台貼合。

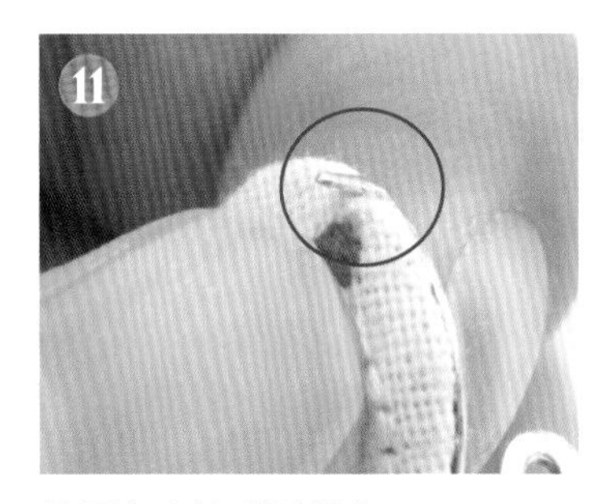

將平台上的爪子彎曲。

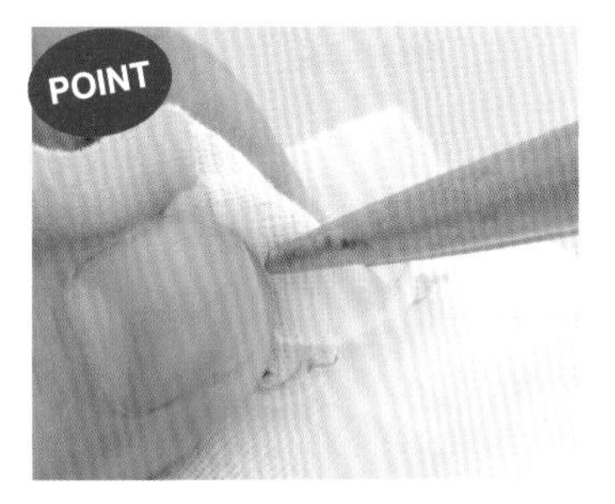

墊上墊布，以尖嘴鉗將爪子彎曲固定。施力時注意力道。

四個爪子都彎曲固定後，耳夾式耳環即完成。另一邊耳環也以同樣方式製作。

平台網片耳夾
16mm 金色

夾式耳環、針式耳環
翩翩飛舞的青鳥耳環

原寸的圖案在P119

難易度 ★★★

Tool

· 動物刺繡
· 合成皮革布
· 接著襯（背面附膠）
· 針式耳鉤（附鍊子）
· 金屬環（0.6×3mm）單耳3 個
· 手工藝剪刀
· 手縫針
· 手縫線
· 膠水
· 刮棒
· 牙籤
· 尖嘴鉗2 支
· 熨斗
· 厚毛巾
· 墊布

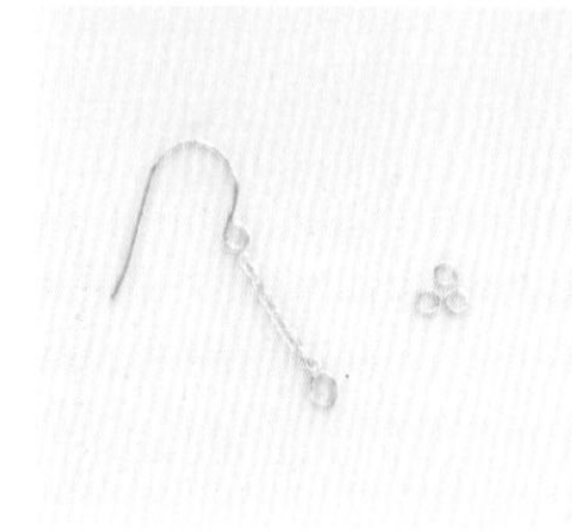

How to

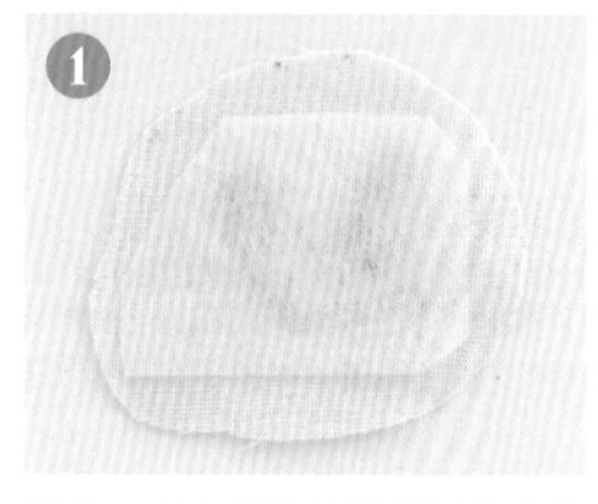

適當地留白後將刺繡周圍的布剪掉，刺繡的背面貼上接著襯。下方墊厚毛巾，依照接著襯的說明書，用熨斗使之黏合。

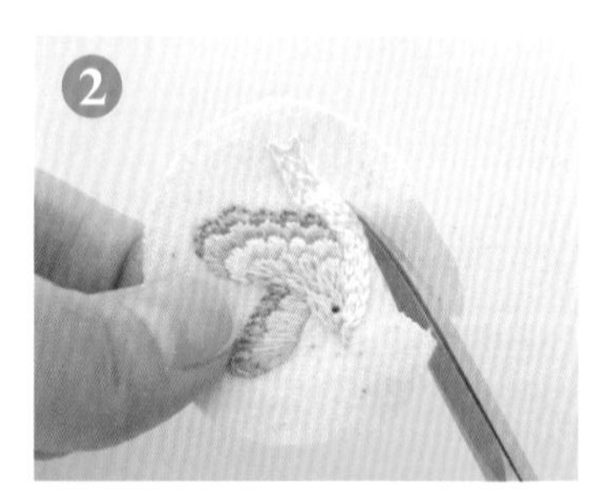

散熱後，接著襯與刺繡就會緊密貼合，再沿著形狀將刺繡剪下。

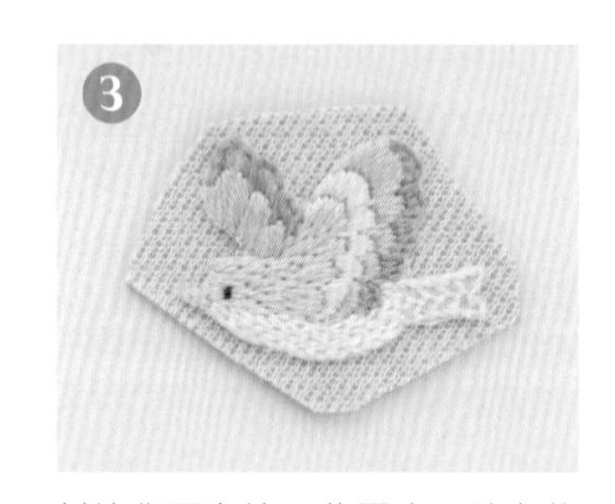

刺繡背面多塗一些膠水，貼在能收進動物圖案大小的合成皮革布背面。

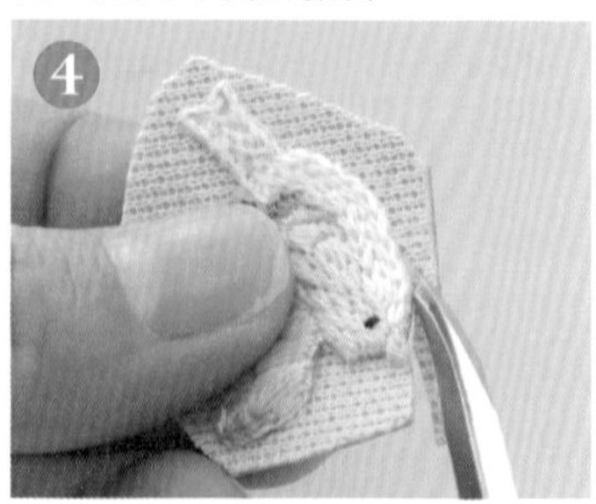

多塗一些膠水，溢出的膠水能防止刺繡的繡布脫線。膠水乾了之後，將合成皮革布剪成動物的形狀。

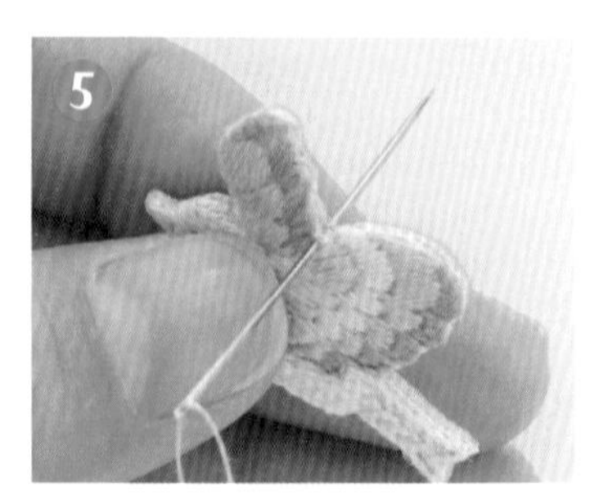

接著縫上耳環零件。針穿過1 根線打球結，從翅膀跟翅膀之間的刺繡面入針。

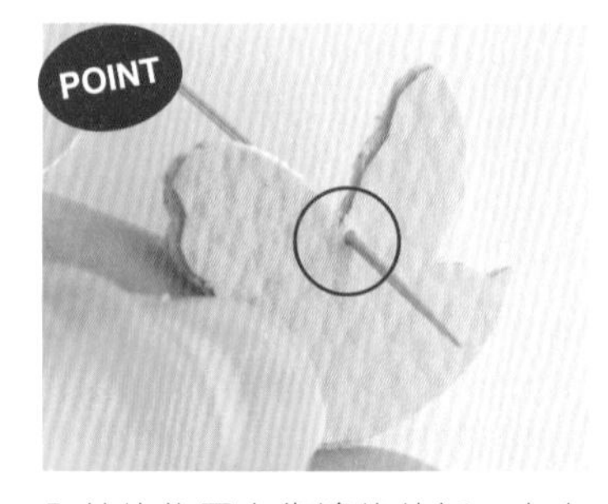

入針的位置太靠邊緣的話，布有可能會裂開，所以入針的位置要離邊緣約2mm 。

出針後，穿過耳環零件，再將針穿過球結的圈環，緊緊縫合。

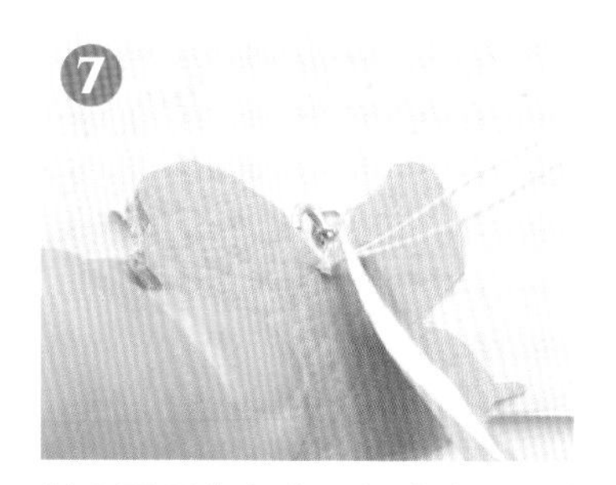

縫完兩圈後在背面打球結。線盡量剪短至球結。

用牙籤在球結塗上膠水，以防脫線。起縫與止縫的兩個球結都塗上膠水。

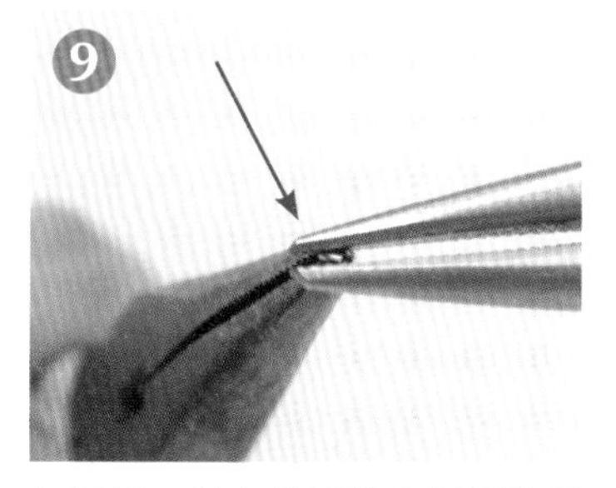

如圖示，用尖嘴鉗將金屬環從側面壓住，調整上下錯開的縫隙。

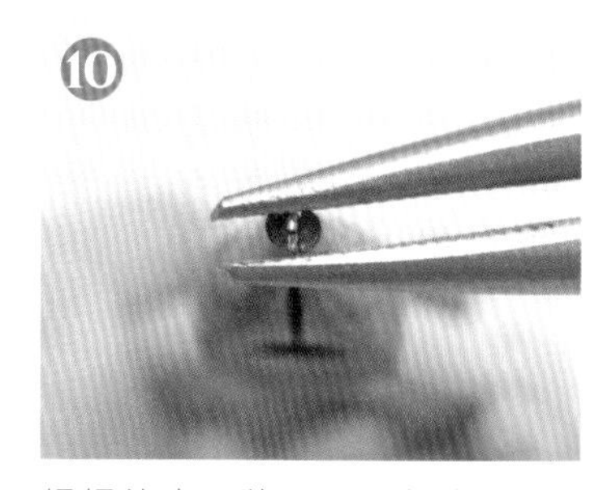

慢慢施力，將開口合起來。太用力會變形所以要注意力道。準備兩個圈環。

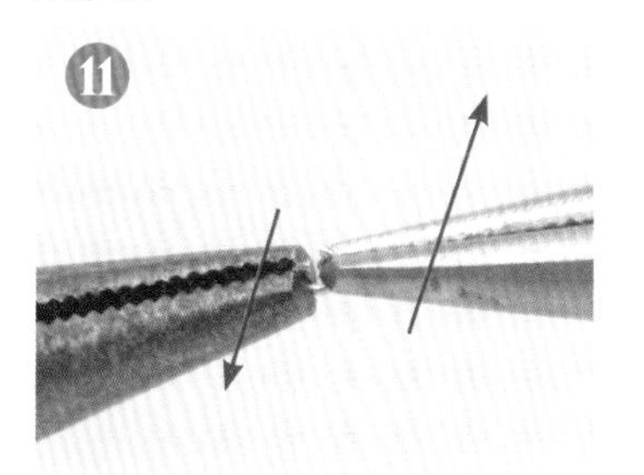

用鉗子壓住第三個金屬環的一邊，另一邊也用鉗子夾住，手腕向上轉，將開口上下打開。

穿過調整完形狀的兩個金屬環，同⓫的步驟，將開口合起來。至此，三個金屬環連接起來了。

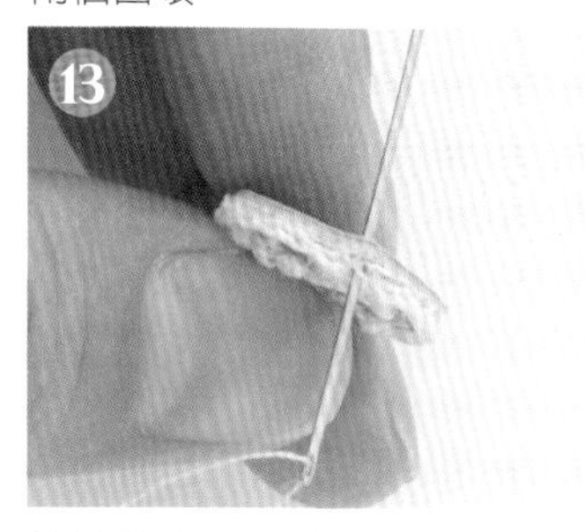

接著將金屬環縫在下方花的刺繡上，與鳥一樣從刺繡面入針。

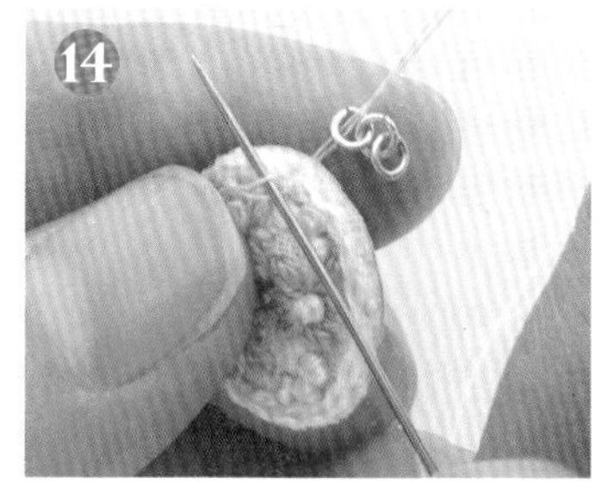

出針後，將針穿過剛才的金屬環，針穿過球結的圈環後，緊緊縫合。

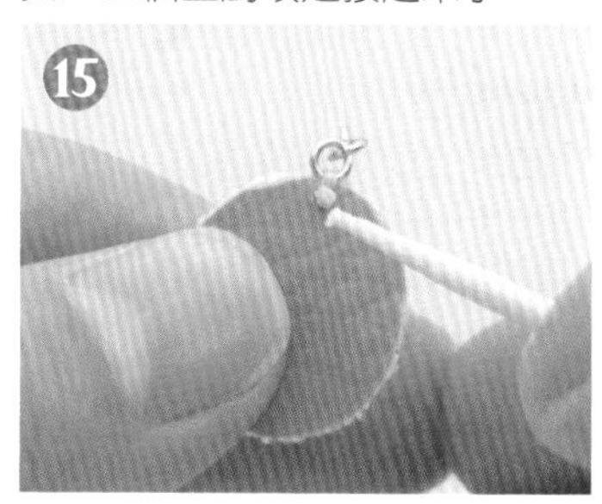

縫完兩圈後，在背面打球結。與鳥一樣，剪線後在球結塗上膠水。

將鳥和花連接起來。從耳環正下方的位置入針。

將針穿過花的金屬環，如同前面步驟，將兩者連接起來。同樣在球結塗上膠水，膠水乾後，翩翩飛舞的青鳥耳環完成。

髮飾

微笑獅包釦髮圈

難易度 ★★★

Tool

- 動物刺繡（刺繡的大小要符合零件的尺寸）
- 包釦組合（38mm）
- 髮圈20cm
- 布（2×3.5cm）
- 手工藝剪刀
- 手縫針
- 手縫線
- 水消筆
- 膠水
- 棉花棒
- 夾子

How to

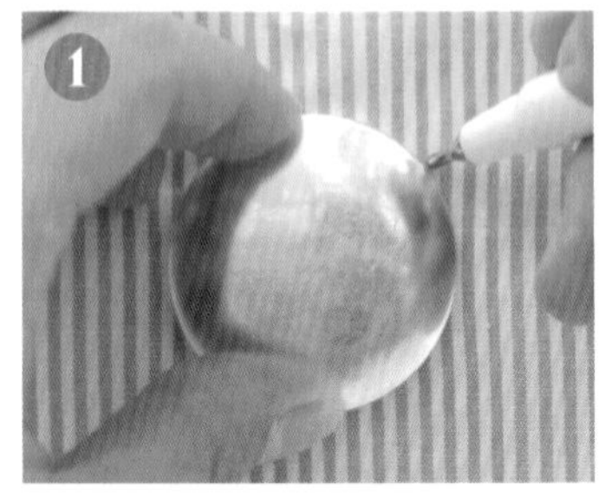

1 將包釦的碗狀外片蓋在刺繡上，沿著形狀用水消筆畫記號。

2 在離記號約1.5mm處留白，剪布。將動物刺繡墊在輔助零件裡。

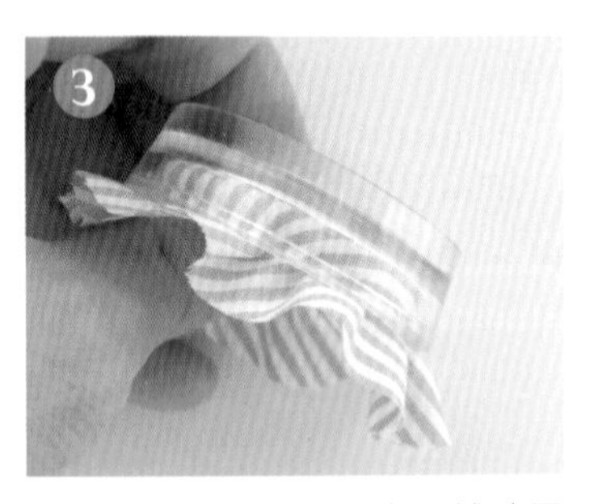

3 如圖示般將外片完全嵌進輔助零件裡。

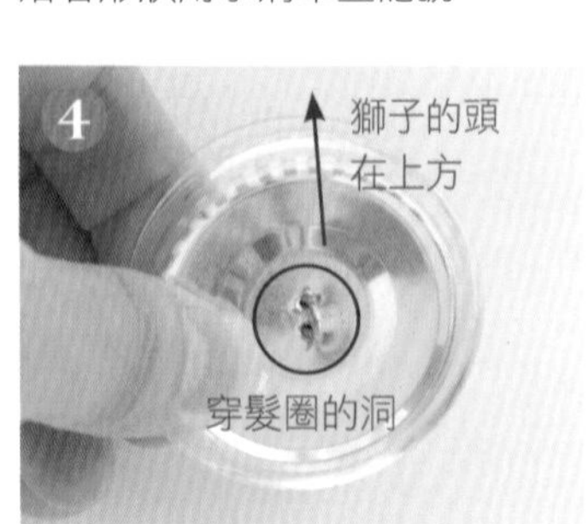

4 將多出來的布摺進內側，再將底座嵌上。此時要注意動物刺繡與底座零件的方向。

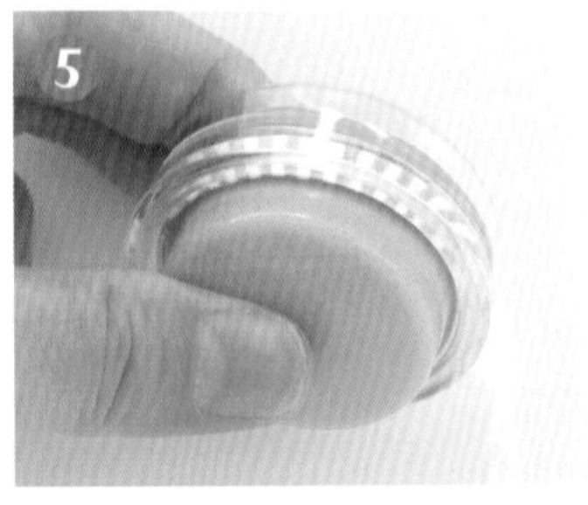

5 為了防止底座偏移，使用輔助零件兩手用力按壓，將底座與外片嵌合。

6 棉花棒用水沾濕，消除正面的水消筆記號。

髮圈剪成20cm的長度，穿過底座的圈孔。

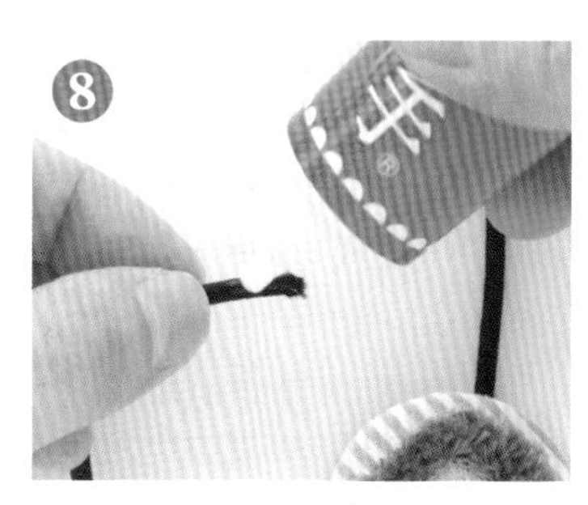

髮圈的尾端1cm處塗上膠水。

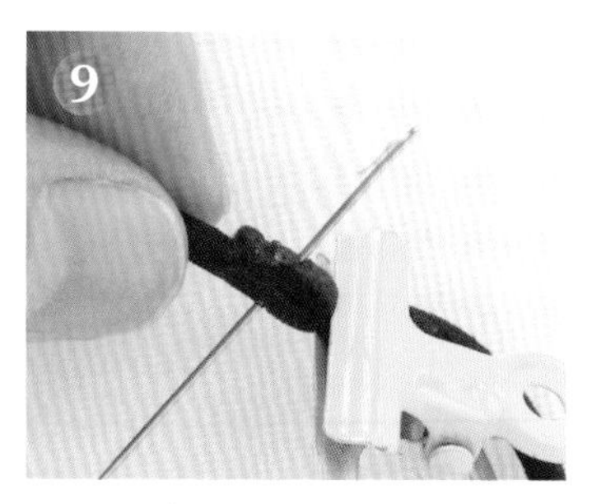

髮圈的邊緣重疊，用夾子等固定。將針穿過1根線打球結，針插入髮圈。

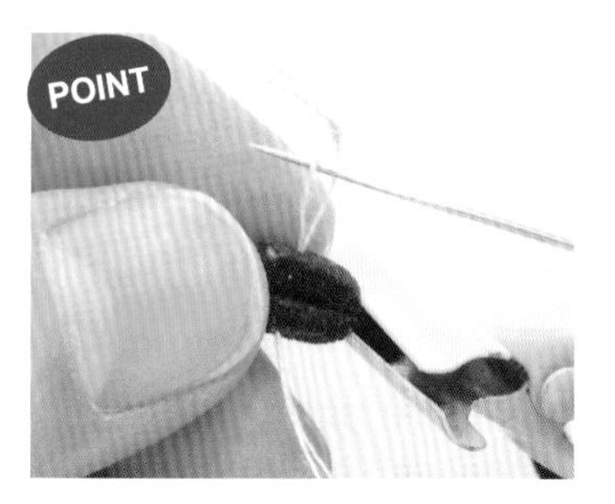

拉線，將針穿過球結的圈環。注意別讓線跑進髮圈。

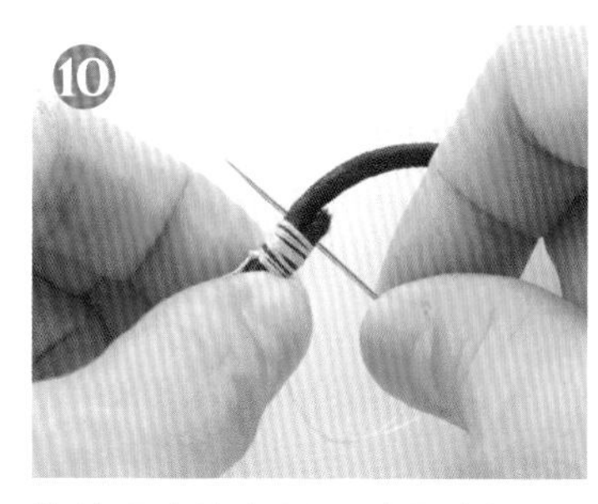

將線用力捲在髮圈重疊的部分，最後將針插入髮圈。

打球結後剪線。

在布與髮圈塗上膠水，黏合起來。

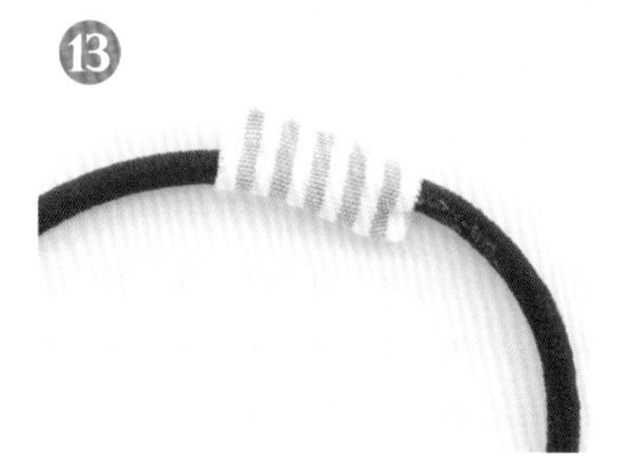

一邊塗膠水，一邊捲布，黏緊後，微笑獅包釦髮圈完成。

包釦組合
38mm

髮飾

貓咪蝴蝶結髮圈

難易度 ★★★

原寸的圖案在P119

Tool

· 蝴蝶結用布（14×14cm）
· 蝴蝶結帶子用布（6.5×5cm）
· 髮圈
· 手工藝剪刀
· 錐子（前端是尖的東西即可）
· 待針
· 手縫針
· 手縫線
· 水消筆

How to

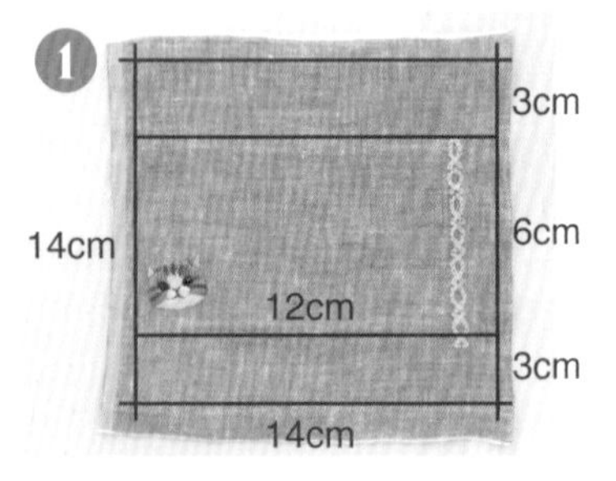

1 在14×14cm的布中心12×6cm範圍內刺繡（周圍1cm是縫份）。

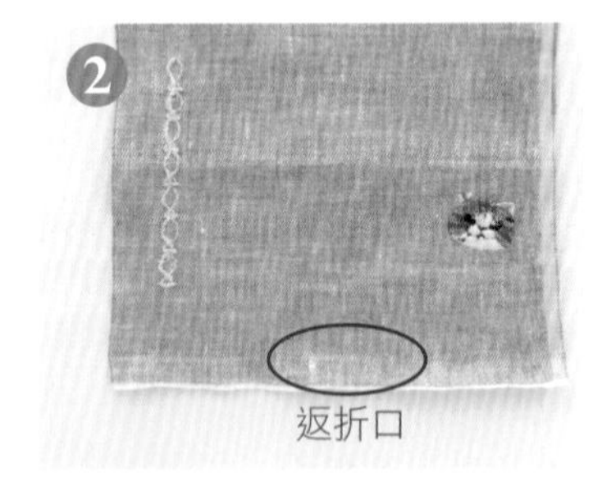

2 將布翻面，空出蝴蝶結的返折口，要縫合處用水消筆做記號。

3 在布翻面的狀態下對半摺，用待針固定，做記號處做平針縫。

4 留下返折口，縫完平針縫的狀態。起縫與止縫都打球結。

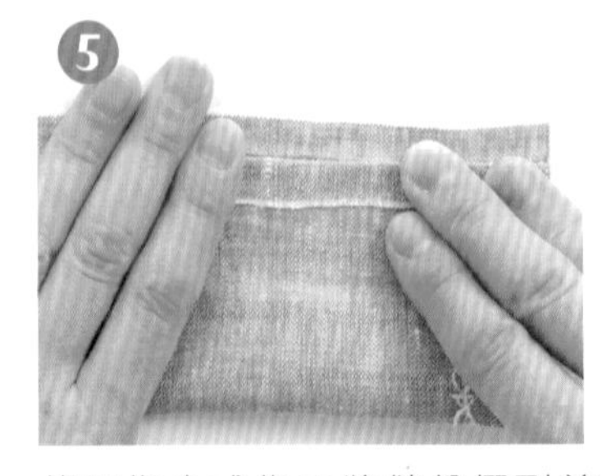

5 使用指尖或指甲將縫份摺到前方，做出折痕。內側的縫份作法也相同。

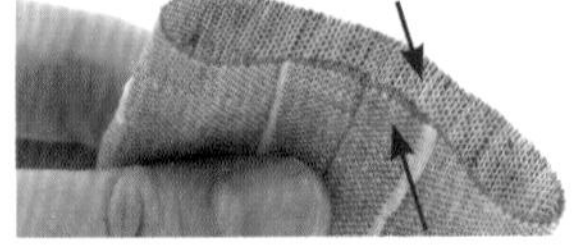

6 用手指將步驟❸對半摺的折痕按出痕跡，與縫線重疊。

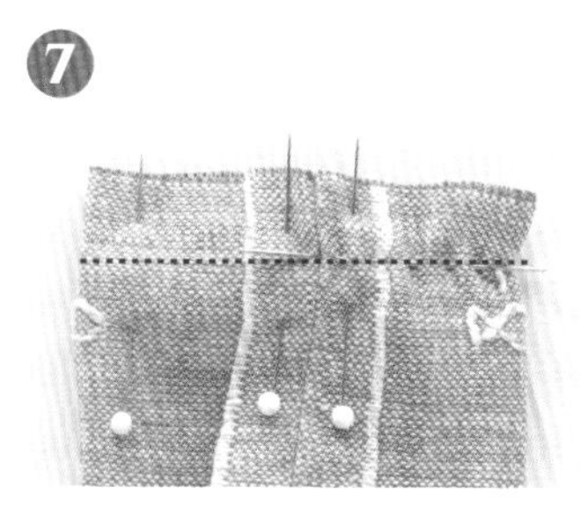

用待針固定，留下1cm的縫份做平針縫。另一邊也一樣。

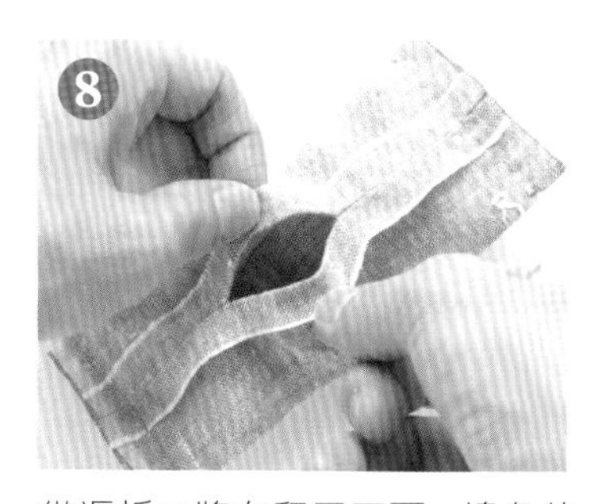

從返折口將布翻回正面。邊角的部分使用錐子將布完全翻面，並調整形狀。

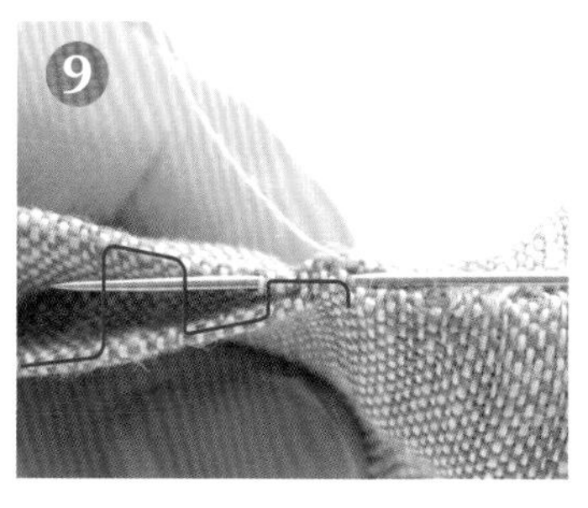

從布的內側出針，將返折口用藏針縫縫合。

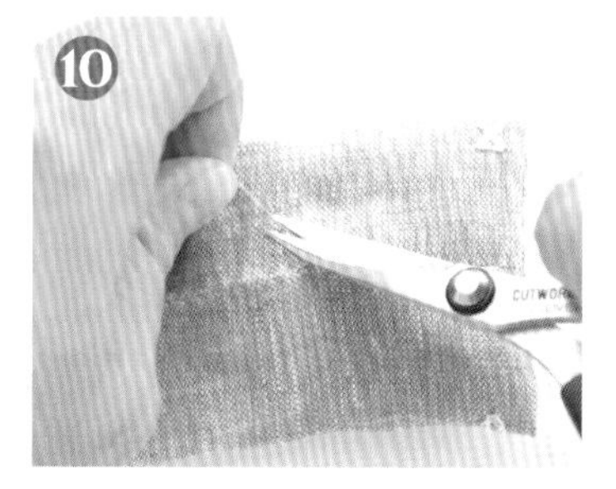

打完球結後，將針插入對面的布，在適當處出針。拉針將球結收進布的內側。

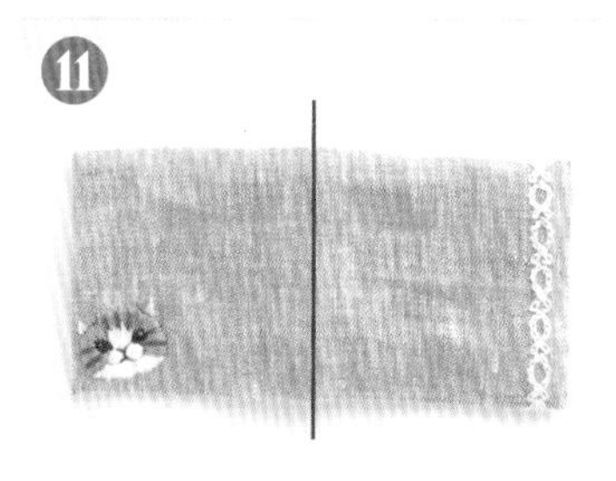

將布橫向對半摺，用水消筆在表面與背面中心做記號。

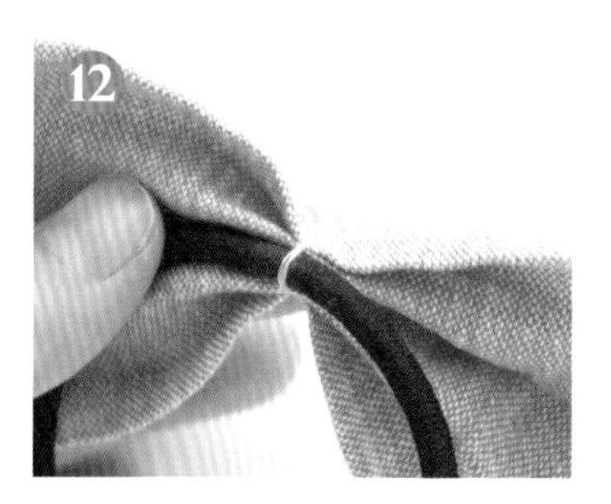

將布以蛇腹折法摺成波浪形，讓中心線重疊。先縫2、3圈固定後，再將髮圈一起綁在緞帶上。

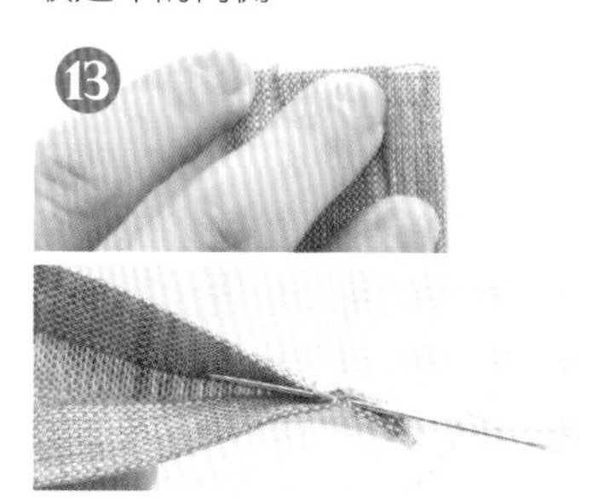

與❺相同，帶子用布（長6.5、寬5cm）左右各留1cm縫份，做出折痕後，將折痕重疊做藏針縫。

縫完後，將縫痕移動到布的中心。用筆等尖尖長長的東西通過中間，讓縫份各自往左右打開。

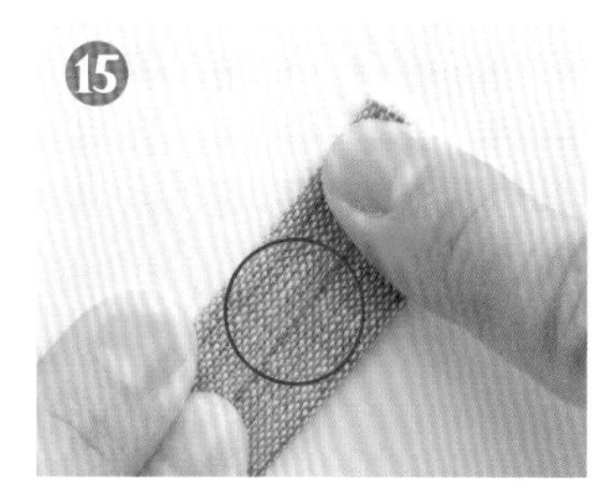

以縫份為中心，用手指將布壓平。

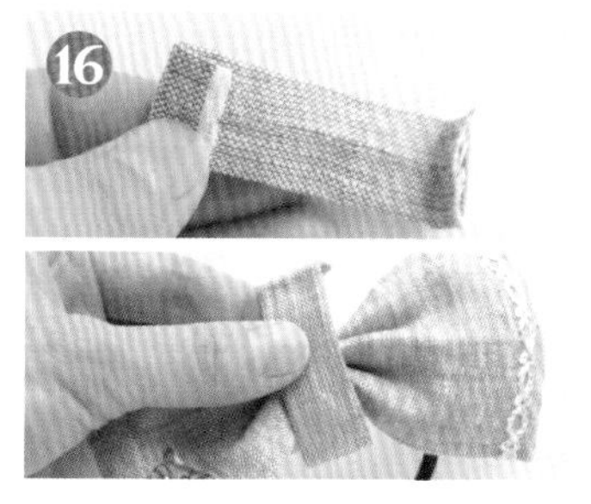

兩端各摺1cm，同樣用手壓出折痕後，與蝴蝶結本體重疊。

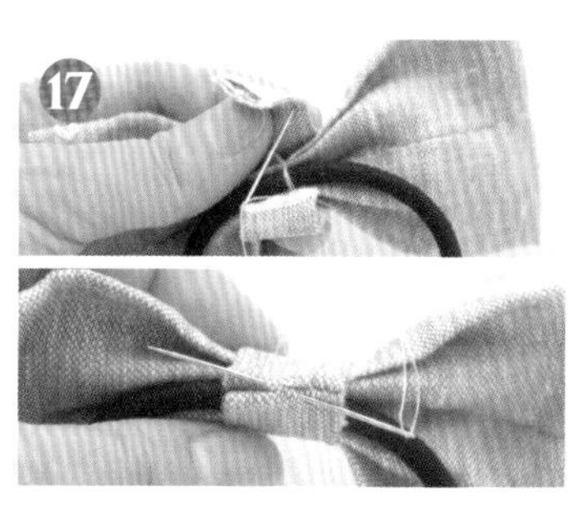

將縫份朝內，從折痕的內側插針，用藏針縫縫合。

縫完後打球結，與❿一樣將球結收入內側，蝴蝶結髮圈完成。

髮飾
粉紅豬毛氈布髮夾

難易度 ★★★

紙型的尺寸在P119

Tool

· 動物刺繡（刺繡的大小要符合零件的尺寸）
· 厚的毛氈布兩片（厚2～3mm）
· 髮夾零件（8cm）
· 厚紙板（紙型用）
· 手工藝剪刀
· 繡針
· 繡線
· 水消筆
· 膠水
· 刮棒
· 棉花棒

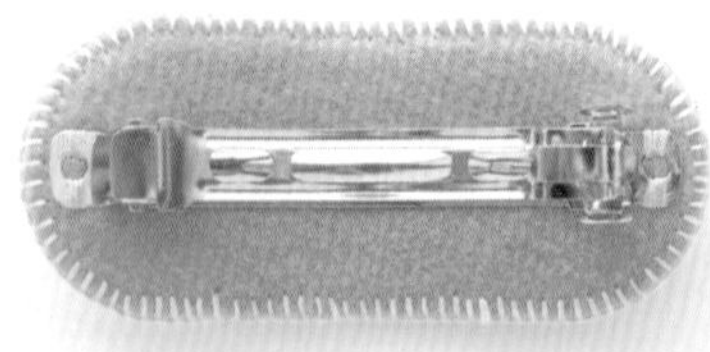

How to

1 配合髮夾的尺寸準備紙型（請參照 P119）。將紙型放在動物刺繡上，以水消筆做記號。

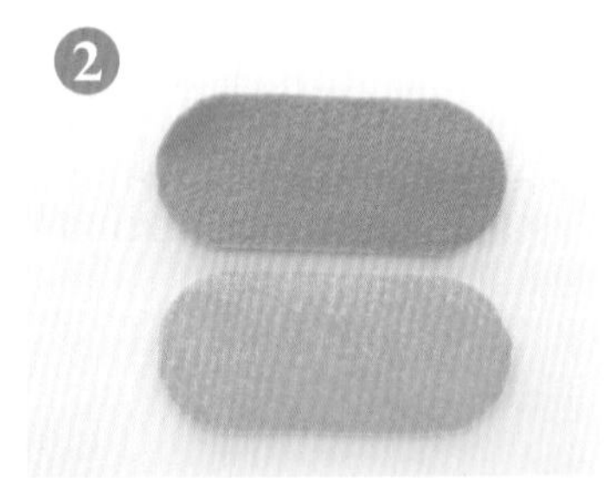

2 沿著記號，將布和兩片毛氈布剪下，殘留的記號用沾濕的棉花棒擦拭乾淨。

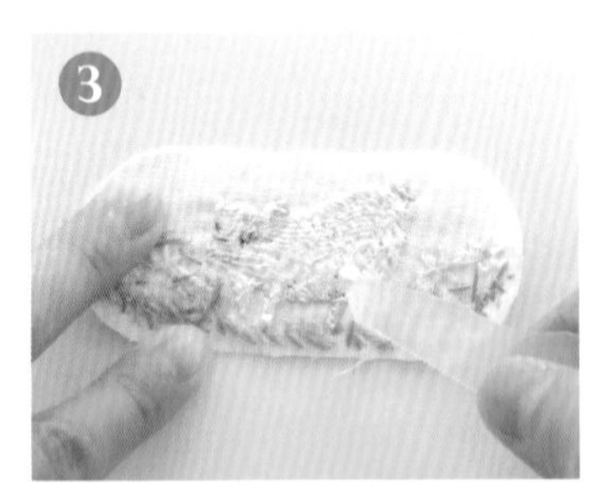

3 在刺繡的背面塗上膠水。膠水太多會滲到表面的刺繡，大約塗一下就好。

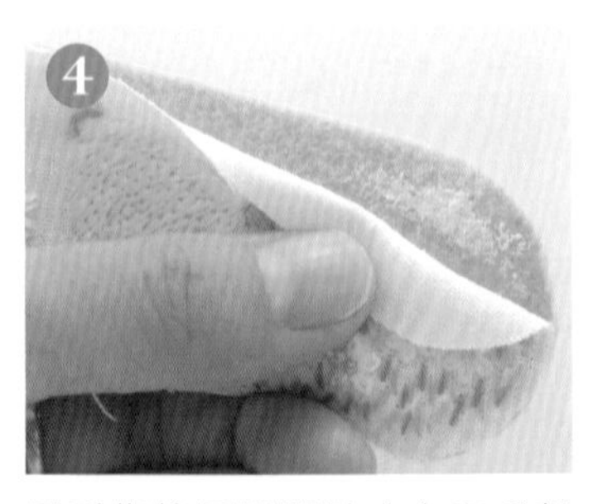

4 用手指按壓緊緊貼合布和毛氈布。沒有刺繡的部分則在毛氈布塗上薄薄的膠水，避開離毛氈布邊緣3mm 的部分。

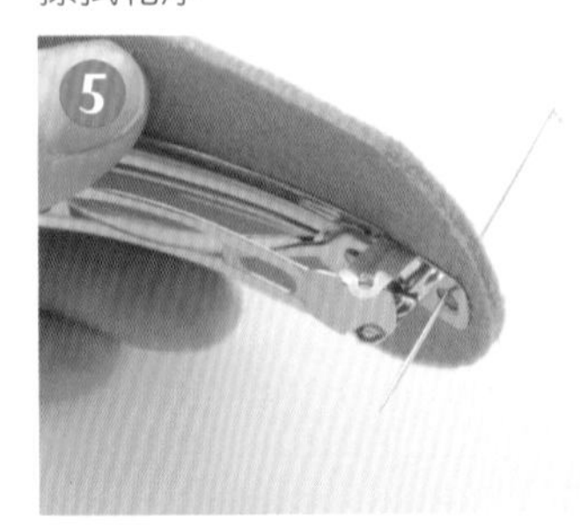

5 髮夾塗上膠水，貼在另一片毛氈布。從另一面入針，將髮夾與毛氈布縫好固定。

POINT 一開始針返回背面時，針穿過球結圈環後拉緊線。接著繼續縫。

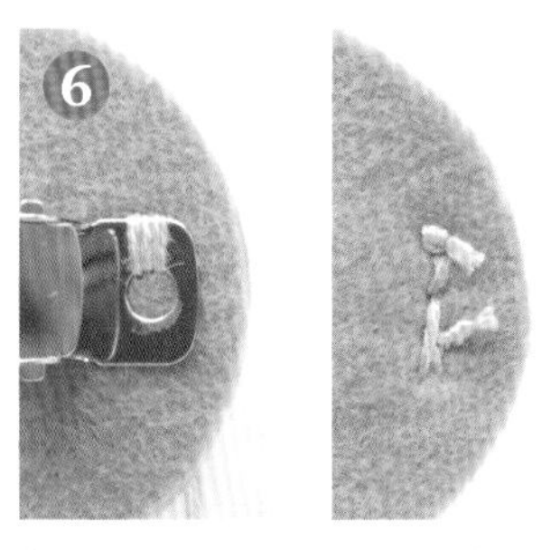

捲3圈後，下方也以同樣方式縫上去。縫完後打球結，將多餘的線剪掉。另一側也一樣。

毛氈布邊緣留下約3mm，塗上膠水。若膠水塗到邊緣，縫邊緣時針會很難插入，所以要留心。

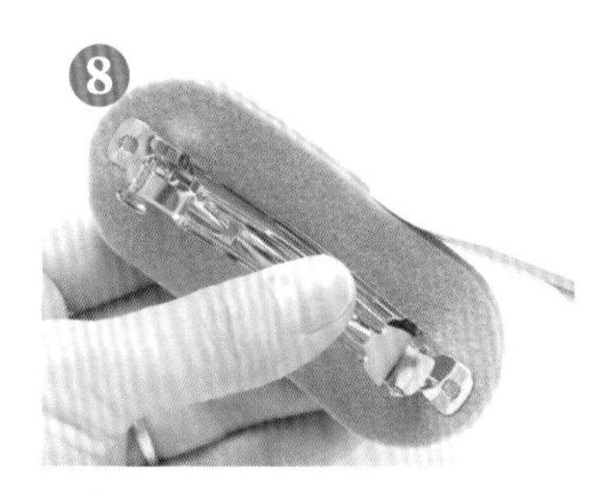

和❹的毛氈布貼合後，先調整形狀。將多出來的毛氈布或布邊，仔細剪掉。

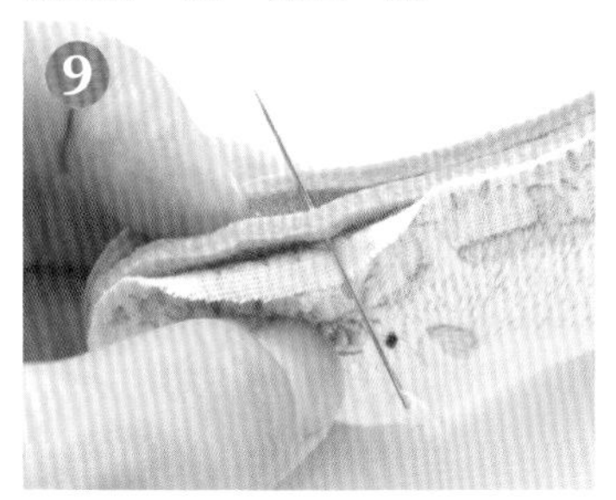

用毛邊繡繡邊緣。自刺繡與毛氈布之間入針，並從毛氈布與毛氈布之間出針。

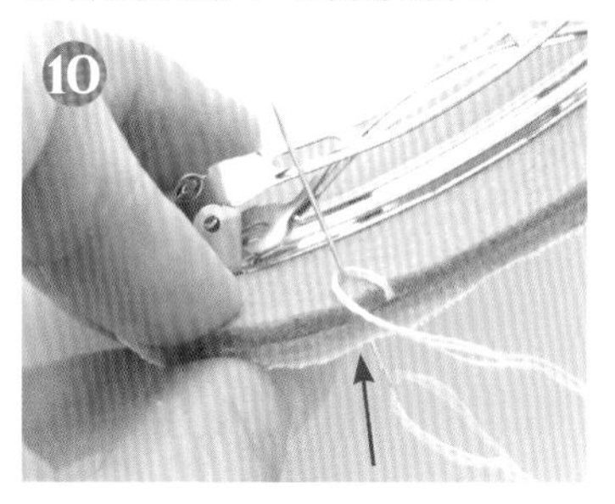

接著從刺繡面入針，以毛邊繡運針（請參照 P31）。

讓線與線交叉的部分位於兩片毛氈布的正中央，一邊調整位置一邊運針。

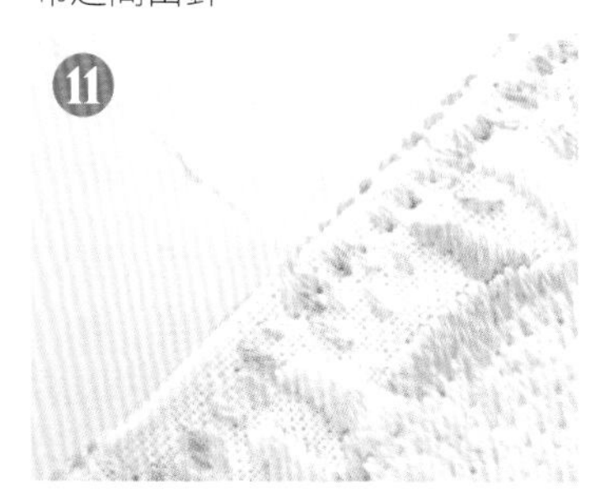

線不夠時，可以在稍遠處打一個球結。

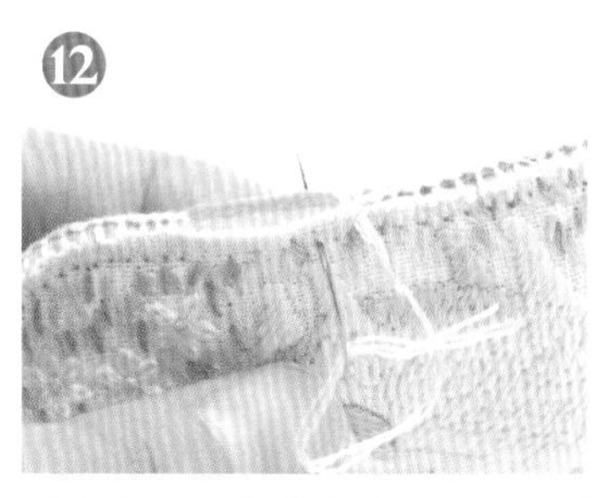

以和之前同樣的方式入針，將線拉緊收入球結，再將多餘的線剪掉。

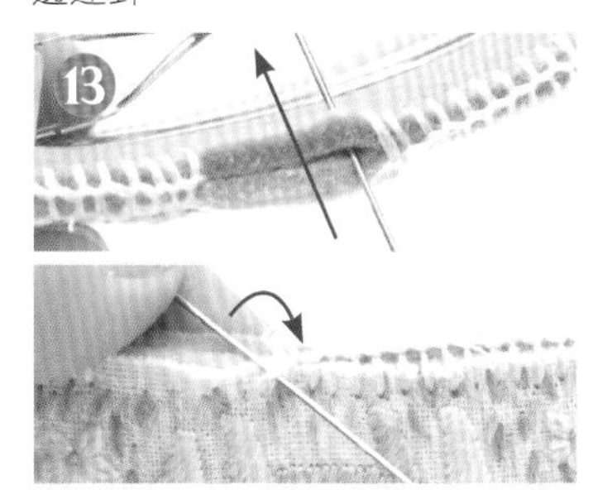

追加新的線，從毛氈布之間朝背面入針。將針穿過上一個圈環，即可和毛邊繡連接在一起。

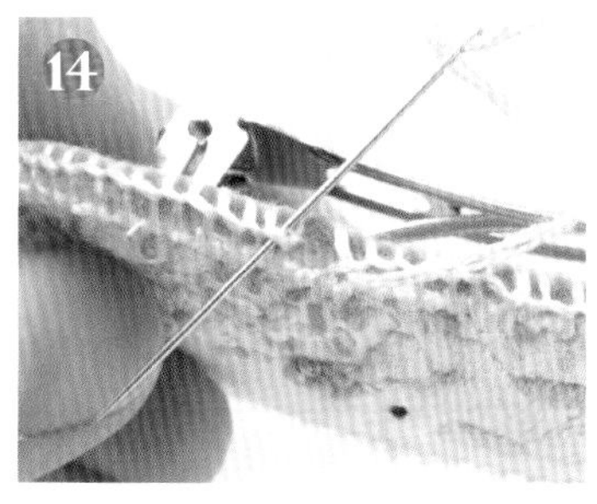

回到起繡處後，將針穿過最初的圈環裡，拉線。

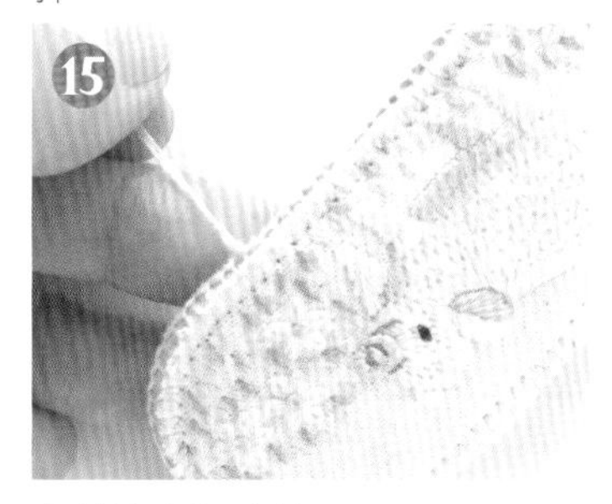

在稍遠處打球結。

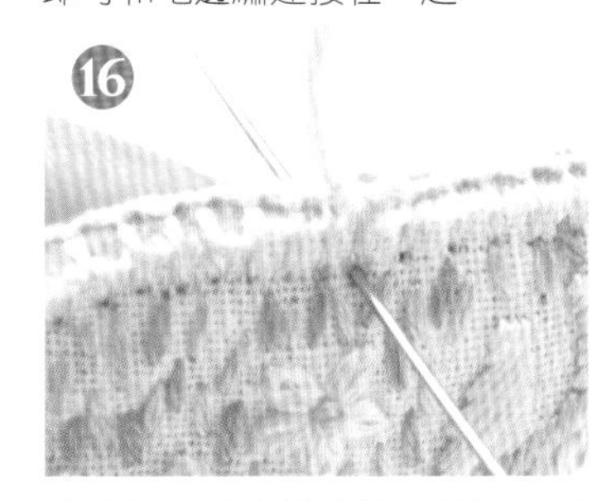

將針插入毛邊繡的第一針裡，球結收入內側。將多餘的線剪掉，粉紅豬毛氈布髮夾完成。

布小物

北極熊手鏡

難易度 ★★★

原寸的圖案在P119

Tool

· 動物刺繡（刺繡的大小要符合零件的尺寸）
· 馬卡龍鏡子（60mm）
· 包釦零件 (70mm)
· 棉花
· 手工藝剪刀
· 手縫針
· 手縫線
· 水消筆
· 棉花棒
· 牙籤

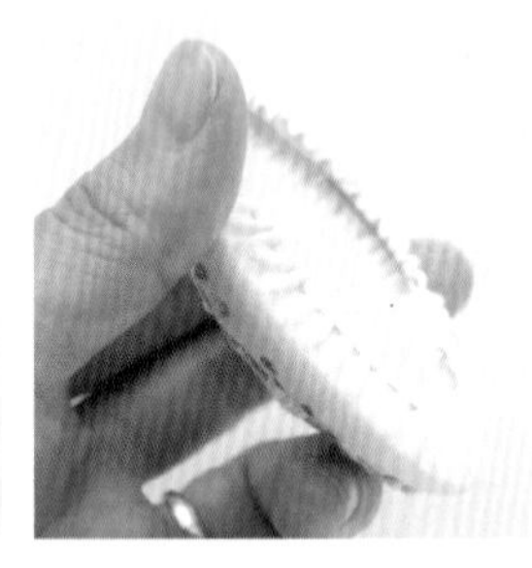

How to

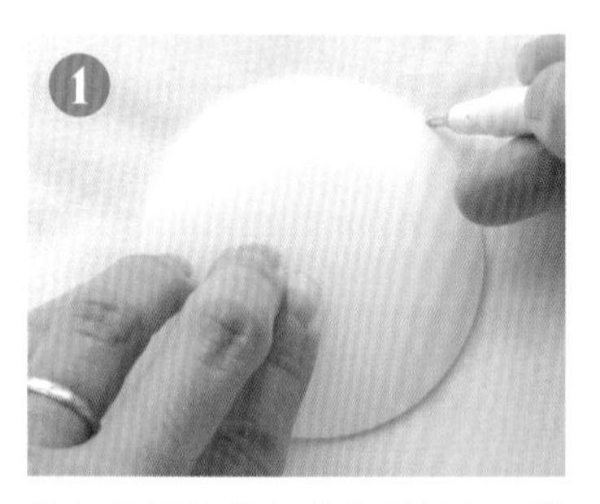

1. 將包釦零件蓋在動物刺繡上，沿著形狀用水消筆做記號。

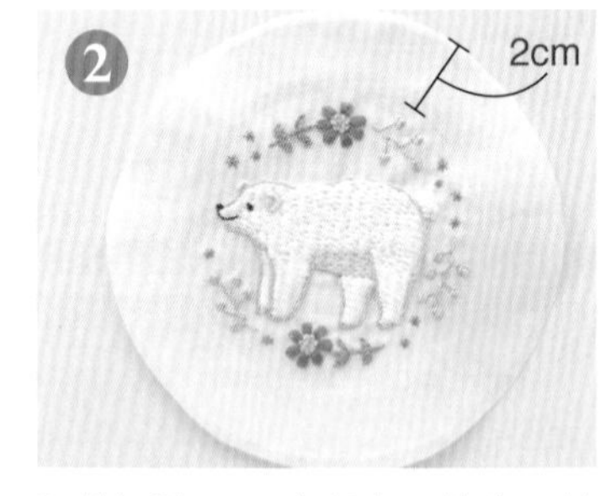

2. 距離記號2cm 處留白，剪布。棉花棒用水沾濕，擦拭記號。

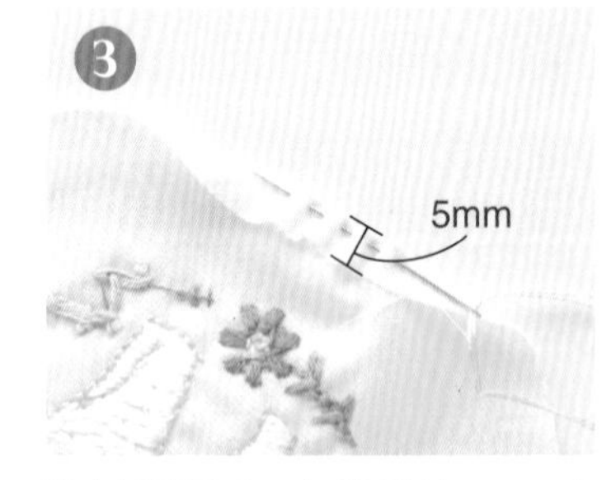

3. 將刺繡翻面，在離邊緣5mm 處摺布，一邊做平針縫。此時盡量離摺邊近一點縫。

4. 縫完一圈後，先放置。

5. 準備比鏡子稍大的棉花，事先揉成圓形。

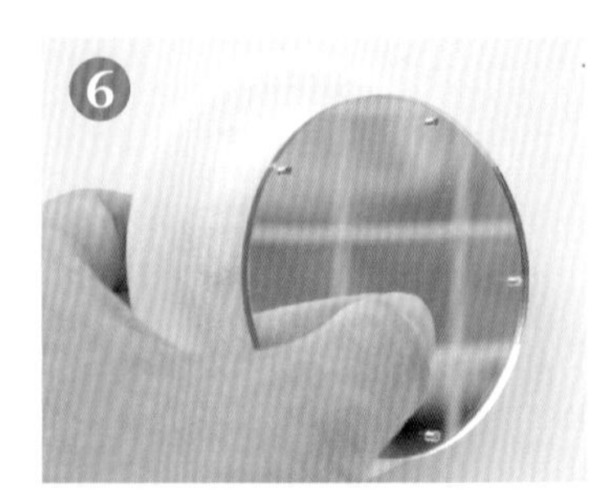

6. 將棉花塞入包釦零件，再蓋上鏡子。

用手指壓住鏡子時，調整棉花的分量，讓鏡子稍微突出包釦。

將❹的布蓋上包釦。拉線將包釦和鏡子包起來。

拉緊線後打上球結。

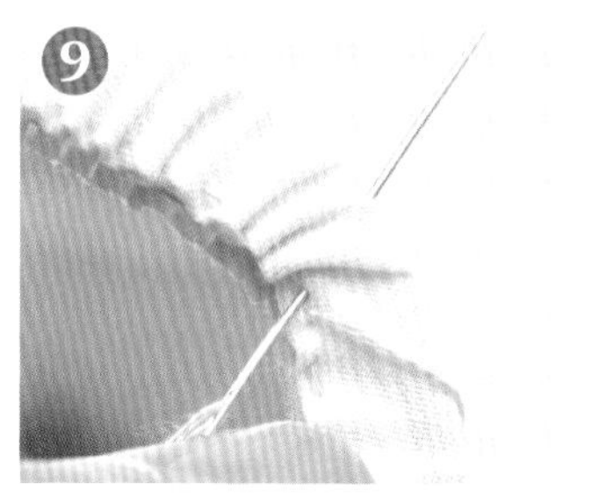

空下一針後入針，在適當處出針。

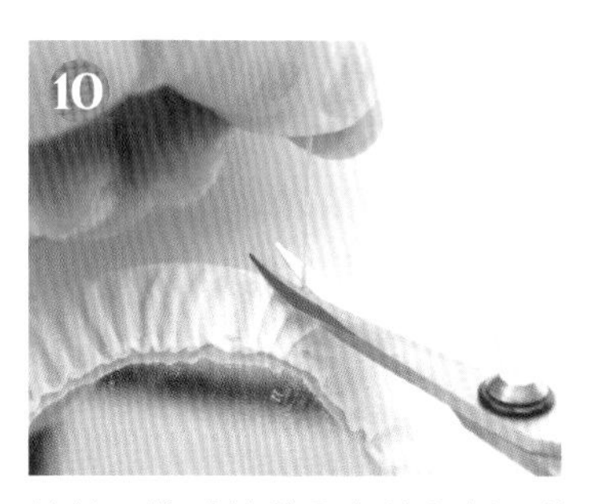

拉線，將球結收入布的內側，剪掉多餘的線。

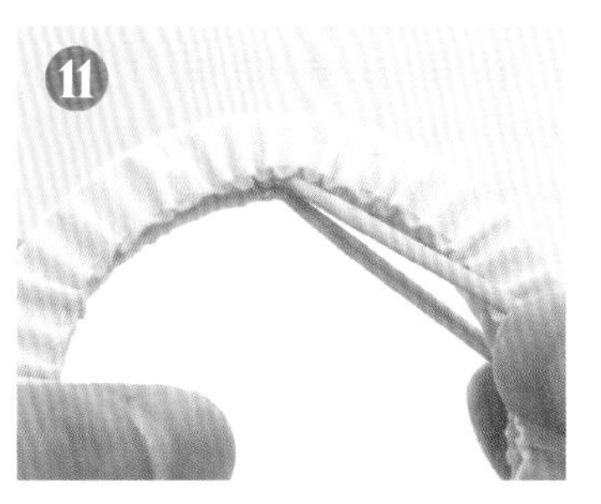

用牙籤將膠水塗進鏡子與布之間，固定鏡子。膠水乾後，北極熊手鏡完成。

· 包釦零件 70mm
· 馬卡龍鏡子 60mm

布小物
長頸鹿包包吊飾

難易度 ★★★

Tool

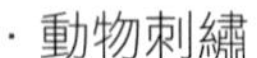

· 動物刺繡
· 布兩片（裝飾布 · 背面用布）
· 包包吊飾的鍊子（17cm）
· 金屬環 1 個（7mm 內徑 5mm）
· 棉花
· 手工藝剪刀
· 待針
· 水消筆
· 繡針
· 繡線
· 手工藝用膠水
· 鬆緊帶固定夾
· 尖嘴鉗

How to

刺繡留 1cm 的留白，剪布。將準備的兩片布重疊，用待針將三片布固定。

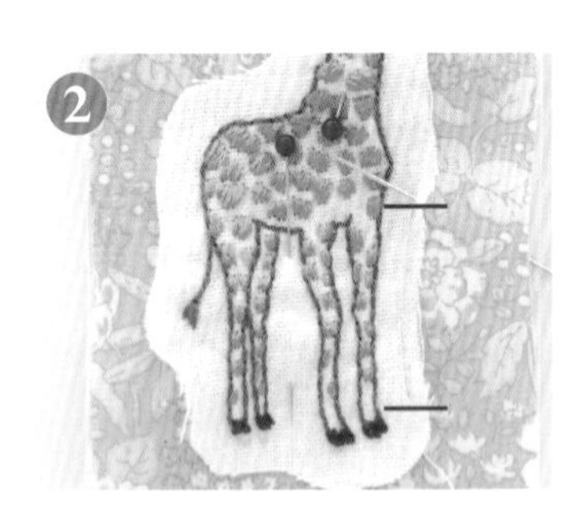

決定塞入棉花的開口，做記號。將繡線打球結的繡針，自第二片和第三片的布之間入針。

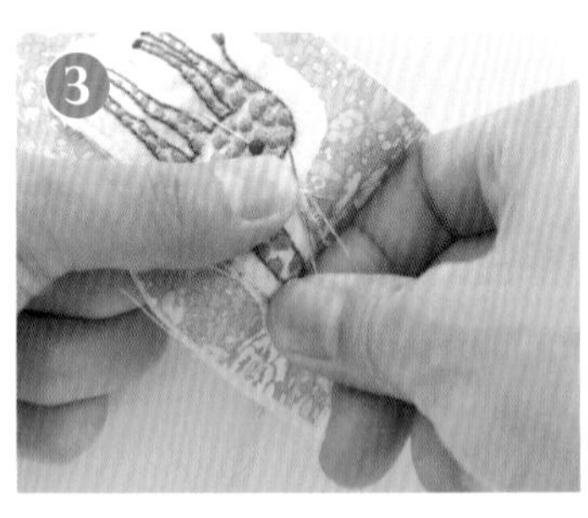

三片布一起用鎖鍊繡縫邊緣（請參照P19）。注意線別拉得太緊。

繡到開口處附近，線先放著，準備好棉花。棉花別撕得太細，大塊一點較好。

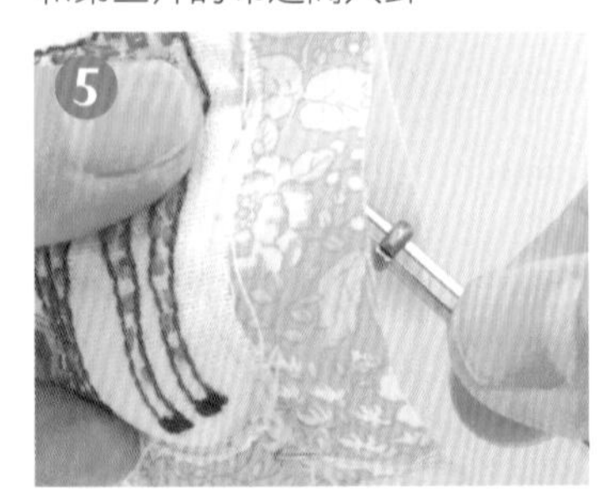

將棉花填進第二片和第三片布之間。手指伸不進去的地方，用細長但不尖銳的東西將棉花塞入（在此使用鬆緊帶固定夾）。

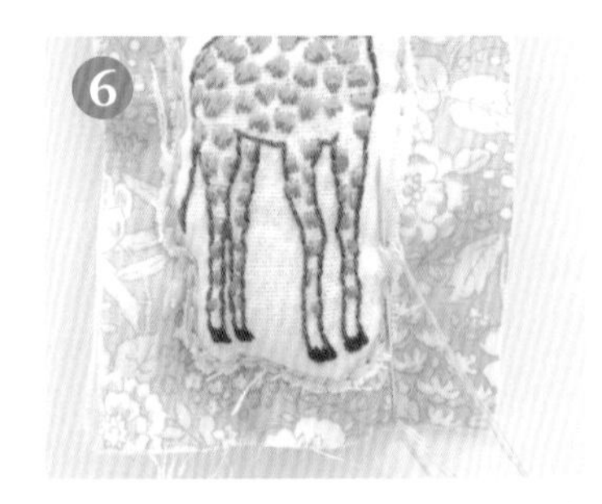

塞完棉花後，縫合開口。使用❹放著的線，繼續繡鎖鍊繡。

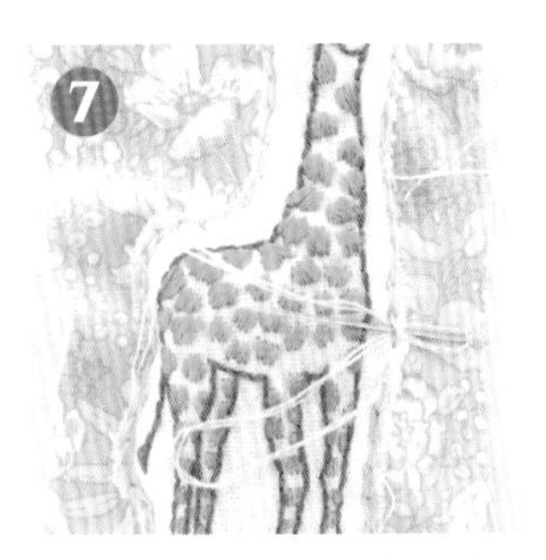
繡完後，將針穿入起繡處最初的鎖鍊繡，在出線的洞裡入針。

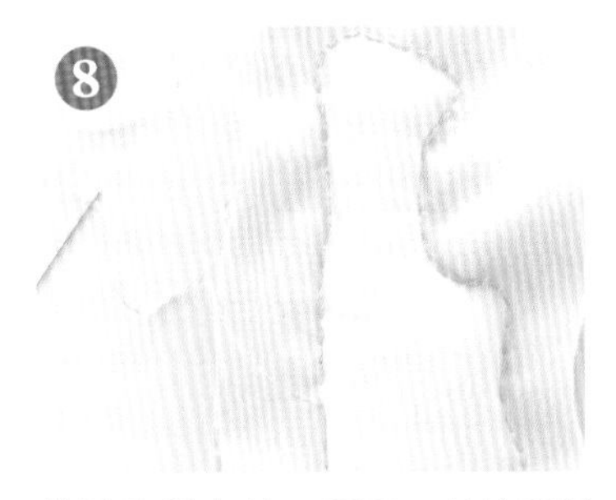
從最內側出針，留下一針的距離打球結。

在一針隔壁的洞入針，自適當處出針。拉緊線將球結收進布的內側。

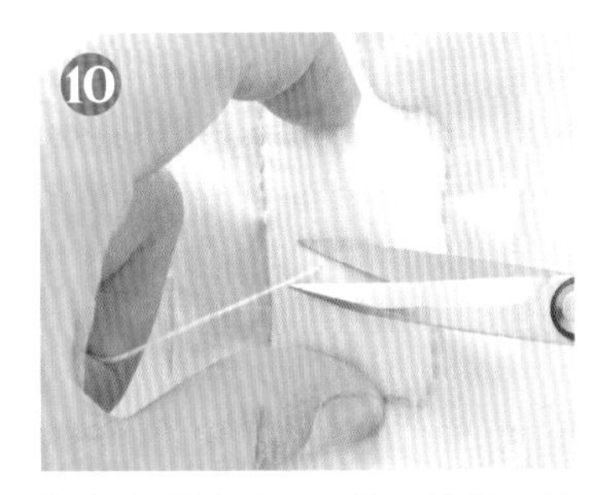
拉出多餘的線，用剪刀剪線，線就會自然地收進內側。

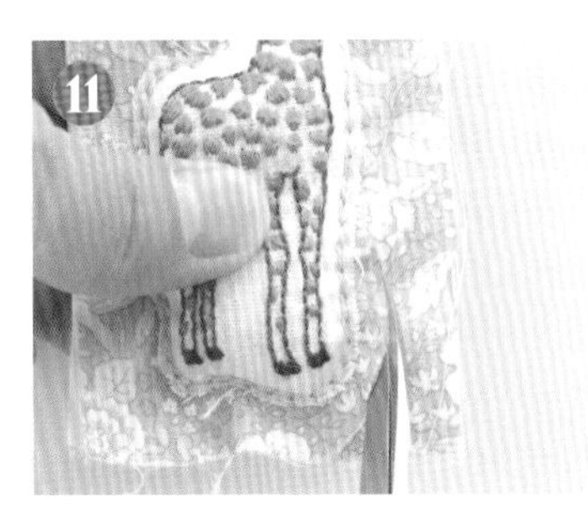
離動物刺繡的布留下約5mm的留白，同時剪下第二片和第三片布，塗上手工藝用膠水。

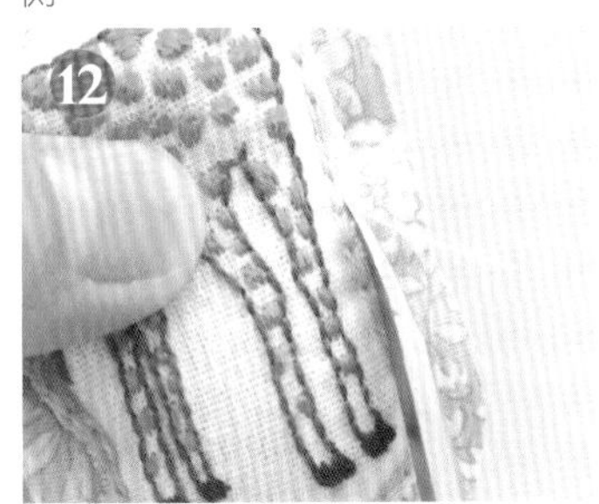
將超過鎖鍊繡的刺繡布剪掉。

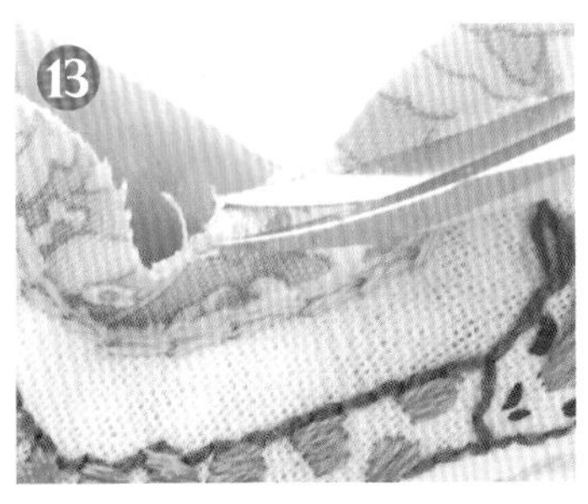
手工藝用膠水乾了後，將第二片和第三片布多餘的部分剪掉，調整形狀。

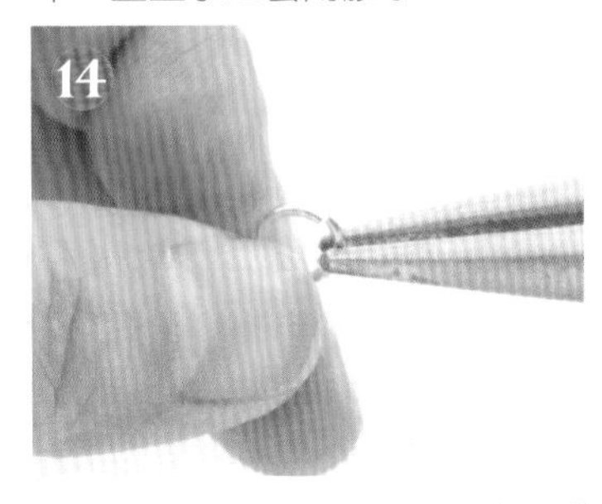
使用鉗子，調整金屬環的形狀（請參照P103的步驟❾❿）。

將兩片布合起來縫上金屬環。自第二片和第三片布的中間入針，將球結藏進內側。

將線一圈圈捲在金屬環上，縫好固定，最後留下一圈的距離打球結。

在與縫金屬環時同樣的間隔入針，自適當處出針。拉緊線將球結收進布的內側，同步驟❿一樣，剪線。

將金屬環穿過包包吊飾，長頸鹿包包吊飾完成。

各種刺繡單品

刺繡手帕、襯衫

難易度★★★

在隨身的手帕或襯衫上刺繡即可完成。
製作不費力，還能輕鬆享受刺繡的樂趣。

動物原寸圖案在P119

Point 更換零件享受多重樂趣

除了前面介紹的飾品＆布小物製作方法，只要更換或加上零件，就能做出其他各種飾品。

將帶夾（腰帶上的配飾）零件用膠水黏上去，就變成帶夾式胸針。

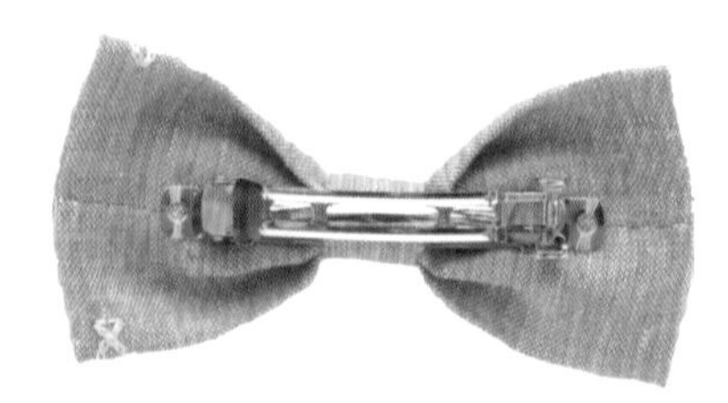

蝴蝶結上綁上髮圈的步驟改成縫上髮夾，就變成蝴蝶結髮夾。

也可以挑戰尺寸較小的飾品，像是戒指或一字髮夾！

動物原寸圖案集

封面背景圖案

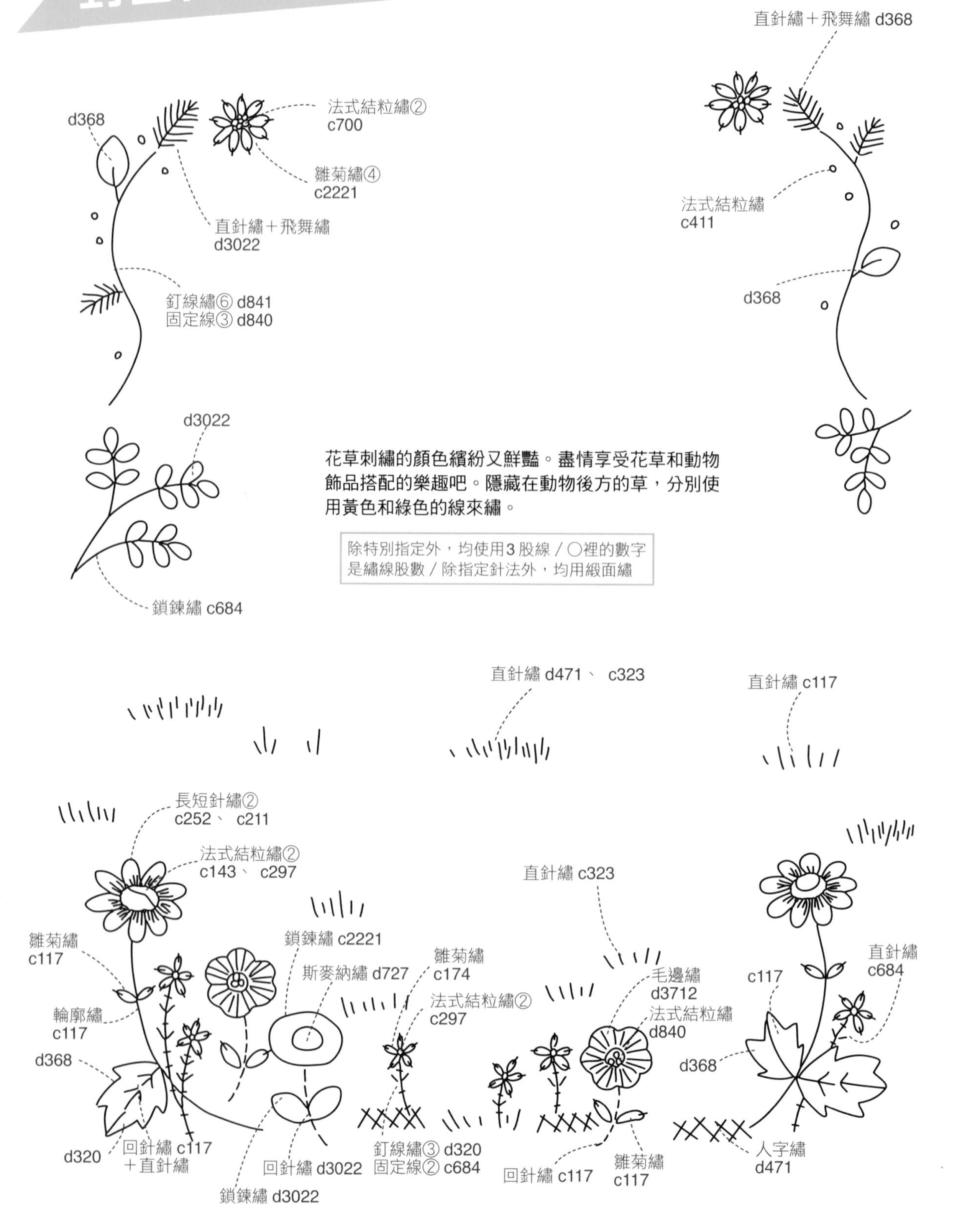

花草刺繡的顏色繽紛又鮮豔。盡情享受花草和動物飾品搭配的樂趣吧。隱藏在動物後方的草，分別使用黃色和綠色的線來繡。

除特別指定外，均使用3股線／○裡的數字是繡線股數／除指定針法外，均用緞面繡

飾品圖案

小貓熊、松鼠、柴犬、長頸鹿、獅子（只有臉）、豬、兔子的繡法，請分別參照第3章的動物刺繡。
（原寸的圖案在 P115 ～ P117）

除特別指定外，均使用2股線／○裡的數字是繡線股數／除指定針法外，均用緞面繡

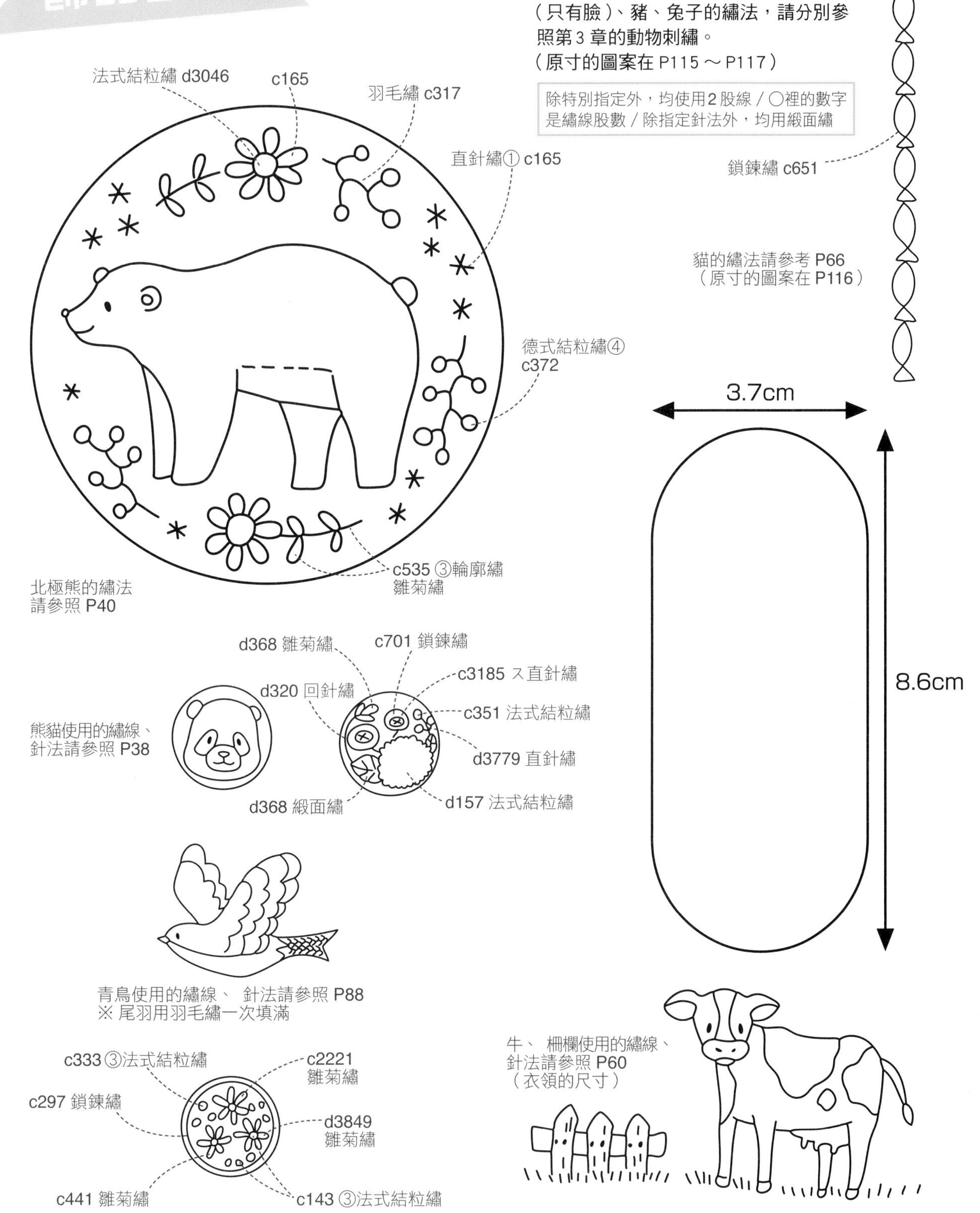

國家圖書館出版品預行編目（CIP）資料

暖心療癒小時光
可愛動物刺繡：飾品＆布小物應用全集
20種基礎針法 × 24款插畫風動物刺繡教學 × 12種質感手作小配件示範/ほっこりかわいい どうぶつ刺しゅうでつくる ハンドメイドアクセサリー
-- 初版. -- 新北市：大風文創, 2021.02
面； 公分(愛手作033)
ISBN 978-986-99622-6-1(平裝)

1.刺繡 2.手工藝
426.2 109022172

愛手作系列 033

可愛動物刺繡　飾品＆布小物應用全集
20種基礎針法 X 24款插畫風動物刺繡教學 X12種質感手作小配件示範

作者｜Chicchi松本千慧　松本美慧
攝影・設計｜Chicchi松本千慧　松本美慧
編輯｜王義馨
執編｜鄭淑慧
譯者｜李蕙芬
封面設計｜N.H.design
內頁排版｜弘道實業有限公司
發行人｜張英利
出版者｜大風文創股份有限公司
電話｜（02）2218-0701
傳真｜（02）2218-0704
E-Mail｜rphsale@gmail.com
Facebook｜大風文創粉絲團
http://www.facebook.com/windwindinternational
地址｜231新北市新店區中正路499號4樓
台灣地區總經銷｜聯合發行股份有限公司
電話｜（02）2917-8022
傳真｜（02）2915-6276
地址｜231新北市新店區寶橋路235巷6弄6號2樓
初版三刷｜2023年04月
定價｜新台幣380元
ISBN｜978-986-99622-6-1